Uni-Taschenbücher 1110

T0222981

UTB

Eine Arbeitsgemeinschaft der Verlage

Birkhäuser Verlag Basel · Boston · Stuttgart
Wilhelm Fink Verlag München
Gustav Fischer Verlag Stuttgart
Francke Verlag München
Harper & Row New York
Paul Haupt Verlag Bern und Stuttgart
Dr. Alfred Hüthig Verlag Heidelberg
Leske Verlag + Budrich GmbH Opladen
J.C.B. Mohr (Paul Siebeck) Tübingen
C.F. Müller Juristischer Verlag – R.v. Decker's Verlag Heidelberg
Quelle & Meyer Heidelberg
Ernst Reinhardt Verlag München und Basel
F.K. Schattauer Verlag Stuttgart · New York
Ferdinand Schöningh Verlag Paderborn
    München · Wien · Zürich
Eugen Ulmer Verlag Stuttgart
Vandenhoeck & Ruprecht in Göttingen und Zürich

Arthur Linder
Willi Berchtold

Statistische Methoden II

Varianzanalyse und Regressionsrechnung

Springer Basel AG

A. Linder, Professor em. Universität Genf und ETH Zürich.
Honorary Fellow, Royal Statistical Society.
W. Berchtold, Oberassistent für Biometrie an der Eidgenössischen
Technischen Hochschule (ETH) in Zürich.

Als Band I der «Statistischen Methoden» gilt UTB 796:
Linder/Berchtold, Elementare Statistische Methoden.

CIP-Kurztitelaufnahme der Deutschen Bibliothek

Linder, Arthur:
Statistische Methoden / Arthur Linder ; Willi
Berchtold. Basel ; Boston ; Stuttgart : Birk-
häuser
   Bd. 1 u.d.T.: Linder, Arthur: Elementare
   statistische Methoden
NE: Berchtold, Willi:
2. Varianzanalyse und Regressionsrechnung. – 1982.
   (Uni-Taschenbücher; 1110)

NE: GT

© 1982 Springer Basel AG
Ursprünglich erschienen bei Birkhäuser Verlag Basel 1982

Einband: Grossbuchbinderei Sigloch, Künzelsau
Umschlaggestaltung: A. Krugmann, Stuttgart

ISBN 978-3-7643-1267-1   ISBN 978-3-0348-7358-1 (eBook)
DOI 10.1007/978-3-0348-7358-1

Vorwort

Mit diesem Band über die am häufigsten verwendeten statistischen Methoden wenden wir uns an einen breiten Kreis von Wissenschaftern und Studenten. Biologen, Medizinern, Ingenieuren, Wirtschaftswissenschaftern und Soziologen wird gezeigt, in welcher Art und Weise Varianzanalyse und Regressionsrechnung beim Auswerten von Beobachtungen und Versuchen anzuwenden sind.

Das Buch, als *Statistische Methoden II* bezeichnet, schliesst an unsere Ausführungen in *Elementare statistische Methoden* (UTB 796) an; auf dieses 1979 veröffentlichte Buch nehmen wir jeweils als *Band I* Bezug. Die neue Numerierung erscheint uns auch deshalb gerechtfertigt, weil für die *multivariaten Methoden* ein eigener *Band III* geplant ist; dieser wird bald erscheinen.

Um das Buch, soweit dies sinnvoll ist, in sich abgeschlossen zu halten, sind gewisse Teile aus Band I nochmals in knapper Weise entwickelt worden; davon betroffen sind vor allem die einfache Varianzanalyse und die einfache lineare Regression. Wir wiederholen auch die wichtigsten Tafeln.

Im Kapitel 1 stellen wir einige Begriffe aus der Wahrscheinlichkeitsrechnung, die elementaren Tests und die Grundzüge des Schätzens von Parametern zusammen. Kapitel 2 bringt die varianzanalytischen Methoden, von der einfachen bis zur dreifachen Klassierung. Wir gehen dabei auch auf die Probleme bei ungleichen Besetzungszahlen ein. Die Regressionsrechnung im Kapitel 3 beginnt mit dem einfachen Fall einer einzigen unabhängigen Variablen, dann wird über zwei Regressoren zum allgemeinen Fall von p Regressoren erweitert. Anschliessend an diese Grundlagen betrachten wir verschiedene Formen der nichtlinearen Regression, sowie die Spezialfälle der periodischen Regression und der Regression mit Anteilen und Anzahlen. Unter dem Titel Kovarianzanalyse zeigen wir im Kapitel 4, wie Parallelität und Abstand bei mehreren Regressionsgeraden zu prüfen sind. Die Kovarianzanalyse im engern Sinne, das Erweitern der einfachen und zweifachen Varianzanalyse um eine Kovariable, folgt in 4.2 und 4.3.

Kapitel 5 ist für den stärker an der Theorie interessierten Leser gedacht. Wir stellen hier die in den Kapiteln 2 bis 4 verwendeten Methoden in etwas allgemeinerer Form dar. Von dieser Warte aus sollte es möglich sein, Varianzanalyse und Regression auch auf andere als nur die im Buche beschriebenen Probleme zu erweitern und anzuwenden.

Wie schon in Band I, Elementare statistische Methoden, haben wir aus der Vielfalt der möglichen Verfahren die uns zweckmässig scheinenden ausgewählt. Das Hauptgewicht liegt dabei auf den klassischen, auf der Normalverteilung beruhenden Verfahren; für diese stehen heute gut ausgebaute Programme zur Verfügung.

Soweit in diesem Band II in neuerer Zeit entwickelte Verfahren enthalten sind, hat sie fast ausschliesslich der jüngere Autor (W.B.) vorgeschlagen und dargestellt; er ist auch für die Hinweise auf Computerprogramme verantwortlich.

Unser Dank geht an alle, die uns mit Rat, Kritik und Beispielen unterstützt haben. Frl. M. Schneeberger hat wiederum die Figuren gezeichnet und das Manuskript – mit unseren vielen Änderungen und Korrekturen – ins reine geschrieben.

Genf und Zürich, März 1981

A. Linder
W. Berchtold

Inhaltsverzeichnis

1 Grundlagen

In diesem Kapitel werden die später benötigten Grundlagen aus der Wahrscheinlichkeitsrechnung und der Statistik zusammengestellt. Wir halten uns bewusst knapp und verzichten auf Beweise.

In 1.1 gehen wir auf die Struktur der Daten ein und bringen die wichtigsten Masszahlen und graphischen Darstellungen. Begriffe und Sätze aus der Wahrscheinlichkeitsrechnung folgen in 1.2, eine Zusammenstellung der häufig vorkommenden Verteilungen in 1.3.

Grundzüge des Testens von Hypothesen und des Schätzens von Parametern sind in 1.4 und 1.5 zu finden.

1.1 Daten

In 1.11 untersuchen wir die Struktur der Daten und führen die nötigen Bezeichnungen ein. Sodann besprechen wir Durchschnitt und Streuung und geben einige Hinweise zur graphischen Darstellung von Daten. Endlich zeigen wir, wie die Normalität im Wahrscheinlichkeitsnetz geprüft werden kann.

1.11 Struktur der Daten

Im einfachsten Falle liegen Messwerte aus N voneinander unabhängigen Wiederholungen vor. Wir bezeichnen die *Daten* mit

$$y_1, y_2 \ldots, y_N.$$

Aus den Werten dieser Stichprobe können Masszahlen zur Lage und zur Variabilität berechnet werden, wodurch es gelingt, die Datenmenge mit wenigen Zahlen zu charakterisieren. Wir nehmen an, dass wir es immer mit *Messwerten* zu tun haben. In Band I ist angegeben, wie *Anzahlen* auszuwerten sind; treten grosse Anzahlen auf, so behandeln wir sie hier wie Messwerte.

13

Liegen zwei oder mehr Gruppen mit jeweils N_j Einzelwerten vor, so sind die Stichproben, in der Regel deren Durchschnitte, miteinander zu vergleichen. Die Einzelwerte bezeichnen wir mit y_{ji}, wobei der erste Index (j) die Gruppe, der zweite (i) den Wert innerhalb der Gruppe angibt. In der Varianzanalyse werden je nach der Struktur noch weitere Indices benötigt.

In *Regressionsproblemen* betrachten wir die Messung y_i, die Zielgrösse oder abhängige Variable, als von p weiteren Grössen, den Werten der unabhängigen Variablen oder Regressoren abhängig. Die Messung y_i ist das Ergebnis eines Experimentes unter speziell gewählten Bedingungen; sie hängt etwa vom Druck, der Temperatur, der Konzentration, einem Gewicht usw. ab. Ändern sich diese Bedingungen, so erhalten wir ein anderes Resultat y_i. Die Werte der p Regressoren zu y_i schreiben wir als

$$\{x_{1i}, x_{2i}, \ldots, x_{pi}\}.$$

Im einfachsten Falle hängt y_i linear von diesen p Werten ab.

Die Zahlen stellen wir in knapper Form mit Vektoren und Matrizen dar.

$$\vec{y} = \begin{pmatrix} y_1 \\ y_2 \\ \cdot \\ \cdot \\ \cdot \\ y_N \end{pmatrix} \qquad \underset{p \times N}{X} = \begin{pmatrix} x_{11}\, x_{12} \ldots x_{1N} \\ x_{21}\, x_{22} \ldots x_{2N} \\ \cdot \\ \cdot \\ \cdot \\ x_{p1}\, x_{p2} \ldots x_{pN} \end{pmatrix}$$

1.12 Durchschnitt und Streuung

Eine Serie von gegenseitig unabhängigen Messwerten $y_1, y_2, \ldots, y_N$ wird im allgemeinen mit einem *Lage*-und einem *Variabilitätsmass* beschrieben. In diesem Buch beschränken wir uns auf den *Durchschnitt* für die Lage und auf die *Streuung* für die Variabilität.

Der Durchschnitt wird nach der Vorschrift

$$\bar{y} = \frac{1}{N} \sum_{i=1}^{N} y_i \tag{1}$$

berechnet. Tritt mehr als ein Index auf, so werden wir die Summation mit einem Punkt, die Durchschnittsbildung zusätzlich mit einem Querstrich wie folgt bezeichnen:

$$y_{j.} = \sum_{i=1}^{N} y_{ji}, \qquad \bar{y}_{j.} = \frac{1}{N} y_{j.} = \frac{1}{N} \sum_{i=1}^{N} y_{ji}. \qquad (2)$$

Es ist zweckmässig, von y_i einen *vorläufigen Durchschnitt m* zu subtrahieren und das Ergebnis mit einer Konstanten c zu multiplizieren.

$$z = c(y - m). \qquad (3)$$

Wählt man m und c so, dass die neuen Werte z ein enges Intervall, etwa 0 bis 10, überdecken, so wird man Fehler vermeiden, die mit dem Speichern der Daten im Computer zusammenhängen; wir haben dazu in Band I ein Zahlenbeispiel angegeben. Die statistischen Tests werden durch diese *lineare Transformation* nicht beeinflusst und beim Schätzen kann man jederzeit gemäss

$$y = z/c + m \qquad (4)$$

in den ursprünglichen Zahlenbereich zurückkehren.

Die *Streuung s^2*, als Mass für die Variabilität, beruht auf den Abweichungen der Einzelwerte von ihrem Durchschnitt.

$$s^2 = \frac{1}{N-1} \sum_{i=1}^{N} (y_i - \bar{y})^2 = \frac{1}{N-1} S_{yy}. \qquad (5)$$

S_{yy} heisst die *Summe der Quadrate* der y_i; siehe dazu auch 1.6 (Seite 41).

Durchschnitt $\bar{y}$ und Streuung s^2 sind bei normal verteilten Daten die besten Schätzungen für die Parameter μ und σ^2 der Normalverteilung (siehe dazu 1.31, Seite 26). Fast alle in diesem Buche beschriebenen Verfahren setzen normal verteilte Messwerte voraus, womit sich die zentrale Bedeutung dieser Masszahlen ergibt. Weitere Einzelheiten zum Berechnen von $\bar{y}$ und s^2 bei gruppierten und nicht gruppierten Datensätzen sind in Band I ausführlich beschrieben; dort findet man auch weitere Lage- und Streuungsmasse.

1.13 Darstellen eines einfachen Datensatzes

Als Ergänzung zu den Masszahlen $\bar{y}$ und s^2, die keine vollständige Beschreibung der Daten liefern, stellt man die Zahlen mit Vorteil auch graphisch dar.

Im einfachsten Falle wird man die Messwerte entlang einer Geraden mit Kreuzchen oder grossen Punkten markieren. Dies haben wir in Figur 1 für

$$y_i = 0.7, 1.5, 2.2, 2.8, 4.1, 4.1, 5.3, 7.0$$

ausgeführt.

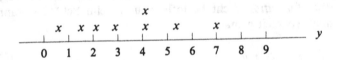

Figur 1. Markieren der Messwerte entlang einer Geraden.

Für viele Werte wird diese Graphik mühsam und unübersichtlich; besser ist es dann, die Daten zu gruppieren und in Richtung der Ordinate die Besetzungszahlen f der Klassen aufzutragen. Diese Darstellung heisst *Histogramm*. Der optische Eindruck hängt wesentlich von der Zahl der Klassen ab, einer Eigenschaft des Histogramms, der man beim Beurteilen vor allem kleiner Datensätze, Beachtung schenken sollte. Mit den in Figur 1 aufgetragenen Daten werden in Figur 2 Histogramme mit den Breiten 2 und 3, jeweils bei null beginnend, gezeichnet.

16

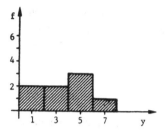 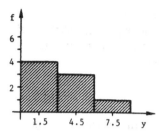

Figur 2. Histogramme derselben Daten bei verschiedener Klassenbreite.

Es gibt keine allgemein gültige Regel für die Zahl der Klassen. Diese hat sich nach dem Ziel der Untersuchung zu richten und hängt davon ab, ob man die Form der Verteilung beurteilen oder Schätzungen für die mittlere Lage, bzw. die Variabilität der Daten gewinnen will. In 1.16 geben wir zum Histogramm ein weiteres Beispiel mit 84 Werten, bei dem man die Normalität der Daten zu beurteilen hat.

1.14 Darstellungen in der Regression

Der Messwert y_i hängt in der Regressionsrechnung von den Werten $x_{1i}, x_{2i}, \ldots, x_{pi}$ der unabhängigen Variablen ab. Um eine Vorstellung von der Bedeutung und der Wirkung einzelner Einflussgrössen zu erhalten, trägt man oft y gegen jede der unabhängigen Variablen x_j auf. Dabei werden jeweils die Wirkungen der übrigen Variablen nicht berücksichtigt, was das Bild verzerren und zu falschen Schlüssen verleiten kann. Dazu ein konstruiertes Beispiel:

y_i	x_{1i}	x_{2i}
2.5	1	1
3.5	2	1
3.5	3	3
1.5	4	9

Diese Zahlen erfüllen exakt die lineare Beziehung

$$y_i = 2 + x_{1i} - 0.5x_{2i}. \tag{1}$$

17

Daraus darf aber *nicht* geschlossen werden, dass zwischen y_i und x_{1i} allein ebenfalls ein linearer Zusammenhang besteht; dieser ist nur dann gegeben, wenn für die einzelnen Werte x_{2i} gemäss

$$y_i' = y_i + 0.5x_{2i} = 2 + x_{1i} \tag{2}$$

korrigiert wird. In Figur 3 sind sowohl y_i als auch y_i' gegen x_{1i} aufgetragen.

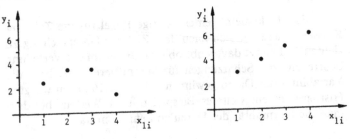

Figur 3. y_i und y_i' gegen x_{1i} aufgetragen.

Im linken Teil von Figur 3 hätte man aus dem Bild allein nicht auf einen linearen Verlauf in x_1 geschlossen. Erst das Berücksichtigen von x_2 nach (2) zeigt die Linearität.

Der Computer macht es leicht, Darstellungen der Art y_i gegen einzelne unabhängige Variable zu zeichnen. Diese Teilaspekte des Problems dürfen aber nicht als Grundlage der Modellauswahl genommen werden. Vielmehr hat man am Ende der Berechnungen mit einem angenommenen Modell die Voraussetzungen zu prüfen. Dazu stehen uns die *Residuen*, die Differenzen zwischen Mess- und Modellwert, zur Verfügung; wir gehen darauf bei der Regressionsrechnung im Kapitel 3 ein.

1.15 Darstellen zweidimensionaler Daten

Werden am selben Objekt zwei Grössen gemessen, so kann das Paar (y_{1i}, y_{2i}) als Punkt in der Ebene dargestellt werden. Die zweidimensionale Darstellung der Daten gibt uns den Zusammenhang zwischen den beiden Variablen an. Es ist üblich, den *linearen Zusammenhang* zwischen den Variablen mit dem *Korrelationskoeffizienten* zu messen.

$$r = \frac{\sum\limits_{i=1}^{N} (x_{1i} - \bar{x}_1) (x_{2i} - \bar{x}_2)^2}{\sqrt{\sum (x_{1i} - \bar{x}_1)^2 \sum (x_{2i} - \bar{x}_2)^2}}$$

Die Werte von r liegen zwischen -1 und $+1$. Grosse Korrelation, also r nahe bei 1, bedeutet, dass im Mittel zu grösseren Werten y_{1i} auch grössere Werte von y_{2i} gehören. Bei r in der Nähe von -1 nehmen die Werte der zweiten Variablen mit steigenden y_{1i} ab.

Vorsicht ist bei r nahe bei 0 geboten. Bei Daten aus einer bivariaten Normalverteilung dürfen wir schliessen, dass die beiden Variablen nicht voneinander abhängen; zu dieser Situation gehört Figur 4 links unten. Bei nichtnormalen Verteilungen hingegen braucht aus $r = 0$ nicht zwingend die Unabhängigkeit bzw. Unkorreliertheit der Variablen zu folgen. Im Bild unten rechts von Figur 4 streuen die y_{2i} um eine Kurve zweiten Grades herum; Formel (1) gibt eine Korrelation in der Nähe von null. Der Schluss, die y_{1i} hätten nichts mit den y_{2i} zu tun, ist falsch.

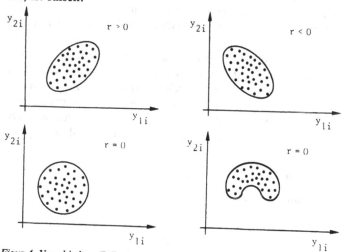

Figur 4. Verschiedene Fälle der Korrelation.

Um Fehler bei der Interpretation des Korrelationsmasses zu vermeiden, sind die Berechnungen immer durch ein *Korrelogramm*, eine Darstellung der Daten in zwei Dimensionen, zu ergänzen. Wir weisen auch darauf hin, dass r nur dann berechnet werden darf, wenn die Stichproben (y_{1i}, y_{2i}) zufällig (ohne Einschränkung des Messbereiches) der Gesamtheit entnommen worden sind.

Die zweidimensionale Darstellung kann auch Auskunft geben über mögliche Untergruppen (z.B. Aufteilung nach Geschlecht), die man beim Sammeln der Daten nicht berücksichtigt hat.

Liegen mehr als zwei Variablen vor, so gibt die zweidimensionale Darstellung nur einen Teilaspekt wieder; dieser kann durch die weitern Grössen verfälscht sein. Wir kommen darauf bei den multivariaten Verfahren in Band III zurück.

1.16 Wahrscheinlichkeitsnetz

Die in diesem Buche beschriebenen Verfahren setzen meistens normal verteilte Daten voraus. Wir zeigen deshalb, wie man die Normalität mit einer Graphik beurteilen kann. Man wird dabei nur grobe Abweichungen von der Normalität aufdecken und in den übrigen Fällen annehmen, die Normalverteilung sei eine gute Annäherung an die wahre Verteilung.

Das einfachste graphische Verfahren zum Beurteilen der Normalität ist die *Darstellung im Wahrscheinlichkeitsnetz*, englisch *Normal Probability Plot*. Man trägt auf der Abszisse die aufsteigend geordneten Werte $y_{(i)}$ auf. Zu $y_{(i)}$ berechnet man den Prozentsatz

$$(100 p_i)\% = 100 \, (i - \tfrac{1}{2})/N\%$$

und damit nach der Formel für die Normalverteilung

$$p_i = \frac{1}{\sqrt{2\pi}} \int_{-\infty}^{u_i} exp\,(-x^2/2)dx$$

den Ordinatenwert u_i; man kann die u_i auch Tafel I entnehmen. Bei normaler Verteilung der Daten liegen die Punkte $(y_{(i)}, u_i)$ auf einer Geraden. Anstelle der u_i verwendet man auch die Prozentzahlen $(100p_i)\%$; die Skala ist dann nicht mehr linear, sondern an den Enden stark auseinandergezogen. Das Wahrscheinlichkeitsnetz ist in Band I ausführlicher beschrieben; es sind dort noch weitere Verfahren zum Beurteilen der Normalität zu finden.

In Figur 5 ist das Histogramm zu 84 Bestimmungen von Erythrozyten gezeichnet. Wären die Daten normal verteilt, so müssten sie auf einer Glockenkurve (Normalverteilung mit μ = 64.9, σ = 14.43) liegen; diese ideale Verteilung ist gestrichelt eingetragen.

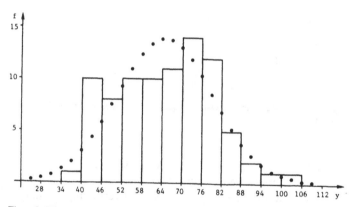

Figur 5. Histogramm zu 84 Bestimmungen von Erythrozyten.

Die Kurve erscheint links wie abgeschnitten (gestutzt), doch ist die Beurteilung in dieser Art der Darstellung recht schwierig. Dieselben Daten sind in Figur 6 im Wahrscheinlichkeitsnetz gezeichnet. Man sieht deutlicher als vorher, dass links zu wenig tiefe Werte vorkommen.

21

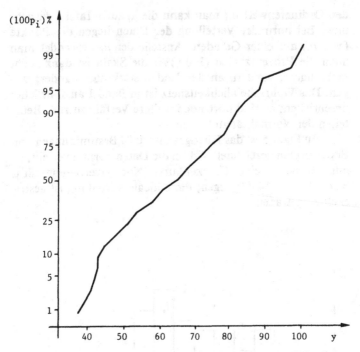

Figur 6. Darstellung der 84 Bestimmungen von Erythrozyten im Wahrscheinlichkeitsnetz.

Die Verteilung der Erythrozyten ist nicht normal. Die Berechnungen mit dem 3. und 4. Moment führen zum selben Schluss. Methoden, die auf der Normalverteilung beruhen, sind hier nicht ohne weiteres anwendbar.

Das Beurteilen der Normalität im Wahrscheinlichkeitsnetz ist subjektiv und braucht einige Übung. Verdächtige Werte an den Enden der Verteilung können in grossen Stichproben als *Ausreisser* erkannt werden; in kleinen Stichproben ist bei Schlüssen dieser Art grosse Vorsicht geboten.

Dasselbe Prinzip lässt sich auch bei andern Verteilungsgesetzen verwenden. Die Ordinate ist dabei entsprechend der Verteilungsfunktion zu verzerren.

22

Bei zwei Stichproben kann es wichtig sein, zu prüfen, ob sie in der *Verteilungsform* übereinstimmen. Bei gleich vielen Beobachtungen in beiden Gruppen ist das Vorgehen recht einfach: Man ordnet die Werte jeder Stichprobe aufsteigend, sodass das Paar (y_{1i}, y_{2i}) die i-ten Werte jeder Reihe darstellen. Sind beide Verteilungen gleich, so liegen diese Punkte auf einer Geraden. Bei ungleichem Stichprobenumfang hat man zu interpolieren. Diese Art der Darstellung heisst englisch *Quantal-Quantal-Plot,* abgekürzt Q-Q-Plot; ein deutscher Name ist uns nicht bekannt.

1.2 Wahrscheinlichkeit und Wahrscheinlichkeitsverteilung

Die grundlegenden Sätze und Begriffe werden in gedrängter Form und ohne Beweis zusammengestellt.

1.21 Addition und Multiplikation von Wahrscheinlichkeiten

Wir betrachten zwei Ereignisse A und B die sich gegenseitig ausschliessen. Die Wahrscheinlichkeit, dass entweder A *oder* B auftritt, ist die Summe der einzelnen Wahrscheinlichkeiten.

$$P(A \text{ oder } B) = P(A) + P(B) \tag{1}$$

heisst der *Additionssatz* der Wahrscheinlichkeitsrechnung.

Die Wahrscheinlichkeit, dass beide Ereignisse A *und* B auftreten, ist das Produkt der einzelnen Wahrscheinlichkeiten.

$$P(A \text{ und } B) = P(A) \cdot P(B) \tag{2}$$

heisst der *Multiplikationssatz* für Wahrscheinlichkeiten; er ist in dieser einfachen Form nur gültig, wenn A und B voneinander unabhängige Ereignisse sind.

Schliessen sich A und B nicht aus, so ist $P(A \text{ und } B)$ sowohl in $P(A)$ wie in $P(B)$ enthalten und der *Additionssatz* lautet im allgemeinen Fall

$$P(A \text{ oder } B) = P(A) + P(B) - P(A \text{ und } B), \tag{3}$$

oder wenn der Multiplikationssatz (2) gilt

$$P(A \text{ oder } B) = P(A) + P(B) - P(A) \cdot P(B). \tag{4}$$

1.22 Zufallsvariable und Wahrscheinlichkeitsverteilung

Das Resultat eines stochastischen Versuches wird durch eine Zahl y charakterisiert; y ist eine *zufällige Variable*. Beim Werfen eines Würfels sei y die Zahl der Augen; der Bereich der zufälligen Variablen reicht von 1 bis 6 und alle Ereignisse sind hier gleich wahrscheinlich. In der Wahrscheinlichkeitsrechnung unterscheidet man zwischen der zufälligen Variablen Y und dem jeweiligen Resultat y; wir lassen diese Unterscheidung weg.

Eine *diskrete* Zufallsvariable y nimmt nur gewisse Werte, etwa $y = 0, 1, 2, \ldots$ mit Wahrscheinlichkeit $\varphi(y)$ an; die $\varphi(y)$ erfüllen die Beziehung $\sum \varphi(y) = 1$. Zu diskreten Zufallsvariablen gehören diskrete Verteilungen, z.B. die Binomial-und die Poissonverteilung, wofür wir auf Band I verweisen.

Kann y alle möglichen Werte aus einem Intervall annehmen, so sprechen wir von einer *kontinuierlichen* Zufallsvariablen. $\varphi(y)$ heisst hier die *Dichtefunktion* und

$$d\Phi(y) = \varphi(y)dy$$

bedeutet die Wahrscheinlichkeit, ein Ereignis aus dem engen Bereich zwischen y und $y + dy$ zu finden.

Beispiele zu kontinuierlichen Variablen geben wir in 1.3.

Als *Verteilungsfunktion* $\Phi(y)$ von y bezeichnet man die Wahrscheinlichkeit, ein Ereignis kleiner oder gleich y zu finden. Im kontinuierlichen Fall hat man über $\varphi(y)$ von $-\infty$ bis y zu integrieren, im diskreten Fall die Summe der Einzelwahrscheinlichkeiten bis zu y zu bilden.

1.23 Erwartungswert, Varianz und Kovarianz

Dem Durchschnitt $\bar{y}$ in der Stichprobe entspricht in der Grundgesamtheit der *Erwartungswert* der Verteilung; er wird wie folgt berechnet:

$$E(y) = \sum y\,\varphi(y), \tag{1}$$

wobei über alle möglichen Werte von y zu summieren ist und jedes y entsprechend seiner Wahrscheinlichkeit $\varphi(y)$ zur Mittelbildung beiträgt.

In gleicher Weise definiert man die *Varianz* als Streuung in der Grundgesamtheit.

$$V(y) = E[y - E(y)]^2 = \sum [y - E(y)]^2\varphi(y). \tag{2}$$

Bei kontinuierlichen Verteilungen ist die Summation durch die Integration zu ersetzen, was zu den folgenden Formeln führt:

$$E(y) = \int_{-\infty}^{+\infty} y\varphi(y)dy \tag{3}$$

$$V(y) = \int_{-\infty}^{+\infty} [y - E(y)]^2\varphi(y)dy \tag{4}$$

Zu zwei zufälligen Variablen y und z definiert man die *Kovarianz* gemäss

$$Cov(y,z) = E[y - E(y)][z - E(z)] = E(y \cdot z) - E(y)E(z). \tag{5}$$

Wirken die beiden Variablen unabhängig voneinander, so ist $Cov(y,z) = 0$. Bei der Normalverteilung gilt auch die Umkehrung: aus $Cov(y,z) = 0$ folgt die Unabhängigkeit von y und z.

Erwartungswert und Varianz von *Summe* und *Differenz zweier zufälliger Grössen* sind nach den folgenden Formeln zu berechnen.

$$\text{Für } z = y_1 + y_2: \quad E(z) = E(y_1) + E(y_2), \tag{6}$$

$$V(z) = V(y_1) + V(y_2) + 2\,Cov(y_1,y_2). \tag{7}$$

Für $z = y_1 - y_2$: $E(z) = E(y_1) - E(y_2)$, $\qquad$ (8)

$$V(z) = V(y_1) + V(y_2) - 2\,Cov(y_1, y_2). \qquad (9)$$

Für die Multiplikation von y mit einer Konstanten a, einem Skalar, gelten die Regeln

$$E(ay) = aE(y) \qquad (10)$$

und

$$V(ay) = a^2 V(y). \qquad (11)$$

Mit den Formeln (6) bis (11) können in Problemen aus der Regression und der Varianzanalyse Erwartungswerte und Varianzen von Schätzungen, etwa von Steigungen, berechnet werden.

1.3 Wahrscheinlichkeitsverteilungen

Wir geben in knapper Form die wichtigsten Formeln und Beziehungen zu den in diesem Buche verwendeten Verteilungen an.

1.31 Normalverteilung

Die Normalverteilung ist in der Statistik von zentraler Bedeutung. Viele Verteilungen sind im Grenzfall grosser Versuchszahlen genähert normal verteilt (Zentraler Grenzwertsatz). Varianzanalyse und Regressionsrechnung setzen beim Prüfen von Hypothesen und beim Berechnen von Vertrauensintervallen normal verteilte Daten voraus.

Die Dichtefunktion $\varphi(y)$ der Normalverteilung ist durch

$$\varphi(y) = \frac{1}{\sqrt{2\pi\sigma^2}}\, exp[-(y-\mu)^2/(2\sigma^2)] \qquad (1)$$

gegeben. Die Wahrscheinlichkeit, ein Resultat zwischen y und $y + dy$ zu erhalten, ermittelt man nach

$$d\Phi(y) = \varphi(y)dy = \frac{1}{\sqrt{2\pi\sigma^2}}\, exp[-(y-\mu)^2/(2\sigma^2)]dy. \qquad (2)$$

Die Parameter μ und σ^2 sind gleich dem *Erwartungswert* und der *Varianz*.

$$E(y) = \mu, \qquad V(y) = \sigma^2. \tag{3}$$

Subtrahiert man von y den Erwartungswert μ und teilt man sodann durch die Standardabweichung σ, so ist

$$u = \frac{y - \mu}{\sigma} \tag{4}$$

eine *standardisierte normale Variable* mit Erwartungswert gleich null und Varianz gleich eins.

Zu verschiedenen Werten der Wahrscheinlichkeit ist u gemäss

$$\alpha = 1 - \int_{-u_\alpha}^{+u_\alpha} \varphi(y)dy = 2 \int_{u_\alpha}^{\infty} \varphi(y)dy \tag{5}$$

in Tafel I zu finden. Für $\alpha = 0.05$ erhält man beispielsweise $u_\alpha = 1.96$; 5% aller möglichen u-Werte liegen ausserhalb des Bereiches ∓ 1.96.

Betrachtet man zwei voneinander unabhängige, normal verteilte Variable y_1 und y_2 mit den Erwartungswerten μ_1 und μ_2 und den Varianzen σ_1^2, und σ_2^2, so gilt der folgende wichtige Satz:

$$z = a_1 y_1 + a_2 y_2 \tag{6}$$

ist wieder normal verteilt mit

$$E(z) = a_1 \mu_1 + a_2 \mu_2, \tag{7}$$

$$V(z) = a_1 \sigma_1^2 + a_2 \sigma_2^2. \tag{8}$$

Zu (7) und (8) analoge Formeln gelten auch für mehr als zwei Variable.

Mit dem Symbol

$$y \to N(\mu, \sigma^2) \tag{9}$$

deuten wir an, die Grösse y folge einer Normalverteilung mit Erwartungswert μ und Varianz σ^2.

Der zu y gehörende Wert der Verteilungsfunktion

$$\Phi(y) = \int_{-\infty}^{y} \varphi(v)dv \tag{10}$$

kann auf dem Taschenrechner nach *Page* (1977) als

$$\Phi(y) \cong e^z/(1 + e^z) \tag{11}$$

mit

$$z = \sqrt{8/\pi}\, y(1 + 0.044715y^2) \tag{12}$$

genähert berechnet werden.

Umgekehrt erhält man zu $\Phi \geqslant 0.5$ die Schranke u als

$$u = 1.238\, t(1 + 0.0262\, t) \tag{13}$$

mit

$$t = (-\ln[4\Phi(1 - \Phi)])^{1/2}. \tag{14}$$

Für $\Phi < 0.5$ setzt man $-u$.

Weitere Formeln sind bei *Hamaker* (1978) und *Page* (1977) zu finden.

1.32 Chiquadrat-Verteilung

Um die Chiquadrat-Verteilung herzuleiten, geht man von n normalen, standardisierten Variablen u_i aus. Die Summe der Quadrate der gegenseitig unabhängigen u_i

$$\chi^2 = \sum_{i=1}^{n} u_i^2 \tag{1}$$

folgt einer Chiquadrat-Verteilung mit n Freiheitsgraden. Die Wahrscheinlichkeit, (1) zwischen χ^2 und $\chi^2 + d\chi^2$ zu finden, beträgt

$$d\Phi(\chi^2) = \frac{1}{[(n-2)/2]!} \left(\frac{\chi^2}{2}\right)^{(n-2)/2} e^{-\chi^2/2} d\left(\frac{\chi^2}{2}\right). \qquad (2)$$

Für $n = 1$ wird $[(n-2)/2]! = \sqrt{\pi}$.

Erwartungswert und Varianz von χ^2 hängen nur von der Zahl der Freiheitsgrade ab.

$$E(\chi^2) = n, \qquad V(\chi^2) = 2n. \qquad (3)$$

Aus der Definition von χ^2 folgt ohne weiteres, dass die *Summe* zweier unabhängiger Variablen χ_1^2 und χ_2^2 mit n_1 und n_2 Freiheitsgraden wieder entsprechend χ^2 verteilt ist mit Freiheitsgrad $n = n_1 + n_2$.

Berechnet man aus N Werten y_i, die zufällig und unabhängig voneinander einer normalen Grundgesamtheit entnommen werden, die Streuung

$$s^2 = \frac{1}{N-1} \sum_{i=1}^{N} (y_i - \bar{y})^2, \qquad (4)$$

so folgt der Ausdruck

$$\chi^2 = (N-1)\frac{s^2}{\sigma^2} \qquad (5)$$

einer Chiquadrat-Verteilung mit $n = N - 1$ Freiheitsgraden.

In Tafel II sind zu verschiedenen Freiheitsgraden n und Wahrscheinlichkeiten α die Werte von χ_α^2 gemäss

$$\alpha = \int_{\chi_\alpha^2}^{\infty} d\Phi(\chi^2) \qquad (6)$$

angegeben.

Für grösseres n könnte man von der Tatsache Gebrauch

machen, dass χ^2 durch die Normalverteilung angenähert wird. Besser ist es aber, von $\sqrt{2\chi^2}$ auszugehen;

$$\sqrt{2\chi^2} \rightarrow N(\sqrt{2n-1}, 1). \tag{7}$$

Dann gilt – weil χ^2 einseitig tabelliert ist –

$$u_{2\alpha} = \sqrt{2\chi_\alpha^2} - \sqrt{2n-1} \cong \sqrt{2\chi_\alpha^2} - \sqrt{2n} \tag{8}$$

und daraus folgen

$$\chi_\alpha^2 = (\sqrt{2n} + u_{2\alpha})^2/2 \quad \text{und}$$
$$\chi_{1-\alpha}^2 = (\sqrt{2n} - u_{2\alpha})^2/2. \tag{9}$$

1.33 t-Verteilung

Eine normal verteilte Grösse z mit Varianz σ^2 wird gemäss $u = [z - E(z)]/\sigma$ auf die standardisierte normale Verteilung zurückgeführt. In vielen praktischen Fällen ist aber σ^2 nicht bekannt, sondern wird als

$$s^2 = \frac{\Sigma(y_i - \bar{y})^2}{N-1} \tag{1}$$

aus den Daten geschätzt. $\chi^2 = (ns^2)/\sigma^2$ folgt einer Chiquadratverteilung mit $n = N - 1$ Freiheitsgraden und ist unabhängig von u. Ersetzt man in u den Nenner σ durch s, so genügt

$$t = u \cdot \frac{\sigma}{s} = u \cdot \sqrt{n}/\chi \tag{2}$$

einer t-Verteilung mit n Freiheitsgraden.

Die Wahrscheinlichkeit für t zwischen t und $t + dt$ lautet

$$d\Phi(t) = \frac{[(n-1)/2]!}{[(n-2)/2]!\sqrt{n\pi}} \left(1 + \frac{t^2}{n}\right)^{-(n+1)/2} dt. \tag{3}$$

In Tafel III werden zu ausgewählten Werten von α und n die Werte t_α angegeben, wobei die Beziehung

30

$$\alpha = 2 \int\limits_{t_\alpha}^{\infty} d\Phi(t)$$

gilt.

Aus der Symmetrie der t-Verteilung folgt

$E(t) = 0$ für $n \geqslant 2$

und weiter gilt

$V(t) = n/(n - 2)$ für $n \geqslant 3$.

Die Verteilung von t ist also etwas breiter als die Normalverteilung; für $n \geqslant 30$ kann man ohne Bedenken t durch u ersetzen. Für tiefere n darf als grobe Näherung $t_\alpha = u_\alpha \sqrt{n/(n - 2)}$ verwendet werden; genauere Versionen gibt *Bailey* (1980).

1.34 F-Verteilung

Zur Definition der F-Verteilung geht man von zwei gemäss χ^2 verteilten und stochastisch unabhängigen Variablen χ_1^2 und χ_2^2 mit n_1 und n_2 Freiheitsgraden aus. Man bildet den Quotienten

$$F = \frac{\chi_1^2/n_1}{\chi_2^2/n_2}.$$

(1)

Die Wahrscheinlichkeit, dass die so definierte Variable Werte zwischen F und $F + dF$ annimmt, ist gegeben durch

$$d\Phi(F) = \frac{[(n_1 + n_2 - 2)/2]!}{[(n_1 - 2)/2]![(n_2 - 2)/2]!} \cdot$$
$$\cdot \frac{F^{(n_1 - 2)/2} n_1^{n_1/2} n_2^{n_2/2}}{(n_1 + n_2 F)^{(n_1 + n_2)/2}} dF.$$

(2)

Tafel IV enthält F für verschiedene Freiheitsgrade n_1 und n_2 und die Wahrscheinlichkeiten $\alpha = 0.1$, 0.05 und 0.01 gemäss

$$\alpha = \int\limits_{F_\alpha}^{\infty} d\Phi(F) \tag{3}$$

Der zu einem gegebenen Wert F gehörende α-Wert kann auf dem Umweg über die Normalverteilung nach folgender Formel *genähert* bestimmt werden:

$$u_{2\alpha} = \frac{(1 - \frac{2}{9n_2})F^{1/3} - (1 - \frac{2}{9n_1})}{\left(\frac{2}{9n_2}F^{2/3} + \frac{2}{9n_1}\right)^{1/2}}; \tag{4}$$

für $n_2 \leqslant 3$ ist mit $u'_{2\alpha} = u_{2\alpha} \cdot (1 - 0.08 u_{2\alpha}^4 / n_2^3)$ zu rechnen.

Das Quadrat einer zufälligen Grösse t ist wie F verteilt mit $n_1 = 1$ und $n_2 = n$.

Für grosse Werte n_2 folgt $n_1 F$ einer Chiquadratverteilung mit n_1 Freiheitsgraden.

1.4 Statistische Tests

In einer kurzen Einleitung werden die Grundzüge des Testens erläutert und die Bezeichnungen eingeführt. Sodann folgen in knapper Weise die wichtigsten Tests.

1.41 Das Prinzip des Testens

Wir erläutern das Prinzip an einer Stichprobe y_1, y_2, ..., y_N, die zufällig aus einer normalen Grundgesamtheit gezogen sei; die Ziehungen sind unabhängig voneinander erfolgt und die Varianz σ^2 ist bekannt. Den Durchschnitt bezeichnen wir mit $\bar{y}$.

In der statistischen Testtheorie geht man immer von einer Annahme über die zu testende Grösse aus; diese *Nullhypothese* gilt es zu widerlegen. In unserem Beispiel sei μ_0 der vermutete Durchschnitt. Weicht $\bar{y}$ *deutlich von* μ_0 ab, so *verwerfen* wir die Hypothese. Wir nehmen dann an, die Stichprobe stamme nicht aus einer Gesamtheit mit Durchschnitt

μ_o. Deutlich abweichen heisst, dass wir die Differenz $\bar{y}-\mu_o$ in Beziehung setzen zur Genauigkeit von $\bar{y}$, also zur Standardabweichung $\sigma/\sqrt{N}$.

Unter den obigen Voraussetzungen ist

$$u = \frac{\bar{y} - \mu_o}{\sigma/\sqrt{N}}$$

eine standardisierte normale Variable. Wählen wir $u_{0.05} = 1.96$ als kritische Grenze und weisen wir alle Ergebnisse mit $|u| > 1.96$ zurück, so haben wir einen Test auf dem Niveau $\alpha = 0.05$ durchgeführt.

Könnten wir das Experiment unter gleichen Bedingungen wiederholen, so würde $|u|$ die Schranke 1.96 bei $\alpha = 0.05$ in 5% aller Fälle übersteigen, auch wenn die Nullhypothese zuträfe; wir entscheiden also durchschnittlich in einem von 20 Fällen falsch. Diese Fehlermöglichkeit heisst Risiko I. Art, die zugehörige Wahrscheinlichkeit α ist der *Fehler I. Art* oder die *Irrtumswahrscheinlichkeit*.

Ist aber μ_1 der richtige Durchschnitt, dann werden wir einen *Fehler II. Art* begehen, wenn wir die Nullhypothese nicht verwerfen und bei μ_o bleiben. Zu diesem Risiko gehört der Fehler II. Art.

Die Wahl des Fehlers I. Art ist im Prinzip willkürlich, doch haben sich in der Praxis die Niveaux 10, 5 und 1% eingebürgert. Die Wahl von $\alpha = 0.05$ bedeutet, dass man auch beim Zutreffen der Nullhypothese in einem von 20 Tests diese irrtümlich verwirft. Erscheint dieses Risiko zu hoch und geht man deshalb zu $\alpha = 0.01$ über, so tritt dieser Fehlentscheid im Mittel nur in einem von 100 Fällen auf; allerdings wird man in allen Fällen bei denen die Nullhypothese nicht zutrifft zu wenig häufig verwerfen und damit den Fehler II. Art erhöhen.

In 1.51 werden wir noch den Likelihood-Quotienten-Test einführen.

1.42 Prüfen eines Durchschnitts

Aus einer normalen Grundgesamtheit wird eine Stichprobe vom Umfang N zufällig gezogen. Zum Prüfen der Hypothese $\mu = \mu_0$ berechnet man den Durchschnitt $\bar{y}$ und bei bekannter Varianz σ^2 folgt

$$u = \frac{\bar{y} - \mu_0}{\sigma/\sqrt{N}} = (\bar{y} - \mu_0)\sqrt{N}/\sigma \tag{1}$$

einer standardisierten normalen Verteilung. Wir verwerfen die Hypothese mit einem Fehler I. Art α sobald $|u|$ die Schranke u_α nach Tafel I übersteigt.

In der Regel ist jedoch die Varianz σ^2 nicht bekannt, weshalb man sie durch die Streuung s^2 ersetzt. Anstelle von u erhält man die Testgrösse t, gemäss

$$t = (\bar{y} - \mu_0)\sqrt{N}/s, \tag{2}$$

welche nach 1.33 einer t-Verteilung mit $n = N - 1$ Freiheitsgraden folgt. Werte von $|t|$ grösser als t_α nach Tafel III führen zum Verwerfen der Hypothese.

1.43 Vergleich zweier Durchschnitte

Aus zwei normalen Grundgesamtheiten mit gleicher Varianz σ^2 werden zwei zufällige Stichproben vom Umfang N_1 und N_2 gezogen. Aus diesen werden $\bar{y}_1$, $\bar{y}_2$ und s_1^2, s_2^2 berechnet.

Zum Prüfen der Hypothese $\mu_1 = \mu_2$ wird die Differenz

$$d = \bar{y}_1 - \bar{y}_2 \tag{1}$$

verwendet; der Erwartungswert ist null und die Varianz beträgt nach 1.23

$$V(d) = \sigma^2/N_1 + \sigma^2/N_2 = \sigma^2\left(\frac{1}{N_1} + \frac{1}{N_2}\right). \tag{2}$$

Der Quotient $u = d/\sqrt{V(d)}$ folgt einer standardisierten Normalverteilung. σ^2 ist üblicherweise nicht bekannt, doch stehen uns in s_1^2 und s_2^2 zwei gegenseitig unabhängige Schätzungen zur Verfügung; wir kombinieren sie zu einer einzigen, genaueren Schätzung s^2 für σ^2, indem wir die Beziehung zwischen Streuung und Chiquadrat aus 1.32 ausnützen.

Mit

$$\chi_1^2 = \frac{(N_1 - 1)s_1^2}{\sigma^2} \quad \text{und} \quad \chi_2^2 = \frac{(N_2 - 1)s_2^2}{\sigma^2} \tag{3}$$

ist auch die Summe

$$\chi^2 = \chi_1^2 + \chi_2^2 = \frac{(N_1 - 1)s_1^2 + (N_2 - 1)s_2^2}{\sigma^2} \tag{4}$$

wieder wie Chiquadrat verteilt mit Freiheitsgrad $n = N_1 + N_2 - 2$. Beste Schätzung für s^2 ist somit

$$s^2 = \frac{1}{N_1 + N_2 - 2}[(N_1 - 1)s_1^2 + (N_2 - 1)s_2^2]. \tag{5}$$

Die Differenz d geteilt durch ihre Standardabweichung ist wie t verteilt mit Freiheitsgrad $n = N_1 + N_2 - 2$ und es gilt folgende Formel:

$$t = \frac{\bar{y}_1 - \bar{y}_2}{s} \sqrt{\frac{N_1 N_2}{N_1 + N_2}} \, . \tag{6}$$

Man verwirft die Hypothese $\mu_1 = \mu_2$ mit Irrtumswahrscheinlichkeit α sobald $|t|$ die Schranke t_α aus Tafel III übersteigt; der Test kann auch einseitig angewendet werden.

1.44 Prüfen einer Streuung

Aus einer Zufallsstichprobe mit N normal verteilten und gegenseitig unabhängigen Messwerten y_i wird die Streuung s^2 berechnet. Nach 1.32 besteht zwischen s^2 und σ^2 der folgende Zusammenhang:

$$(N - 1)s^2/\sigma^2 = \chi^2, \tag{1}$$

wobei der Freiheitsgrad $n = N - 1$ ist.

Die Hypothese $\sigma^2 = \sigma_0^2$ prüfen wir, indem wir den nach (1) berechneten Wert mit dem kritischen Wert χ_α^2 aus Tafel II vergleichen. Übersteigt χ^2 die tabellierte Grenze bei n Freiheitsgraden, so verwerfen wir die Hypothese mit einem Fehler I. Art von α.

1.45 Vergleich zweier Streuungen

Zwei Streuungen, berechnet aus zwei gegenseitig unabhängigen Zufallsstichproben aus normalen Gesamtheiten mit gleicher Varianz führen zu

$$\chi_1^2 = (N_1 - 1)s_1^2/\sigma^2$$

und

$$\chi_2^2 = (N_2 - 1)s_2^2/\sigma^2.$$

Der Quotient

$$F = \frac{\chi_1^2/n_1}{\chi_2^2/n_2} = \frac{s_1^2}{s_2^2}, \qquad s_1^2 > s_2^2,$$

ist nach 1.34 wie F verteilt mit $n_1 = N_1 - 1$ und $n_2 = N_2 - 1$ Freiheitsgraden.

Übersteigt F die in Tafel IV zu α, n_1 und n_2 tabellierten kritischen Werte, so verwerfen wir die Gleichheit der Streuungen.

Viele Prüfgrössen in Regressionsrechnung und Varianzanalyse sind wie F verteilt.

1.5 Schätzen von Parametern und Vertrauensgrenzen

1.51 Die Maximum-Likelihood-Methode

Beim Schätzen von Parametern halten wir uns an die von *Fisher* (1921) angegebene Methode des *Maximum-*

Likelihod. Diese besteht darin, die Wahrscheinlichkeit

$$\varphi(x|\Theta)dx \qquad (1)$$

als Funktion des Parameters Θ, bei gegebenem Messwert x zu maximieren. Die Funktion $L(\Theta|x) = \varphi(x|\Theta)$ heisst die *Likelihood*.

Bei der Normalverteilung mit bekannter Varianz σ^2 und unbekanntem Durchschnitt μ lautet die Likelihood für N gegenseitig unabhängige Messungen y_i:

$$L(\Theta|y_1...y_N) = \prod_{i=1}^{N} \frac{1}{\sqrt{2\pi\sigma^2}} \, exp[-(y_i - \mu)^2/(2\sigma^2)]. \qquad (2)$$

Gesucht wird $\hat{\mu} = \hat{\Theta}$, sodass L maximal wird. Dazu leiten wir (2) nach μ ab und setzen diesen Ausdruck gleich null. In vielen Fällen erhält man einfachere Formeln, wenn man mit $ln\,L$ rechnet; die Lage des Maximums bleibt dieselbe. Aus dem Produkt (2) wird dann eine Summe.

$$ln\,L = -\frac{N}{2} ln(2\pi\sigma^2) - \frac{1}{2\sigma^2} \sum_{i=1}^{N} (y_i - \mu)^2. \qquad (3)$$

Wir leiten (3) nach μ ab und erhalten

$$\frac{\partial\,ln\,L}{\partial\mu} = \frac{1}{\sigma^2} \sum_{i=1}^{N} (y_i - \mu) = 0. \qquad (4)$$

Die Maximum-Likelihood-Schätzung wird also

$$\hat{\mu} = \frac{1}{N} \sum_i y_i = \bar{y}. \qquad (5)$$

In andern Fällen ist das Auflösen der Gleichung für $\hat{\Theta}$ nicht direkt möglich und hat in Schritten (iterativ) zu erfolgen.

Für grosses N ist $\hat{\Theta}$ genähert normal verteilt; die Varianz ist das Reziproke des Erwartungswertes der zweiten Ableitung von $-\ln L$. In unserem Beispiel gilt:

$$\frac{\partial^2 \ln L}{\partial \mu^2} = -\frac{1}{\sigma^2} \sum_{i=1}^{N} 1, \tag{6}$$

$$-E\left(\frac{\partial^2 \ln L}{\partial \mu^2}\right) = N/\sigma^2 \rightarrow V(\hat{\mu}) = \sigma^2/N. \tag{7}$$

Dieses Resultat folgt im Beispiel auch direkt nach den Formeln für das Zusammenzählen von Variablen:

$$V(\mu) = \frac{1}{N^2} \sum_i V(y_i) = \frac{1}{N^2} (N\sigma^2) = \sigma^2/N. \tag{8}$$

Bei mehr als einem Parameter hat man nach Θ_1, Θ_2, ..., Θ_p abzuleiten und erhält ein System von Gleichungen. Wiederum können für grosses N die zweiten Ableitungen, die jetzt eine symmetrische $(p \times p)$-Matrix bilden, für die Genauigkeit der Schätzungen herangezogen werden; mit

$$I = -E\left\{\frac{\partial^2 \ln L}{\partial \Theta_j \partial \Theta_k}\right\} \tag{9}$$

der *Informationsmatrix* gilt

$$\Sigma = I^{-1} = \begin{pmatrix} Var(\Theta_1) & Cov(\Theta_1, \Theta_2) \ldots Cov(\Theta_1, \Theta_p) \\ Cov(\Theta_2, \Theta_1) \cdot \cdot \cdot & \vdots \\ \vdots & \ddots & \vdots \\ Cov(\Theta_p, \Theta_1) & \ldots \ldots \ldots Var(\Theta_p) \end{pmatrix} \tag{10}$$

Die Likelihood kann auch zum *Testen von Hypothesen* herangezogen werden. Sei $L[\hat{\Theta}_1, \ldots, \hat{\Theta}_p | \{y_i\}]$ das Maximum beim Modell mit p Parametern und $L[\tilde{\Theta}_1, \ldots, \tilde{\Theta}_r | \{y_i\}]$ jenes bei $r < p$ Parametern; dann ist die Differenz

$$2(ln \, L[\hat{\Theta}_1,\ldots,\hat{\Theta}_p|\{y_i\}] - ln \, L[\tilde{\Theta}_1,\ldots\tilde{\Theta}_r|\{y_i\}]) =$$

$$2 \, ln \frac{L[\hat{\Theta}_1,\ldots,\hat{\Theta}_p|\{y_i\}]}{L[\tilde{\Theta}_1,\ldots,\tilde{\Theta}_r|\{y_i\}]} \tag{11}$$

genähert wie Chiquadrat verteilt mit $p - r$ Freiheitsgraden. Dies ist der *Likelihood-Quotienten-Test*.

1.52 Die Methode der kleinsten Quadrate

In Regressionsrechnung und Varianzanalyse werden die Schätzungen üblicherweise nach der Methode der kleinsten Quadrate bestimmt. Dabei wird die Summe der quadrierten Differenzen zwischen Messwert und Modellwert so klein wie möglich gemacht.

Für die Schätzung von µ aus N Messungen y_i hat man also das Minimum von

$$\sum_{i=1}^{N} (y_i - \mu)^2 \tag{1}$$

zu suchen. Leitet man (1) nach µ ab und setzt man die Lösung gleich null, so folgt

$$-2 \sum_{i=1}^{N} (y_i - \mu) = 0 \quad \text{oder} \quad \mu = \bar{y}. \tag{2}$$

Man erhält hier dasselbe Resultat wie mit der Likelihoodmethode. In allen Fällen, bei denen die Verteilungsfunktion bis auf die zu bestimmenden Parameter bekannt ist, wird man die Likelihood verwenden. Kennt man aber den Typ der Verteilung nicht, so sucht man Schätzungen nach der Methode der kleinsten Quadrate. Beim Testen von Hypothesen und bei den Vertrauensgrenzen wird man jedoch wieder Annahmen über die Verteilung treffen müssen.

Die Differenzen (Messwert – Modellwert), die *Residuen*, enthalten bei richtiger Wahl des Modelles keine festen oder systematischen Anteile mehr und werden als Grundlage für das Schätzen des Zufallsfehlers verwendet. Die Analyse der Residuen zeigt uns, ob wir alle wesentlichen Einflüsse im Modell berücksichtigt haben. Auf die Residuenanalyse kommen wir sowohl bei der Varianzanalyse wie auch bei der Regressionsrechnung zurück.

1.53 Vertrauensgrenzen

Die Schätzung $\hat{\Theta}$ für Θ, nach der Methode des Maximum-Likelihood berechnet, ist jener Wert, der unser grösstes Vertrauen verdient. $\hat{\Theta}$ als Funktion der Messwerte y_i ist jedoch mit einem Fehler behaftet, der es ratsam erscheinen lässt, sich nicht allein auf das zufällige Resultat $\hat{\Theta}$ zu stützen. Wir berechnen deshalb zusätzlich die Standardabweichung der Schätzung oder ein Intervall mit den Grenzen Θ_u und Θ_o, das den wahren Wert des Parameters Θ mit grosser Sicherheit enthält.

Nehmen wir an, wir hätten $\bar{y}$ und s^2 aus N Messwerten berechnet. Dann prüfen wir bei Normalverteilung mit

$$t = \frac{\bar{y} - \mu}{s / \sqrt{N}} \tag{1}$$

ob $\bar{y}$ von μ abweicht. Betrachten wir alle jene Werte von μ, die zu $|t| < t_\alpha$ führen als mit den Messungen y_i verträglich, so werden wir in (1) die Schranke t durch $\mp t_\alpha$ ersetzen und die Begrenzungen μ_u und μ_0 berechnen. Alle Werte im Intervall sind dann mögliche Lageparameter; sie bilden das $(1 - \alpha)100\%$-Vertrauensintervall.

In komplizierteren Fällen kann etwa s noch von μ abhängen, sodass das Auflösen der Gleichung schwieriger wird. Bei mehr als einem Parameter findet man anstelle des Vertrauensintervalles einen *Vertrauensbereich*.

1.6 Das Berechnen der Summe von Quadraten

In diesem Abschnitt werden einige nützliche Formeln zum Berechnen von Summen von Quadraten für verschiedene, häufig vorkommende Situationen zusammengestellt.

40

Zu einer Reihe von N gegenseitig unabhängigen Werten y_i berechnet man die Summe der Quadrate, SQ oder auch S_{yy} geschrieben, als

$$SQ(y_i) = \sum_{i=1}^{N} (y_i - \bar{y})^2. \tag{1}$$

Die Summe aller N Werte bezeichnen wir mit $y_.$, den Durchschnitt mit $\bar{y}_.$. Teilt man (1) durch die Zahl der Freiheitsgrade $(N - 1)$, so findet man das Durchschnittsquadrat DQ. Formel (1) lässt sich auf verschiedene Weise schreiben.

$$SQ(y_i) = \sum y_i^2 - (y_.)^2/N = \sum y_i^2 - N(\bar{y}_.)^2. \tag{2}$$

Diese Formeln sind zwar algebraisch richtig; sie werden bei Tischrechnern oft benützt, sollten jedoch nicht in Programmen verwendet werden.

Sind die Ausgangswerte zum Berechnen der Summe von Quadraten bereits Durchschnitte aus N_j Einzelwerten,

$$\bar{y}_{j.} = \frac{1}{N_j}(\sum_i y_{ji}),$$

so ist Formel (1) so abzuändern, dass die $\bar{y}_{j.}$ entsprechend ihrer Genauigkeit (dem Reziproken der Varianz σ^2/N_j) zur Summe beitragen. Die Zahl der Einzelwerte wird dabei als Gewicht in der folgenden Weise verwendet:

$$SQ(\bar{y}_j) = \sum_{j=1}^{M} N_j(\bar{y}_{j.} - \bar{y}_{..})^2 = \sum_{j=1}^{M} N_j \bar{y}_{j.}^2 - (\sum N_j)(\bar{y}_{..})^2$$

$$= \sum_{j=1}^{M} (y_{j.})^2/N_j - (y_{..})^2/(\sum N_j). \tag{3}$$

Die Zahl der Freiheitsgrade beträgt $(M - 1)$.

Beim Vergleichen von Durchschnitten sind in der Varianzanalyse häufig lineare Kombinationen der $\bar{y}_{j.}$, geschrieben als

$$z = \sum_{j=1}^{M} k_j \bar{y}_{j.} \tag{4}$$

von Bedeutung. So misst etwa für $M = 3$ mit $k_1 = 1$, $k_2 = -1$, $k_3 = 0$ die Grösse $z = \bar{y}_1. - \bar{y}_2.$ den Unterschied zwischen den Gruppen 1 und 2.

Nach 1.23 findet man für den Erwartungswert

$$E(z) = \sum k_j \mu_j. \tag{5}$$

Unter der Annahme $\mu_j = \mu$, der Nullhypothese, hat z den Erwartungswert null, falls

$$\sum_{j=1}^{M} k_j = 0. \tag{6}$$

Eine solche Verbindung der Durchschnitte heisst auch ein *Kontrast*. In diesem Falle weicht z nur zufällig von null ab. Ist z normal verteilt, dann gehört zu $u = z/\sigma_z$ eine standardisierte Normalverteilung, $N(0,1)$ und nach 1.32 folgt

$$\chi_1^2 = u^2 = z^2/\sigma_z^2 \tag{7}$$

einer χ^2-Verteilung mit einem Freiheitsgrad.

Die Varianz σ_z^2 berechnet man als

$$V(z) = \sum_j k_j^2 V(\bar{y}_{j.}) = \sigma^2 \sum k_j^2/N_j. \tag{8}$$

Damit wird also

$$z/\left(\sqrt{\sum_j k_j^2/N_j}\right) \tag{9}$$

eine normal verteilte Grösse mit Varianz σ^2 und für (7) schreiben wir

$$\chi_1^2 = \left(z^2/(\sum_j k_j^2/N_j)\right)/\sigma^2 = \frac{SQ(z)}{\sigma^2}. \tag{10}$$

Ohne auf die Annahme der Normalität Rücksicht zu nehmen, definieren wir die Summe der Quadrate des Kontrastes z als

$$SQ(z) = z^2/(\sum k_j^2/N_j). \tag{11}$$

Geht man von den Summen $y_j.$ statt von den Durchschnitten aus, so ist

$$z = \sum c_j y_j. \tag{12}$$

ein Kontrast, wenn $E(z) = 0$, was zur Bedingung

$$\sum N_j c_j = 0 \tag{13}$$

führt; an die Stelle von (8) tritt

$$V(z) = \sigma^2 \sum N_j c_j^2. \tag{14}$$

Weitere Kontraste oder Vergleiche $\sum l_j y_j.$ sind zum ersten *orthogonal*, d.h. mit diesem nicht *korreliert*, wenn die Beziehung

$$\sum N_j c_j l_j = 0 \tag{15}$$

gilt; bei normal verteilten Werten sind die Vergleiche dann gegenseitig unabhängig.

Jede Summe von Quadraten zu $y_j.$ kann im Prinzip in $(M - 1)$ einzelne und zueinander orthogonale Vergleiche aufgespalten werden. Besonders einfach liegen die Verhältnisse in der Varianzanalyse mit ausgewogenen Versuchszahlen, worauf wir in 2.2 zu sprechen kommen.

2 Varianzanalyse

Die von *R.A. Fisher* entwickelte Varianzanalyse (Streuungszerlegung) dient im wesentlichen dazu, die durch verschiedene Ursachen bedingte Variabilität von Daten zu erfassen und auseinanderzuhalten.

In 2.1 erörtern wir zunächst, wie die Varianzanalyse benützt werden kann, um zu prüfen, ob zwischen mehreren Durchschnitten Unterschiede bestehen. Man spricht in diesem Fall von der einfachen Varianzanalyse.

Wenn die Daten nach zwei verschiedenen Ursachengruppen geordnet sind, verwendet man die zweifache Varianzanalyse, die in 2.2 besprochen wird. In 2.3 behandeln wir die mehrfache, in 2.4 die hierarchische Varianzanalyse und das Bestimmen von Varianzkomponenten.

2.1 Einfache Varianzanalyse

Der Leser findet eine ausführliche Darstellung der einfachen Varianzanalyse in Band I; wir begnügen uns hier mit einer knappen Wiederholung, der wir folgendes Beispiel zugrundelegen:

Beispiel 1. Vergleich der Kopfbreiten von Phytodietus griseana KERRICH, eines Ektoparasitoides der Larve des Lärchenwicklers, aus vier Standorten (Entomologisches Institut der ETH Zürich, 1978). Die Kopfbreiten sind in 1/100 mm gemessen und entsprechend der unterschiedlichen Höhe der Standorte korrigiert worden.

	Sils		Silvaplana		Zuoz		Celerina	
Einzelwerte	33.0	35.0	32.5	38.0	32.0	32.0	37.0	34.0
y_{ji}	33.0	37.5	37.5	32.5	35.0	37.0	36.0	31.0
	36.0	37.5	33.5	34.0	36.5	36.0	37.0	31.0
	35.0	32.5	34.0	32.0	35.5	34.5	32.0	38.5
	36.5	33.5	37.0	34.0	32.0	37.0	34.0	33.0
	35.0	33.0	34.0	30.0	35.0	37.0	35.0	32.5
	34.0	35.5	34.0	35.0	36.5	30.0	36.0	33.0
	35.0	33.5	30.0	32.5	35.5	38.0	34.5	39.0
	35.0	31.0	35.0	31.5	37.0	32.5	34.5	37.0
			29.0	33.0			35.0	33.0
Totale $y_{j.}$	621.5		669.0		629.0		693.0	
Anzahlen N_j	18		20		18		20	
Durch-schnitte $\bar{y}_{j.}$	34.5278		33.4500		34.9444		34.6500	
Streu-ungen s_j^2	3.0433		5.7079		5.2614		5.3447	

Innerhalb eines Standortes befinden sich die Ektoparasitoiden unter gleichartigen Bedingungen; wir nehmen an, dass die Einzelwerte y_{ji} beim j-ten Standort eine zufällige Stichprobe aus einer normalen Grundgesamtheit mit Durchschnitt μ_j und Varianz σ_j^2 bilden. Die Streuungen s_j^2 für Silvaplana, Zuoz und Celerina liegen recht nahe beieinander, und auch jene für Sils weicht, bei Berücksichtigung des Umfangs N_j der Stichprobe, nicht wesentlich ab. Die Annahme erscheint daher berechtigt, dass die Variabilität innerhalb der vier Standorte gleich gross sei, oder anders ausgedrückt, dass

$$\sigma_1^2 = \sigma_2^2 = \ldots = \sigma_M^2 = \sigma^2. \tag{1}$$

Unter dieser Voraussetzung sind alle s_j^2 Schätzungen des gemeinsamen σ^2 und man kann sie zu einer einzigen Schätzung s^2 vereinigen.

Bezeichnen wir wie üblich mit $n_j = N_j - 1$ den Freiheitsgrad, und die Summe der Quadrate mit S_{yy}, also

$$S_{yy}^{(j)} = \sum_i (y_{ji} - \bar{y}_{j.})^2, \tag{2}$$

so können wir für die Streuung s_j^2 am j-ten Standort

$$s_j^2 = S_{yy}^{(j)}/n_j \tag{3}$$

schreiben. Die gemeinsame Schätzung s^2 von σ^2 definieren wir als gewogenen Durchschnitt der Einzelstreuungen s_j^2, wobei die Freiheitsgrade als Gewichte benützt werden, also

$$s^2 = (\sum_{j=1}^{M} n_j s_j^2)/(\sum_j n_j)$$

oder mit $\sum_j n_j = n_I$ und $\sum S_{yy}^{(j)} = S_{yy}^I$

$$s^2 = \sum_j S_{yy}^{(j)}/n_I = S_{yy}^I/n_I. \tag{4}$$

Für unser Beispiel wird

$$S_{yy}^{(1)} = 51.7361, \quad S_{yy}^{(2)} = 108.4500,$$
$$S_{yy}^{(3)} = 89.4444, \quad S_{yy}^{(4)} = 101.5500$$

und somit

$$s^2 = 351.1805/72 = 4.8775.$$

Im allgemeinen wird man annehmen dürfen, dass die Durchschnitte μ_j der Grundgesamtheiten für die einzelnen Standorte voneinander abweichen. Wenn wir noch mit ε_{ji} die zufällige Abweichung des i-ten Wertes y_{ji} im j-ten Standort vom Durchschnitt μ_j bezeichnen, so kann für y_{ji} geschrieben werden

$$y_{ji} = \mu_j + \varepsilon_{ji}, \tag{5}$$

oder wenn wir einen mittleren Wert μ einführen, und $\mu_j - \mu = \alpha_j$ setzen, so wird

$$y_{ji} = \mu + \alpha_j + \varepsilon_{ji}. \tag{6}$$

Die Beziehung (6) kann man als das *Modell* bezeichnen, das der einfachen Varianzanalyse zugrunde liegt.

Würden sich die Standorte auch in den Durchschnitten μ_j der Grundgesamtheiten nicht voneinander unterscheiden, so wäre also

$$\mu_1 = \mu_2 = \ldots = \mu_M = \mu \qquad (7)$$

oder

$$\alpha_1 = \alpha_2 = \ldots = \alpha_M = 0. \qquad (8)$$

Man bezeichnet (8) als die *Nullhypothese*, die es zu prüfen gilt, um festzustellen, ob die Durchschnitte $\bar{y}_{j.}$ aus den M Standorten wesentlich voneinander abweichen oder nicht.

Wenn die Nullhypothese (8) zutrifft, kann man die Varianz σ^2 schätzen, indem man

$$\sum_j \sum_i (y_{ji} - \bar{y}_{..})^2 / (N-1) = S_{yy}^T / (N-1) \qquad (9)$$

berechnet, wobei $\bar{y}_{..}$ den Gesamtdurchschnitt aller Einzelwerte y_{ji} bedeutet, also durch die Beziehung

$$N\bar{y}_{..} = \sum_j \sum_i y_{ji} = \sum_j N_j \bar{y}_{j.} \qquad (10)$$

gegeben ist.

Die durch (2) und (4) definierte Summe der «Quadrate innerhalb» S_{yy}^I ist kleiner als die «totale Summe der Quadrate» S_{yy}^T, was wie folgt gezeigt wird: Man hat für S_{yy}^T

$$\sum_j \sum_i (y_{ji} - \bar{y}_{..})^2 = \sum_j \sum_i (y_{ji} - \bar{y}_{j.} + \bar{y}_{j.} - \bar{y}_{..})^2$$

$$= \sum_j \sum_i (y_{ji} - \bar{y}_{j.})^2 + \sum_j N_j (\bar{y}_{j.} - \bar{y}_{..})^2, \qquad (11)$$

was auch als

$$S_{yy}^T = S_{yy}^I + S_{yy}^Z \qquad (12)$$

geschrieben werden kann, da in der Tat

$$\sum_j N_j (\bar{y}_{j.} - \bar{y}_{..})^2 = S_{yy}^Z$$

umso grösser ist, je deutlicher die Unterschiede *zwischen* den Durchschnitten der Standorte ausfallen. Formel (12) zeigt, dass die gesamte Summe der Quadrate in die Teile SQ (Innerhalb Gruppen) und SQ (Zwischen Gruppen) zerlegt werden kann; sie bildet die Grundlage der Varianzanalyse im einfachsten Fall.

Wie im Kapitel 1 gezeigt wurde, hat man nach unseren Voraussetzungen

$$(N_j - 1)s_j^2/\sigma^2 = \chi_j^2 \quad \text{mit } n_j = N_j - 1$$

und

$$\sum (N_j - 1)s_j^2/\sigma^2 = S_{yy}^I/\sigma^2 = \chi_I^2 \text{ mit } n_I = N - M.$$

Wenn die Nullhypothese $\mu_1 = \mu_2 = \ldots = \mu_M = \mu$ zutrifft, bilden alle N Werte y_{ji} eine Zufallsstichprobe aus einer normalen Grundgesamtheit mit Durchschnitt μ und Streuung σ^2. Also hat man

$$S_{yy}^T/\sigma^2 = \chi_T^2 \quad \text{mit } n_T = N - 1.$$

Es lässt sich zeigen, dass in diesem Fall

$$(S_{yy}^T - S_{yy}^I)/\sigma^2 = S_{yy}^Z/\sigma^2 = \chi_Z^2 \quad \text{mit } n_Z = M - 1$$

gilt; überdies sind χ_I^2 und χ_Z^2 gegenseitig unabhängig. Die Nullhypothese wird somit mit

$$F = \frac{\chi_Z^2/n_Z}{\chi_I^2/n_I} = \frac{S_{yy}^Z/(M-1)}{s^2}; \quad n_1 = M - 1, n_2 = N - M, \quad (13)$$

geprüft.

Für Beispiel 1 findet man

$$S_{yy}^T = 33.0^2 + 33.0^2 + 36.0^2 + \ldots + 37.0^2 + 33.0^2$$
$$- 2612.5^2/76 = 376.065\,000$$

$$S_{yy}^Z = 621.5^2/18 + 669.0^2/20 + 629.0^2/18$$
$$+ 693.0^2/20 - 2612.5^2/76 = 24.881\,950$$

und

$$S_{yy}^I = 376.065\,000 - 24.881\,950 = 351.183\,050.$$

Die Ergebnisse der Varianzanalyse stellt man nach dem Vorschlag von R.A. *Fisher* so dar, dass die Zerlegung deutlich hervortritt.

Streuung	Freiheits-grad	Summe der Quadrate	Durchschnitts-quadrat
Zwischen den Standorten	3	24.881950	8.293983
Innerhalb der Standorte	72	351.183050	4.877542
Total	75	376.065000	...

Für die Testgrösse F findet man

$$F = \frac{S^Z_{yy}/(M-1)}{s^2} = \frac{8.293983}{4.877542} = 1.7004,$$

mit $n_1 = 3$, $n_2 = 72$. Ein Blick in die Tafel von F lehrt, dass $F = 1.7004$ erheblich kleiner als der Wert von F für $\alpha = 0.05$. Die Durchschnitte für die 4 Standorte weichen demnach nicht wesentlich voneinander ab.

Zu der soeben besprochenen einfachen Varianzanalyse fügen wir noch eine allgemeine Bemerkung bei. Der Summe der Quadrate innerhalb der Standorte S^I_{yy} liegt das Modell (6) $y_{ji} = \mu + \alpha_j + \varepsilon_{ji}$ mit den Parametern μ, α_1, α_2, ..., α_M zugrunde. Zur Summe der Quadrate S^T_{yy} gehört das Modell

$$y_{ji} = \mu + \varepsilon_{ji}. \tag{14}$$

Man kann den Sachverhalt so beschreiben, dass der Übergang von (6) zu (14) als *Modellabbau* bezeichnet wird. Den weggelassenen Parametern α_j entspricht eine Zunahme der Summe der Quadrate um $S^Z_{yy} = S^T_{yy} - S^I_{yy}$. In den folgenden Abschnitten werden wir dieser Art der Überlegung mehrfach begegnen, wenn es darum geht, gewisse Modelle und darin vorkommende Parameter zu untersuchen; siehe dazu auch die Ausführungen im Kapitel 5.

Hätten wir in unserem Beispiel die Nullhypothese verworfen, so wäre als weitere Aufgabe der Vergleich der Durchschnitte $\bar{y}_{j.}$ aufgetreten. Die Probleme, die dabei vorkommen, sind in Band I besprochen.

2.2 Zweifache Varianzanalyse

Wenn wir Daten untersuchen, die nach zwei Verfahrensgruppen A und B aufgegliedert sind, benötigen wir die zweifache Varianzanalyse. Um über kurze Bezeichnungen zu verfügen, sprechen wir von zwei *Faktoren, A* und *B,* wovon jeder mehrere *Stufen* umfasst, die wir mit j und k kennzeichnen. Die Tabelle der Daten besteht aus *Zellen,* die durch ein Paar von Indizes (j,k) festgelegt sind, und N_{jk} sei die Anzahl der Werte in der Zelle mit der j-ten Stufe des Faktors A und der k-ten Stufe des Faktors B.

Besonders einfach wird die Varianzanalyse, wenn alle N_{jk} gleich gross sind, was wir als *ausgewogene Belegung* der Zellen bezeichnen. Wir behandeln daher zunächst in 2.21 diesen Fall, der bei zweckmässig geplanten Versuchen oft vorkommt. In derselben Weise gehen wir auch bei einfacher und bei proportionaler Belegung der Zellen vor; darauf wird in 2.22 und 2.23 eingegangen. Der schwierigere Fall der ungleichen Belegung folgt in 2.24.

2.21 Mehrfache ausgewogene Belegung der Zellen

Bei mehrfacher, ausgewogener Belegung der Zellen sind alle N_{jk} gleich gross und grösser als 1. Wie wir sehen werden, bietet die Deutung der Varianzanalyse gewisse Schwierigkeiten, wenn N_{jk} gleich 1 ist; wir betrachten daher diesen Fall gesondert in 2.22.

Was die Abhängigkeit der Daten von den beiden Faktoren anbelangt, sind zwei Fälle zu unterscheiden. Als erstes erwähnen wir den Fall, bei dem auf jeder Stufe von A dieselbe Abhängigkeit der Daten vom Faktor B vorliegt; umgekehrt ist dann auch auf jeder Stufe von B die Abhängigkeit der Daten vom Faktor A im wesentlichen dieselbe. Die beiden Faktoren wirken hier voneinander *unabhängig,* was sich bezüglich des Modells auch so ausdrücken lässt, dass man die Wirkung der beiden Faktoren als *additiv* bezeichnet.

Der zweite Fall tritt ein, wenn eine gewisse *Wechselwirkung* zwischen den beiden Faktoren festzustellen ist; die Art der Abhängigkeit von *A* ist unterschiedlich auf den verschiedenen Stufen von *B*.

In 2.211 zeigen wir, wie die Varianzanalyse im ersten Fall ohne Wechselwirkung gedeutet werden kann, in 2.212 behandeln wir den zweiten Fall *mit* Wechselwirkung. In 2.213 wird dargelegt, wie man durch eine geeignete *Transformation* von Daten mit Wechselwirkung zu solchen ohne Wechselwirkung übergehen kann. Weitere Hinweise zur zweifachen Varianzanalyse findet der Leser im theoretischen Teil unter 5.3, speziell 5.35.

2.211 Keine Wechselwirkung zwischen beiden Faktoren

Wir erörtern die Varianzanalyse mit zwei Faktoren an einem Beispiel.

Beispiel 2. Nadelgewichte in 1/100 g von je 20 dreiwöchigen Föhrensämlingen bei verschiedener Belichtungsdauer und aus verschiedenen Herkunftsorten (*R. Karschon*, 1949).

Herkunftsort	Kurztag	Langtag	Dauer-licht	Summe	Durch-schnitt
Taglieda	25	42	62		
	25	38	55		
	50	80	117	247	41.2
Pfyn	45	62	80		
	42	58	75		
	87	120	155	362	60.3
Rheinau	50	52	88		
	50	62	95		
	100	114	183	397	66.2
Summe	237	314	455	1006	...
Durchschnitt	39.5	52.3	75.8	...	55.9

Die gesamte Summe der Quadrate aller 18 Messwerte beträgt 6441.778. Diese wird vorerst nach den Formeln der einfachen Varianzanalyse in eine *SQ* (Zwischen Zellen) und eine solche innerhalb der Zellen zerlegt.

Streuung	Freiheits-grad	Summe der Quadrate	Durchschnitts-quadrat
Zwischen den 9 Zellen	8	6309.778	788.722
Innerhalb der Zellen	9	132.000	14.667
Total	17	6441.778	...

Die Summe der Quadrate zwischen den Zellen enthält jene zu den Herkunftsorten und jene zu den Belichtungsdauern. Man findet dafür

$$SQ \text{ (Herkunftsort)} = (247^2 + 362^2 + 397^2)/6$$
$$- 1006^2/18 = 2052.778$$

$$SQ \text{ (Belichtungsdauer)} = (237^2 + 314^2 + 455^2)/6$$
$$- 1006^2/18 = \underline{4074.111}$$
$$\text{Summe} = 6126.889$$

Von den 8 Freiheitsgraden zwischen den Zellen sind mit diesen beiden Summen von Quadraten zusammen 4 Freiheitsgrade ausgewiesen. Die fehlenden 4 Freiheitsgrade entsprechen der *Wechselwirkung* zwischen den beiden Faktoren. Dies kann auf zwei Arten eingesehen werden.

Vorerst werden die Formeln für die Summen der Quadrate herangezogen. Da es sich lediglich darum handelt, SQ (Zwischen Zellen) zu untersuchen, wählen wir Bezeichnungen, als ob je Zelle nur ein Wert statt der c Werte vorkäme, wobei wir aber in der Zahl der Zeilen und Spalten keinerlei Einschränkung vorsehen. So bezeichnet $\bar{y}_{jk}$ den Durchschnitt in der Zelle beim Zusammentreffen der j-ten Zeile und der k-ten Spalte, $\bar{y}_{j.}$ jenen für die j-te Zeile, $\bar{y}_{.k}$ jenen für die k-te Spalte und $\bar{y}_{..}$ den Gesamtdurchschnitt. Daraus ergeben sich folgende Formeln für die SQ, wobei a die Zahl der Spalten, b jene der Zeilen bedeutet; die Zahl der Zellen sei $a \cdot b$.

$$SQ \text{ (Zwischen Zellen)} = c \sum_j \sum_k (\bar{y}_{jk} - \bar{y}_{..})^2, \tag{1}$$

$$SQ \text{ (Spalten)} = b\,c \sum_k (\bar{y}_{.k} - \bar{y}_{..})^2, \tag{2}$$

$$SQ \text{ (Zeilen)} = a\,c \sum_j (\bar{y}_{j.} - \bar{y}_{..})^2. \tag{3}$$

Für die SQ (Wechselwirkung) findet man aus (1) bis (3)

$$SQ \text{ (Wechselwirkung)} = SQ \text{ (Zwischen Zellen)}$$
$$- SQ \text{ (Spalten)} - SQ \text{ (Zeilen)}$$
$$= c \sum_j \sum_k [(\bar{y}_{jk} - \bar{y}_{j.}) - (\bar{y}_{.k} - \bar{y}_{..})]^2$$
$$= c \sum_j \sum_k [(\bar{y}_{jk} - \bar{y}_{.k}) - (\bar{y}_{j.} - \bar{y}_{..})]^2. \quad (4)$$

Aus Formel (4) ist zu ersehen, dass SQ (Wechselwirkung) um so grösser ausfällt, je mehr die Unterschiede $(\bar{y}_{jk} - \bar{y}_{j.})$ von $(\bar{y}_{.k} - \bar{y}_{..})$ oder, was aufs gleiche hinauskommt, die $(\bar{y}_{jk} - \bar{y}_{.k})$ von $(\bar{y}_{j.} - \bar{y}_{..})$ abweichen. Dies bedeutet mit anderen Worten, dass SQ (Wechselwirkung) umso grösser wird, je stärker sich die Durchschnitte des ersten Faktors von einer Stufe zur andern des zweiten Faktors unterscheiden.

Formel (4) zeigt weiter, dass sich SQ (Zwischen Zellen) in SQ (A) und SQ (B) für die beiden Faktoren, sowie jene der Wechselwirkung SQ (AB) zwischen den beiden Faktoren aufteilen lässt. Für unser Beispiel ergibt sich die folgende zweifache Varianzanalyse:

Streuung	Freiheits-grad	Summe der Quadrate	Durchschnitts-quadrat	F
Herkunftsort	2	2052.778	1026.389	69.979
Belichtungsdauer	2	4074.111	2037.056	138.887
Wechselwirkung BH	4	182.889	45.722	3.117
Innerhalb Zellen	9	132.000	14.667	...
Total	17	6441.778	...	...

Mit $n_1 = 4$ und $n_2 = 9$ findet man $F_{0.05} = 3.633$; die Wechselwirkung ist demnach nicht gesichert. Der Einfluss der Herkunftsorte wie der Belichtungsdauer ist dagegen hoch gesichert.

Da die Wechselwirkung nicht gesichert ist, können wir annehmen, dass die beiden Faktoren voneinander unabhängig wirken; somit wird folgendes Modell vorausgesetzt:

$$y_{jki} = \mu + \alpha_j + \beta_k + \varepsilon_{jki}. \quad (5)$$

Dabei bedeuten

α_1 = Taglieda $\quad\rbrace$ Stufen des
α_2 = Pfyn $\qquad\rbrace$ Faktors A
α_3 = Rheinau $\quad\rbrace$ (Herkunftsort)

β_1 = Kurztag $\quad\rbrace$ Stufen des
β_2 = Langtag $\quad\rbrace$ Faktors B
β_3 = Dauerlicht $\rbrace$ (Belichtungsdauer)

Das Modell ist additiv bezüglich der beiden Faktoren. Mit den Beziehungen

$$\sum_{j=1}^{a} \alpha_j = 0 \quad \text{und} \quad \sum_{k=1}^{b} \beta_k = 0,$$

den sogenannten *Nebenbedingungen* (siehe dazu 5.32, Seite 255), werden die Schätzungen von α_j gleich $\bar{y}_{j.} - \bar{y}_{..}$ und jene von β_k gleich $\bar{y}_{.k} - \bar{y}_{..}$.

Die Zerlegung der *SQ* (Zwischen Zellen) in die drei oben angegebenen Komponenten kann noch auf andere Art sichtbar gemacht werden. Dabei werden diese Summen von Quadraten weiter so zerlegt, dass jedem Freiheitsgrad eine Summe von Quadraten entspricht, die eine sinnvolle Deutung zulässt. Dieses Zerlegen kann auf verschiedene Weise vorgenommen werden und ist der Fragestellung anzupassen.

Die folgende Figur gibt uns Anhaltspunkte für die Wahl eines zweckmässigen Vorgehens.

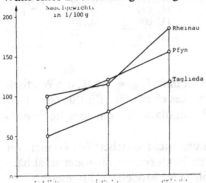

Figur 7. Nadelgewichte von Föhrensämlingen nach Belichtungsdauer und Herkunft.

In Figur 7 sind auf der Abszisse die Abstände zwischen Kurztag und Langtag einerseits und Langtag und Dauerlicht anderseits gleich gross gewählt worden. Diese willkürliche Wahl hat aber zur Folge, dass die Verbindung der durchschnittlichen Nadelgewichte der Zellen für Taglieda und Pfyn nahezu geradlinig ausfällt. Weiter ist aus der Figur ersichtlich, dass die Werte für Taglieda deutlich von jenen für Pfyn und Rheinau abweichen.

Gestützt auf diese Tatsachen kann man die Summen der Quadrate für die beiden Faktoren berechnen, indem man *orthogonale Zerlegungen* vornimmt. Für den Faktor Herkunftsort geben wir die Totale der Messungen, die Koeffizienten für die Zerlegung, sowie die Berechnung der entsprechenden Summe der Quadrate:

		Taglieda	Pfyn	Rheinau	Summe der Quadrate	
Total der Messwerte		247	362	397	...	
Koeffizienten:	H_1	0	-1	$+1$	$(+ 35)^2/12 =$	102.083
	H_2	-2	$+1$	$+1$	$(+265)^2/36 =$	1950.694
Summe						2052.777

Die Divisoren (12 und 36) findet man nach 1.6 als Summe der Quadrate der Koeffizienten, wobei mit 6 zu multiplizieren ist, da die Totale der Messwerte aus 6 Einzelwerten bestehen. Wie erwartet, entfällt der überwiegende Teil der *SQ* (Herkunftsort) auf den Vergleich von Taglieda mit Pfyn und Rheinau.

Für die Zerlegung der *SQ* (Belichtungsdauer) wählen wir eine «lineare» und eine «quadratische» Komponente, wobei – wie schon erwähnt – die willkürliche Annahme getroffen wird, dass die Abstände auf der Abszissenachse von Figur 7 gleich gross sind; die Koeffizienten sind in Tafel *V* angegeben.

		Kurz-tag	Lang-tag	Dauer-licht	Summe der Quadrate	
Total der Messwerte		237	314	455	...	
Koeffizienten:	B_L	-1	0	$+1$	$(+218)^2/12 =$	3960.333
	B_Q	$+1$	-2	$+1$	$(+ 64)^2/36 =$	113.778
Summe						4074.111

55

Der überwiegende Teil von SQ (Belichtungsdauer) entfällt auf die «lineare» Komponente.

Damit haben wir die Summen der Quadrate für die beiden Faktoren in je zwei Teile zerlegt, die jede einem Freiheitsgrad entsprechen. Man kann weiter SQ (Wechselwirkung) in vier Teile aufspalten, die den Wechselwirkungen H_1B_L, H_1B_Q, H_2B_L und H_2B_Q entsprechen. Dazu geht man von den Totalen für die neun Zellen aus und ermittelt zunächst die H_1, H_2 für jede Spalte, sowie die B_L, B_Q für jede Zeile; z.B. für H_1: $(0) \cdot (50) + (-1) \cdot (87) + (+1) \cdot (100) = +13$.

		Faktor B					
		1	2	3	Total	B_L	B_Q
Faktor	1	50	80	117	247	+ 67	+ 7
H	2	87	120	155	362	+ 68	+ 2
	3	100	114	183	397	+ 83	+55
	Total	237	314	455	1006	+218	+64
H_1		+13	– 6	+ 28	+ 35	+ 15	+53
H_2		+87	+74	+104	+265	+ 17	+43

Sodann werden für die B_L und B_Q die Komponenten H_1 und H_2 berechnet, was $+15$, $+17$, $+53$ und $+43$ ergibt. Dieselben Werte finden wir auch, wenn für H_1 und H_2 die Komponenten B_L und B_Q ermittelt werden. Die SQ ergeben sich nach denselben Regeln, die wir oben angewendet haben.

$$SQ\,(H_1B_L) \;=\; (+15)^2/8 \;\;= 28.125$$
$$SQ\,(H_1B_Q) \;=\; (+53)^2/24 = 117.042$$
$$SQ\,(H_2B_L) \;=\; (+17)^2/24 \;= 12.042$$
$$SQ\,(H_2B_Q) \;=\; (+43)^2/72 \;= \underline{25.681}$$
$$SQ\,(HB) \;\;\;\;\;=\; \text{Summe} \;\;\;\;= \underline{182.890}$$

Die gesamte Varianzanalyse für die Daten dieses Beispiels wird wie folgt dargestellt:

Streuung		Freiheitsgrad	Summe der Quadrate	Durchschnittsquadrat
Herkunftsort	Rheinau gegen Pfyn (H_1)	1	102.083	102.083
	Taglieda gegen Rheinau und Pfyn (H_2)	1	1950.694	1950.694
	Zusammen	2	2052.778	1026.389
Belichtungsdauer	«Lineare» Komponente (B_L)	1	3960.333	3960.333
	«Quadratische» Komponente (B_Q)	1	113.778	113.778
	Zusammen	2	4074.111	2037.056
Wechselwirkung	H_1B_L	1	28.125	28.125
	H_1B_Q	1	117.042	117.042
	H_2B_L	1	12.042	12.042
	H_2B_Q	1	25.681	25.681
	Zusammen	4	182.889	45.722
Zwischen Zellen		8	6309.778	788.722
Innerhalb Zellen		9	132.000	14.667
Total		17	6441.778	...

Mit $n_1 = 1$ und $n_2 = 9$ findet man in Tafel IV $F_{0.05} = 5.12$ und $F_{0.01} = 10.56$. Mit $s^2 = 14.667$ wird demnach $F_{0.05} \cdot s^2 = 75.10$ und $F_{0.01} \cdot s^2 = 154.88$; man sieht, dass die Komponenten der Hauptwirkungen alle gesichert sind, H_2 und B_L sogar sehr deutlich. Die Wechselwirkungskomponente H_1B_Q ist ebenfalls bei $\alpha = 5\%$ gesichert; da aber der Vergleich Rheinau gegen Pfyn (H_1) auch nur bei 5% gesichert ist, sollte der Wechselwirkungskomponente H_1B_Q keine besondere Bedeutung beigemessen werden.

Wir haben bereits darauf hingewiesen, dass die obige Zerlegung nicht die einzig mögliche ist. In welcher Art und Weise die gesamte SQ (Zwischen Zellen) in einzelne Teile aufzuspalten ist, hat man *beim Planen* des Versuches festzulegen. Beim nachträglichen Auswählen von Vergleichen besteht die Gefahr, dass so manipuliert wird, bis gesicherte Vergleiche gefunden werden. Mehrfache Vergleiche sind in Band I, Absatz 5.43, beschrieben.

Zuletzt sei noch auf einen Unterschied zwischen der Tafel für A, B und AB, sowie der vollständigen Zerlegung in acht orthogonale Vergleiche hingewiesen. Bei allen F-Tests prüft man einzeln mit einer Irrtumswahrscheinlichkeit α. Die Wahrscheinlichkeit für einen falschen Entscheid mit $\alpha = 0.05$ ist in der kurzen Tafel mit drei Tests $[1 - (1 - \alpha)^3] = 0.14$, bei der vollständigen Tafel aber $[1 - (1 - \alpha)^8] = 0.34$, also wesentlich höher. Die grosse Tafel gibt uns aber einen tieferen Einblick in die Zusammenhänge.

Die hier angegebene Zerlegung der Summe der Quadrate zwischen den Zellen lässt sich immer durchführen, wenn die Zahl der Messwerte in jeder Zelle gleich gross ist. Wie wir in 2.23 sehen werden, kann eine derartige Zerlegung auch bei ungleicher Zahl der Messwerte vorgenommen werden, falls die Besetzungszahlen in gewissen festen Proportionen vorliegen.

2.212 Wechselwirkung zwischen den beiden Faktoren

Wenn zwischen den beiden Faktoren eine Wechselwirkung festzustellen ist, muss die Auswertung je nach Sachlage verschieden vorgenommen werden. Gelegentlich ist deutlich ersichtlich, dass die Daten *nicht als Ganzes* ausgewertet werden können, wie dies im vorliegenden 2.212 gezeigt wird. In 2.213 dagegen werden wir sehen, wie durch eine geeignete Transformation der Daten die Wechselwirkung wegfällt.

Beispiel 3. Erträge an Trockensubstanz von Rotklee (1. Schnitt) in g bei einem Gefässversuch, in Abhängigkeit vom Humusgehalt und der Quecksilberkonzentration. (Eidg. Forschungsanstalt für Agrikulturchemie und Umwelthygiene, Liebefeld-Bern).

Humusgehalt	Quecksilberkonzentration				Total
	0	1	2	3	
niedrig	68	70	57	53	
	65	61	53	58	
	64	57	56	55	
	197	188	166	166	717
mittel	28	36	37	30	
	27	33	32	30	
	23	28	32	32	
	78	97	101	92	368
hoch	55	45	52	63	
	50	51	54	62	
	40	53	55	66	
	145	149	161	191	646
Total	420	434	428	449	1731

Die zweifache Varianzanalyse ergibt folgendes Bild:

Streuung	Freiheits-grad	Summe der Quadrate	Durchschnitts-quadrat	F
Quecksilber-konzentration	3	50.083	16.694	1.15
Humusgehalt	2	5670.167	2835.084	194.77
Wechselwirkung QH	6	731.167	121.861	8.37
Zwischen Zellen	11	6451.417	586.492	40.29
Innerhalb Zellen	24	349.333	14.556	...
Total	35	6800.750	...	...

Da mit $n_1 = 6$, $n_2 = 24$, $F_{0.05} = 2.51$ ist, muss die Wechselwirkung QH als gesichert betrachtet werden. Erstaunlicherweise scheint die Wirkung des Quecksilbers nicht gesichert. Der Schein trügt: Betrachtet man nämlich die Wirkung von Quecksilber auf den drei Stufen des Humusgehaltes (Figur 8), so sieht man deutlich, dass die Erträge bei niedrigem Humusgehalt mit steigender Quecksilberkonzentration abnehmen, bei hohem Humusgehalt dagegen zunehmen. Man wird daher besser den Einfluss der Quecksilberkonzentration getrennt für jede Stufe des Humusgehaltes untersuchen.

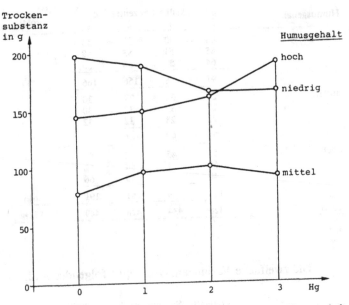

Figur 8. Trockensubstanz von Rotklee in Abhängigkeit von Humusgehalt und Quecksilberkonzentration.

Wir benützen dabei eine Zerlegung von *SQ* (Quecksilberkonzentration) in eine lineare, eine quadratische und eine kubische Komponente. Einzelheiten geben wir nur für niedrigen Humusgehalt:

	Quecksilberkonzentr.				Summe der Quadrate
	0	1	2	3	
Total der Messwerte	197	188	166	166	...
Koeffizienten für lineare Komponente	− 3	− 1	+ 1	+ 3	$(-115)^2/60 = 220.417$
quadratische Komponente	− 1	+ 1	+ 1	− 1	$(-\ 9)^2/12 = \ \ 6.750$
kubische Komponente	− 1	+ 3	− 3	+ 1	$(+\ 35)^2/60 = \underline{\ \ 20.417}$
Summe					247.584

Für die 12 Messwerte bei niedrigem Humusgehalt ergibt sich folgende Varianzanalyse:

Streuung	Freiheits-grad	Summe der Quadrate	Durchschnitts-quadrat	F
Quecksilber-konzentration				
Lineare Komponente	1	220.417	220.417	14.860
Quadratische Komponente	1	6.750	6.750	...
Kubische Komponente	1	20.417	20.417	1.376
Zusammen	3	247.584	82.528	...
Innerhalb Quecksilberstufen	8	118.667	14.833	...
Total	11	366.250	...	...

Mit den Freiheitsgraden $n_1 = 1$ und $n_2 = 8$ liest man aus Tafel IV ein $F_{0.05} = 5.32$ heraus. Die lineare Komponente des Einflusses der Quecksilbergaben ist demnach gesichert, nicht aber die quadratische und die kubische Komponente.

Durch entsprechende Varianzanalysen findet man bei *hohem* Humusgehalt, dass wiederum die lineare Komponente für den Einfluss der Quecksilbergaben gesichert ist, wobei mit steigenden Gaben eine *Zunahme* des Ertrages festzustellen ist. Bei *niedrigem* Humusgehalt ergibt sich dagegen bei stärkeren Quecksilbergaben eine *Abnahme* der Erträge. Bei *mittlerem* Humusgehalt ist allein die quadratische Komponente des Quecksilbereinflusses gesichert; die Erträge sind bei mittleren Quecksilbergaben etwas höher als bei fehlenden und bei sehr hohen Konzentrationen.

Zu beachten ist schliesslich, dass im Mittel die Erträge bei niedrigem und bei hohem Humusgehalt deutlich höher sind als bei mittlerem Humusgehalt.

Die Ergebnisse decken sich sehr gut mit dem Eindruck, den uns Figur 8 vermittelt.

2.213 Unabhängigkeit der beiden Faktoren nach Transformation

Die Deutung von Daten in zweifacher Anordnung, das heisst mit zwei Faktoren, gestaltet sich besonders einleuchtend, wenn keine Wechselwirkung vorliegt. Dies haben wir in 2.211 erörtert. Gelegentlich lassen sich Daten, die bei einer ersten Varianzanalyse eine Wechselwirkung zeigen, durch einfache Transformationen derart verändern, dass nach der Transformation keinerlei Wechselwirkung mehr vorhanden ist. Man wird in einem derartigen Falle annehmen dürfen, dass die transformierten Daten eigentlich den biologischen Sachverhalt richtiger wiedergeben als die ursprünglichen Daten. Dies erscheint auf den ersten Blick befremdend; es ist jedoch bekannt, dass manchmal ein logarithmischer Massstab dem biologischen Tatbestand besser entspricht.

Grundsätzlich wird man eine einfache Transformation vorziehen, wie etwa die logarithmische, die inverse oder die Wurzeltransformation. Welche dieser Transformationen den Daten am besten entspricht, kann man anhand einer von *Box* und *Cox* (1964) angegebenen Methode feststellen. Wir geben hier nur einen kurzen Abriss des Verfahrens an. Der Varianzanalyse liegen die folgenden Voraussetzungen zugrunde:

(1) Die restlichen Streuungen innerhalb der Zellen sollen gleich gross sein (Homoskedastizität);
(2) die Verteilung der ε soll normal sein;
(3) die einzelnen ε sollen gegenseitig unabhängig sein;
(4) die Messwerte sollen einem möglichst einfach aufgebauten Schema entsprechen.

In der Regel legt man das grösste Gewicht auf die Forderung (4), da dadurch eine einfache Deutung der Ergebnisse des Versuches oder der Beobachtungen gewährleistet wird. *Box* und *Cox* schlagen vor, die folgende Familie von Transformationen in ihrer Wirkung auf die Likelihood zu untersuchen, wobei mit y die beobachteten und mit $y^{(\lambda)}$ die transformierten Werte bezeichnet werden:

$$y^{(\lambda)} = \frac{(y + \lambda_2)^{\lambda_1} - 1}{\lambda_1}, \qquad (\lambda_1 \neq 0), \tag{1}$$

$$y^{(\lambda)} = ln(y + \lambda_2), \qquad (\lambda_1 = 0). \tag{2}$$

Diese Beziehungen gelten für Werte von y, die grösser sind als $-\lambda_2$. Für $\lambda_1 = 1/2$ gibt (1) die Wurzeltransformation, für $\lambda_1 = -1$ die inverse Transformation.

Nach *Box* und *Cox* erhält man die zweckmässigste Transformation, indem man jenes Wertepaar (λ_1, λ_2) aufsucht, für welches die Likelihood den grössten Wert annimmt. Praktisch geht man so vor, dass für ausgewählte Wertepaare (λ_1, λ_2) die transformierten $y^{(\lambda)}$ berechnet werden. Weiter wird das geometrische Mittel

$$gm(y + \lambda_2) = \prod_{i=1}^{N} (y_i + \lambda_2)^{1/N} \tag{3}$$

der $y + \lambda_2$ für alle N Messwerte ermittelt. Hierauf werden neue Werte $z^{(\lambda)}$ bestimmt nach der Formel

$$z^{(\lambda)} = \frac{(y + \lambda_2)^{\lambda_1 - 1}}{\lambda_1 [gm(y + \lambda_2)]^{\lambda_1 - 1}} . \tag{4}$$

Mit diesen $z^{(\lambda)}$ wird die Varianzanalyse durchgeführt und insbesondere die restliche Summe der Quadrate

SQ (Rest; $z^{(\lambda)}$)

berechnet. Die Likelihood für (λ_1, λ_2) ist gegeben durch

$$L(\lambda) = -\frac{N}{2} ln (SQ[\text{Rest}; z^{(\lambda)}]) + \frac{N}{2} ln N. \tag{5}$$

Zum Wertepaar (λ_1, λ_2), das den grössten Wert $L(\lambda)$ liefert, gehören die transformierten Werte $y^{(\lambda)}$. Diese entsprechen den Forderungen (1) bis (4) am besten.

Beispiel 4. Reaktionszeiten von Elritzen (Phoxinus laevis Ag.) in Abhängigkeit von Wassertemperatur und Cyanidkonzentration (Eidgenössische Anstalt für Wasserversorgung, Abwasserreinigung und Gewässerschutz, Zürich).

Die beiden Faktoren und ihre Stufen sind folgendermassen gewählt worden:

$t_1 = 15°$ Celsius, $t_2 = 25°$ Celsius Wassertemperatur (T)

$c_1 = 0.16$ mg (CN)' je l Wasser
$c_2 = 0.8$ mg (CN)' je l Wasser   Cyanid-
$c_3 = 4.0$ mg (CN)' je l Wasser   konzentration (C)
$c_4 = 20.0$ mg (CN)' je l Wasser

Die Reaktionszeiten in Minuten sind für je 3 Elritzen bei jeder Zelle (t_j, c_k) in folgender Übersicht angegeben:

Wassertemperatur	Cyanidkonzentration				Total
	c_1	c_2	c_3	c_4	
t_1	19	17	6	7	
	46	15	7	9	
	91	17	6	7	
	156	49	19	23	247
t_2	8	5	5	5	
	13	6	2	5	
	20	10	4	3	
	41	21	11	11	84
Total	197	70	30	34	331

Unterwirft man diese Messwerte einer zweifachen Varianzanalyse, so erhält man:

Streuung	Freiheits-grad	Summe der Quadrate	Durchschnitts-quadrat	F
Wassertempe-ratur (T)	1	1 107.042	1 107.042	6.450
Cyanidkonzen-tration (C)	3	3 062.458	1 020.819	5.948
Wechsel-wirkung (TC)	3	1 262.458	420.819	2.452
Zwischen Zellen	7	5 431.958	. . .	. . .
Innerhalb Zellen	16	2 746.000	171.625	. . .
Total	23	8 177.958	. . .	. . .

Mit $n_1 = 3$, $n_2 = 16$ finden wir $F_{0.05} = 3.01$; die Wechselwirkung erscheint daher nicht als gesichert. Sehen wir aber die ursprünglichen Messwerte etwas näher an, so ergeben sich doch Zweifel an der Additivität der Wirkung der beiden Faktoren. Zudem ist $F = 2.452$, verglichen mit $F_{0.05} = 3.01$ für die Wechselwirkung doch recht hoch.

Wir untersuchen also, welche Transformation nach *Box* und *Cox* vorzuziehen ist, und wie sie sich auswirkt. Das Maximum der Likelihood finden wir mit $\lambda_1 = -1$ und $\lambda_2 = +5$. Diese Transformation ist insofern durchaus sinnvoll, als $\lambda_2 = +5$ darauf hinweist, dass eine gewisse Latenzzeit verstreicht, bis die Giftwirkung eintritt. Mit $\lambda_1 = -1$ benützt man den reziproken Wert der modifizierten Reaktionszeiten, also die Sterberate, was ebenfalls einleuchtet.

Die nachstehende Übersicht enthält die transformierten Werte 1000/(Reaktionszeiten + 5):

Wasser-temperatur (T)	Cyanidkonzentration (C)				Total
	c_1	c_2	c_3	c_4	
t_1	42	45	91	83	
	20	50	83	71	
	10	45	91	83	
	72	140	265	237	714
t_2	77	100	100	125	
	56	91	143	100	
	40	67	111	125	
	173	258	354	250	1 135
Total	245	398	619	587	1 849

Wir benützen die Varianzanalyse, um den Einfluss von Wassertemperatur und des Cyanids zu untersuchen. Bezüglich der Giftkonzentration wäre es naheliegend, die Wirkung aufgeteilt in lineare, quadratische und kubische Komponenten zu betrachten, da die Cyanidkonzentrationen eine lineare Sequenz bilden, falls die Wirkung dem Logarithmus der Konzentration entspricht, was in der Tat vielfach eintrifft. Da indessen c_3 und c_4 offensichtlich so hoch gewählt worden sind, dass die Wirkung schon bei c_3 das Maximum erreicht, ist es hier nicht zweckmässig, lineare, quadratische und kubische

Komponenten zu bilden. Besser sind andere *orthogonale Vergleiche,* mit denen wir untersuchen, ob die Wirkung von C mit steigender Konzentration ansteigt, was zur folgenden Aufteilung führt:

Vergleich	c_1	c_2	c_3	c_4
C_1	-3	$+1$	$+1$	$+1$
C_2	0	-2	$+1$	$+1$
C_3	0	0	-1	$+1$

Damit ergibt sich die nachstehende Varianzanalyse:

Streuung		Frei-heits-grad	Summe der Quadrate	Durch-schnitts-quadrat	F
Temperatur	T	1	7385.04	7385.04	34.993
Cyanid-konzentration	C_1	1	10488.35	10488.35	49.698
	C_2	1	4669.44	4669.44	22.126
	C_3	1	85.33	85.33	...
	Zusammen	3	15243.12	5081.04	24.076
Wechsel-wirkung	TC_1	1	4.01	4.01	...
	TC_2	1	32.11	32.11	...
	TC_3	1	48.00	48.00	...
	Zusammen	3	84.12	28.04	...
Zwischen Zellen		7	22712.29	...	...
Innerhalb Zellen		16	3376.67	211.04	...
Total		23	26088.96	...	...

Mit $n_1 = 1$, $n_2 = 16$ finden wir in Tabelle IV für $F_{0.05} = 4.49$; somit ist keine der Wechselwirkungskomponenten von Bedeutung. Der Einfluss der Wassertemperatur ist stark gesichert. Aus dem Vergleich C_1 ist ersichtlich, dass die Sterberate bei der untersten Cyanidkonzentration wesentlich niedriger ist als bei den höheren Konzentrationen. Auch die zweitniedrigste Konzentration c_2 bewirkt, wie der Vergleich C_2 zeigt, wesentlich niedrigere Sterberaten als die beiden höchsten

Konzentrationen c_3 und c_4, deren Wirkungen sich nicht gesichert unterscheiden.

Beachtenswert ist der Einfluss der Transformation auf die Varianzanalyse. Das Durchschnittsquadrat für die Wechselwirkung beträgt bei den ursprünglichen Reaktionszeiten das zweieinhalbfache der Reststreuung, während nach der Transformation DQ (Wechselwirkung) nur noch weniger als ein Siebentel von DQ (Innerhalb Zellen) ausmacht. Demgegenüber belaufen sich nach der Transformation die Werte von F für die Wirkung der Wassertemperatur (T) auf mehr als das fünffache und bei der Cyanidkonzentration (C) auf das vierfache der entsprechenden F-Werte bei den ursprünglichen Reaktionszeiten.

Wir haben zu Beginn dieses Abschnittes darauf hingewiesen, dass die Daten nach der Transformation den biologischen Sachverhalt gelegentlich besser wiedergeben. Das folgende konstruierte Beispiel zeigt, wie Wechselwirkung zustande kommen kann und wie sich die geeignete Transformation auswirkt. Der Durchschnitt in den Zellen sei

$$y_{jk} = \alpha_j \cdot \beta_k$$

mit $\alpha_j = 50, 100, 150$ und $\beta_k = 1, 2, 5$; die «Daten», sowie die Differenzen zwischen den Stufen von B lauten:

	y_{jk}			Differenzen	
	β_1	β_2	β_3	$\beta_2 - \beta_1$	$\beta_3 - \beta_2$
α_1	50	100	250	50	150
α_2	100	200	500	100	300
α_3	150	300	750	150	450

Wären die Haupteffekte additiv, so müssten die drei Differenzen in jeder Spalte gleich gross sein; dies ist hier nicht der Fall, was auch aus Figur 9 links zu ersehen ist.

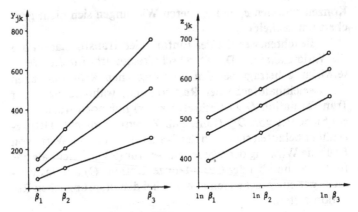

Figur 9. y_{jk} und transformierte Werte z_{jk}

Gehen wir zum Logarithmus über, so wird aus y_{jk}

$$ln(y_{jk}) = ln(\alpha_j) + ln(\beta_k),$$

also ein Modell mit additiv wirkenden Faktoren; für $z_{jk} = 100 ln(y_{jk})$ ergeben sich die folgenden transformierten Werte und Differenzen:

	z_{jk}			Differenzen	
	$ln(\beta_1)$	$ln(\beta_2)$	$ln(\beta_3)$	$ln(\beta_2) - ln(\beta_1)$	$ln(\beta_3) - ln(\beta_2)$
$ln(\alpha_1)$	391	461	552	70	91
$ln(\alpha_2)$	461	530	621	69	91
$ln(\alpha_3)$	501	570	662	69	92

Die Spaltenunterschiede sind jeweils bis auf Rundungsfehler gleich; die Wechselwirkung ist verschwunden. Dazu gehört das rechte Bild in Figur 9; die drei Profile sind jetzt parallel.

2.22 Einfache Belegung der Zellen

In 2.21 zeigten wir, wie man bei mehrfacher und ausgewogener Belegung der Zellen die Varianzanalyse durchführt. Die mehrfache Belegung der Zellen setzte uns in die Lage, die Wechselwirkung aufgrund der Variabilität innerhalb der Zellen zu prüfen. Wenn nur ein Messwert in jeder Zelle vorliegt, gelingt es nicht mehr, Wechselwirkung und Variabilität innerhalb der Zellen auseinanderzuhalten. Die Schwierigkeiten, die dadurch entstehen, erörtern wir an folgendem Beispiel:

Beispiel 5. Erträge an Trockensubstanz von Rotklee in Abhängigkeit von Humusgehalt und Quecksilberkonzentration. Aus jeder Zelle der Tabelle zu Beispiel 3, Seite 59, wird ein Wert zufällig ausgelesen.

Humusgehalt	Quecksilberkonzentration				Total
	0	1	2	3	
niedrig	68	70	56	55	249
mittel	28	33	37	30	128
hoch	55	45	54	62	216
Total	151	148	147	147	593

Dazu erhält man das folgende Ergebnis der Varianzanalyse:

Streuung	Freiheits-grad	Summe der Quadrate	Durchschnitts-quadrat
Humusgehalt	2	1956.167	978.083
Quecksilber-konzentration	3	3.583	1.194
Rest	6	373.167	62.194
Total	11	2332.917	...

Diese Varianzanalyse ist mit aller Vorsicht zu benützen. So scheint der Einfluss des Quecksilbers nahezu belanglos zu sein. Beachtet man aber die Messwerte bei den verschiedenen Humusgehalten, wie sie auch in Figur 10 gezeichnet sind, so scheinen die Werte bei niedrigem Humusgehalt mit steigender Quecksilberkonzentration eher abzunehmen, bei hohem Humusgehalt dagegen eher zuzunehmen. Da aber über die Variabilität der Messwerte innerhalb einer Zelle aus dem Beispiel nichts geschlossen werden kann, fehlt auch die Möglichkeit, etwas Gültiges über den Einfluss der beiden Faktoren auszusagen.

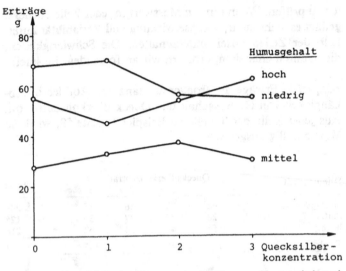

Figur 10. Abhängigkeit des Ertrages von Rotklee von Humusgehalt und Quecksilberkonzentration.

Diese Betrachtungen zeigen deutlich, dass Versuche oder Beobachtungen mit zwei (und mehr) Faktoren so geplant werden sollten, dass in jeder Zelle mehr als ein Messwert vorkommt.

Um eine Idee über das Vorliegen von Wechselwirkung zu bekommen, wenn nur ein Wert pro Zelle vorliegt, wird man die Zeilen- und Spaltendifferenzen berechnen, wie wir dies in 2.213 getan haben. Auch zu regelmässige Muster oder extreme Werte bei den Residuen lassen Wechselwirkung vermuten; bei *Daniel* (1976) wird auf die verschiedenen Möglichkeiten eingegangen. Wir betrachten diese Hilfen als eine Notlösung bei schlecht geplanten Versuchen.

2.23 Proportionale Belegung der Zellen.

Wir sprechen von proportionaler Belegung der Zellen, wenn $N_{jk} = z_j s_k$ gilt, wobei z_j und s_k ganze Zahlen sind. Wie gewohnt bedeutet N_{jk} die Anzahl Messwerte in der Zelle, die

70

in der j-ten Zeile und der k-ten Spalte liegt. Mit diesen Bezeichnungen finden wir für die Gesamtzahl $N_{j.}$ der Messwerte in der j-ten Zeile

$$N_{j.} = z_j \sum_k s_k = z_j s_.$$

und entsprechend für die Gesamtzahl $N_{.k}$ der Messwerte in der k-ten Spalte

$$N_{.k} = s_k \sum_j z_j = s_k z_.$$

Für die Gesamtzahl aller Messwerte N wird

$$N = \sum_j N_{j.} = \sum_k N_{.k} = s_. z_.$$

Wie in 2.21 ausgeführt, gestaltet sich die Varianzanalyse für $N_{jk} = c \geqslant 1$, mit $c =$ konstant, besonders einfach, da die gesamte Summe der Quadrate in $SQ(A) + SQ(B) + SQ(AB) + SQ$(Innerhalb Zellen) zerlegt werden kann. Ausserdem lassen sich die Summen der Quadrate für die Faktoren A und B, wie auch SQ(Wechselwirkung AB) in Summen von Quadraten für die einzelnen Freiheitsgrade auflösen. Wenn *vor der Durchführung* des Versuches oder der Beobachtungen bestimmte Vergleiche als wünschbar angesehen werden, hat die Zerlegung in einzelne, zu einem Freiheitsgrad gehörende Summen von Quadraten den grossen Vorteil, beim Testen keinen Zweifel an der zu wählenden Sicherheitsschwelle (oder Irrtumswahrscheinlichkeit) aufkommen zu lassen.

Wie wir zeigen werden, kann die Varianzanalyse bei proportionaler Belegung der Zellen ebenfalls nach dem in 2.21 angegebenen einfachen Verfahren durchgeführt werden. Um dies einzusehen, betrachten wir einen Spezialfall mit fünf Zeilen, der uns aber zeigt, wie man im allgemeinen vorgehen kann. Die folgende Übersicht gibt an, wie man bei proportionaler Belegung vier orthogonale Vergleiche zwischen den Totalen der fünf Zeilen, also für den Faktor A, findet.

N_j	Vergleich 1	2	3	4
$z_1 s.$	$-z_2$	$-z_3$	$-z_4$	$-z_5$
$z_2 s.$	$+z_1$	$-z_3$	$-z_4$	$-z_5$
$z_3 s.$	0	$(+z_1 + z_2)$	$-z_4$	$-z_5$
$z_4 s.$	0	0	$+(z_1 + z_2 + z_3)$	$-z_5$
$z_5 s.$	0	0	0	$+(z_1 + z_2$ $+ z_3 + z_4)$

In 2.21 hatten wir die gleiche Anzahl von Messwerten in jeder Zelle, also $z_1 = z_2 = \ldots = z_5$. Für den ersten Vergleich war dort $-1, +1, 0, 0, 0$ zu setzen, für den zweiten $-1, -1, +2, 0, 0$ usw. Hier misst der erste Vergleich wiederum den Unterschied zwischen den Zeilen 1 und 2, denn aus $-z_2 y_{1..} + z_1 y_{2..}$ folgt mit einem Umformen $-z_1 z_2 (\bar{y}_{1..} - \bar{y}_{2..})$; mit dem zweiten Vergleich prüft man Unterschiede zwischen dem Durchschnitt der ersten beiden Zeilen und Zeile 3.

Aus der obigen Übersicht wird ersichtlich, dass man

$$s.(- z_1 z_2 + z_2 z_1) = 0$$
$$s.(- z_1 z_3 - z_2 z_3 + z_3 z_1 + z_3 z_2) = 0$$

usw.

erhält. Für die Orthogonalitätsbedingung zwischen dem ersten und zweiten Vergleich wird

$$s. z_3 (z_1 z_2 - z_2 z_1) = 0.$$

Ebenso findet man eine Bestätigung der Orthogonalität zwischen allen übrigen Paaren von Vergleichen.

Damit haben wir gezeigt, dass $SQ(A)$ zwischen den Zeilen in Summen von Quadraten zu je einem Freiheitsgrad aufgelöst werden kann. Sind wir nur an $SQ(A)$ und nicht an den einzelnen Anteilen interessiert, so benutzen wir die Formel

$$SQ(A) = s. \sum_j z_j (\bar{y}_{j..} - \bar{y}_{...}) = \sum_j (y_{j..})^2 / (s. z_j) - (y_{...})^2 / N.$$

Dasselbe tun wir für $SQ(B)$, wobei klar ersichtlich ist, was bei beliebiger Anzahl der Stufen (Zeilen oder Spalten der Tafel) zu geschehen hat.

Selbstverständlich können die $SQ(A)$ und die $SQ(B)$ in irgendwelche orthogonale Vergleiche aufgespalten werden; es genügt aber, dies für die oben angeführten zu zeigen.

Die angegebene Zerlegung in einzelne orthogonale Vergleiche ist auch bei nicht proportionaler Besetzung der Zellen möglich; in unserem Falle kann zusätzlich gezeigt werden, dass die Vergleiche der Zeilen auch zu den Spalten orthogonal sind, was im allgemeinen Fall nicht gilt. Weiter ergibt sich daraus, dass die Summe der Quadrate der Wechselwirkung ebenfalls in einzelne Teile aufgespalten werden kann; diese sind sowohl unter sich wie auch zu den Vergleichen der Zeilen und Spalten orthogonal. Damit finden wir wie im ausgewogenen Falle die Zerlegung

$$SQ(\text{Zwischen Zellen}) = SQ(A) + SQ(B) + SQ(AB).$$

Zur Illustration verwenden wir ein Beispiel aus *Snedecor* und *Cochran* (1967), wobei wir auf die Angabe der Einzelwerte verzichten.

Beispiel 6. Schlachtausbeute in Promille (minus 700‰) von 93 Schweinen verschiedenen Geschlechts und verschiedener Herkunft.

Die folgende Tabelle gibt die Anzahl der Messwerte, die Totale und die Durchschnitte für die Zellen an.

Herkunft	Anzahl Messwerte			Summen der Messwerte			Durchschnitte der Messwerte		
	M	W	Zus.	M	W	Zus.	M	W	Zus.
1	4	2	6	416	273	689	104.0	136.5	114.8
2	6	3	9	797	331	1128	132.8	110.3	125.3
3	10	5	15	1101	557	1658	110.1	111.4	110.5
4	12	6	18	1689	876	2565	140.8	146.0	142.5
5	30	15	45	3627	1827	5454	120.9	121.8	121.2
Total	62	31	93	7630	3864	11494	123.1	124.6	123.6

Als erstes berechnen wir die Summen der Quadrate zwischen den Zellen, zu Herkunft, Geschlecht und zur Wechselwirkung.

$$SQ(\text{Zwischen Zellen}) = (416)^2/4 + (273)^2/2 + \cdots$$
$$- (11494)^2/93 = 12283.023$$
$$SQ(G) = (7630)^2/62 + (3864)^2/31 - (11494)^2/93$$
$$= 51.634 \text{ u.s.w.}$$

$SQ(\text{Innerhalb Zellen}) = 45719.450$ übernehmen wir aus *Snedecor* und *Cochran* (1956).

Streuung	Freiheits-grad	Summe der Quadrate	Durchschnitts-quadrat	F
Geschlecht	1	51.634	51.634	...
Herkunft	4	9738.206	2434.552	4.420
Wechselwirkung (*GH*)	4	2493.183	623.296	1.132
Zwischen Zellen	9	12283.023	...	...
Innerhalb Zellen	83	45719.450	550.837	...
Total	92	58002.473	...	...

Ein Vergleich der obigen F-Werte mit den entsprechenden in Tafel IV zeigt, dass zwischen den Herkunftsorten ein deutlicher Unterschied besteht, dass dagegen die Wechselwirkung bei weitem nicht gesichert ist. Es besteht auch kein wesentlicher Unterschied zwischen männlichen und weiblichen Tieren. Falls man aus früheren Erkenntnissen Anhaltspunkte über den Einfluss der verschiedenen Herkunftsorte besessen hätte, könnte man gewisse aussagekräftige Vergleiche anstellen. In Ermangelung dieser besonderen Vorkenntnisse wollen wir einfach zeigen, wie man SQ(Herkunft) auf die zu Beginn des Abschnitts 2.23 angegebenen Vergleiche aufteilen kann und wie dies auch mit der Wechselwirkung GH zu geschehen hat.

Für das Geschlecht liegen doppelt soviele Messwerte für männliche wie für weibliche Tiere vor. Der einzige Vergleich ist $+1$, -2. Für die Herkunftsorte wählt man als Vergleiche

Herkunft	Vergleich			
	1	2	3	4
1	-3	-5	-6	-15
2	+2	-5	-6	-15
3	0	+5	-6	-15
4	0	0	+10	-15
5	0	0	0	+16

Nach dem schon in 2.21 verwendeten Schema stellen wir die Ergebnisse der Berechnungen für die Vergleiche folgendermassen zusammen:

| | | Summe der Messwerte | | | Vergleich |
		M	W	Total	Geschlecht
	1	416	273	689	− 130
	2	797	331	1128	+ 135
Herkunft	3	1101	557	1658	− 13
	4	1689	876	2565	− 63
	5	3627	1827	5454	− 27
	Total	7630	3864	11494	− 98
	H_1	+ 346	− 157	+ 189	+ 660
Vergleiche	H_2	− 560	− 235	− 795	− 90
	H_3	+ 1006	+ 1794	+ 4800	− 582
	H_4	− 2013	− 1323	− 3336	+ 633

Um die Summen der Quadrate zu erhalten, muss man zu den oben angegebenen Vergleichen die Divisoren bestimmen; für $SQ(H_1), SQ(G)$ und $SQ(GH_1)$ etwa erhält man:

Zu $SQ(H_1)$: $(-3)^2(\ 6) + (+2)^2(\ 9) = 90.$

Zu $SQ(G)$: $(+1)^2(62) + (-2)^2(31) = 186.$

Zu $SQ(GH_1)$: $(-3)^2(+1)^2(4) + (-3)^2(-2)^2(2) +$
$(+2)^2(+1)^2(6) + (+2)^2(-2)^2(3) = 180.$

Demnach findet man für die Summe der Quadrate der einzelnen Vergleiche:

Vergleich		Summe der Quadrate			Total
Geschlecht	G	$(-98)^2/186$	=	51.634	51.634
	H_1	$(-189)^2/90$	=	396.900	
Herkunft	H_2	$(-795)^2/750$	=	842.700	
	H_3	$(+4800)^2/2880$	=	8000.000	
	H_4	$(-3336)^2/22320$	=	498.606	9738.206
	GH_1	$(+660)^2/180$	=	2420.000	
Wechsel-	GH_2	$(-90)^2/1500$	=	5.400	
wirkung	GH_3	$(-582)^2/5760$	=	58.806	
	GH_4	$(+633)^2/44640$	=	8.976	2493.182
Zwischen Zellen					12283.022

2.24 Ungleiche Belegung der Zellen

In den Abschnitten 2.21 bis 2.23 hat sich die gesamte Summe der Quadrate auf einfache Weise in vier Teile zerlegen lassen. Dank der *orthogonalen* Struktur der Daten konnten die einzelnen Teile als Summen der Quadrate der beiden Faktoren, der Wechselwirkung zwischen den Faktoren und als Rest interpretiert werden. Ein solches Vorgehen ist nur möglich, solange die Belegung der Zellen überall dieselbe ist oder wenn sie sich, wie in 2.23, in festen Proportionen ändert.

Anders liegen die Verhältnisse bei ungleicher Belegung. Zwar kann auch hier die gesamte Summe der Quadrate wie vorher in die vier Teile zerlegt werden; die Summe der Quadrate innerhalb der Zellen bleibt weiterhin $SQ(\text{Rest})$. Die andern Teile jedoch lassen sich nicht mehr in eindeutiger Art einem der Faktoren oder der Wechselwirkung zuordnen. In

$$\sum_j N_{j.} (\bar{y}_{j..} - \bar{y}_{...})^2,$$

der Summe der Quadrate für den ersten Faktor, wirken sich zusätzlich auch der zweite Faktor und die Wechselwirkung aus. Dies verbietet es uns, diese Summe als $SQ(A)$ zu bezeichnen.

Der richtige Weg, um zu den geeigneten Summen von Quadraten (gelegentlich auch bereinigte Summen von Quadraten genannt) zu gelangen, besteht darin, in zweckmässiger Weise einen Modellabbau vorzunehmen. Wir lassen in Schritten die Wechselwirkung und jeweils einen der beiden Faktoren weg. *Yates* (1933) hat als erster dieses Vorgehen vertreten; wir sind bereits am Ende von 2.1 in dieser Weise vorgegangen, haben jedoch – im Gegensatz zum allgemeinen Fall – einfache Formeln erhalten.

Wir verzichten darauf, die Einzelheiten des Berechnens anzugeben und gehen davon aus, dass ein Programm für das lineare Modell zur Verfügung steht. Zu jedem Modell werden damit die Schätzungen für die Parameter, sowie die Summen der Quadrate für den Rest und die Parameter bestimmt. Die theoretischen Grundlagen sind in 5.11 bis 5.14 und in 5.3

76

nachzulesen; wie man praktisch vorzugehen hat, erläutern wir im folgenden an einem Beispiel. Dieses ist besonders einfach, weil es bei beiden Faktoren lediglich zwei Stufen umfasst. Die Erweiterung auf mehr als zwei Stufen bietet indessen keine grundsätzlichen Schwierigkeiten.

Beispiel 7. Unterschiede der Stammhöhe von 40 – 49-jährigen Personen nach Geschlecht und Rasse (*Lang*, 1960).

Rasse	Männer	Frauen	Total
	Anzahl Personen		
Walser	$N_{11} = 70$	$N_{12} = 53$	$N_{1.} = 123$
Romanen	$N_{21} = 38$	$N_{22} = 17$	$N_{2.} = 55$
Zusammen	$N_{.1} = 108$	$N_{.2} = 70$	$N_{..} = 178$
	Summe der Stammhöhen (cm)		
Walser	$y_{11.} = 6139$	$y_{12.} = 4460$	$y_{1..} = 10599$
Romanen	$y_{21.} = 3378$	$y_{22.} = 1445$	$y_{2..} = 4823$
Zusammen	$y_{.1.} = 9517$	$y_{.2.} = 5905$	$y_{...} = 15422$
	Durchschnitte der Stammhöhen (cm)		
Walser	$\bar{y}_{11.} = 87.700$	$\bar{y}_{12.} = 84.151$	$\bar{y}_{1..} = 86.171$
Romanen	$\bar{y}_{21.} = 88.895$	$\bar{y}_{22.} = 85.000$	$\bar{y}_{2..} = 87.691$
Zusammen	$\bar{y}_{.1.} = 88.120$	$\bar{y}_{.2.} = 84.357$	$\bar{y}_{...} = 86.640$

Wie ein Blick auf die Durchschnitte lehrt, ist die Stammhöhe bei den Männern rund 3.5 bis 4 cm grösser als bei den Frauen, bei den Romanen um rund 1 cm grösser als bei den Walsern. Die Aufgabe besteht zunächst darin festzustellen, ob eine Wechselwirkung vorliegt.

Diese Aufgabe kann auf verschiedene Arten gelöst werden. Wie erwähnt, benützen wir dazu Programme für lineare Modelle. Dabei werden wir in der Folge stets von den beobachteten Daten ausgehen und das Modell im Blick auf die Versuchsfrage aufstellen. Wir folgen darin den überzeugenden Anregungen von *Urquhart, Weeks* und *Henderson* (1973), welche grundsätzlich von den theoretisch zu erwartenden Durchschnitten ausgehen und in das Modell Beziehungen zwischen diesen Durchschnitten einbauen. Dank diesem Vorgehen sind alle Parameter des Modells schätzbar und man vermeidet dabei Strukturmatrizen, die nicht von vollem Rang sind.

Für unser Beispiel betrachten wir zunächst ein Modell bei dem der Einfluss der beiden Faktoren Geschlecht und Rasse, sowie die Wechselwirkung der beiden Faktoren berücksichtigt werden. Wenn wir dazu noch die mittlere beobachtete Stammhöhe aller untersuchten Personen berücksichtigen, können wir die folgenden Parameter definieren:

μ = mittlere Stammhöhe ($x_{1i} = 1$)
α = Einfluss des Geschlechtes
    ($x_{2i} = -1$: Männer, $x_{2i} = +1$: Frauen)
β = Einfluss der Rasse
    ($x_{3i} = -1$: Walser, $x_{3i} = +1$: Romanen)
γ = Wechselwirkung
    ($x_{4i} = -1$: Walser, weiblich; Romanen, männlich)
    ($x_{4i} = +1$: Walser, männlich; Romanen, weiblich)

Wie im Kapitel 5 näher ausgeführt wird, kann für dieses Modell die Matrix X in der Form

$$X = \begin{pmatrix} 1 & 1 & 1 & 1 \\ -1 & -1 & 1 & 1 \\ -1 & 1 & -1 & 1 \\ 1 & -1 & -1 & 1 \end{pmatrix}$$

geschrieben werden, wobei die Zeilen nacheinander

    (1) dem Parameter μ
    (2) dem Parameter α
    (3) dem Parameter β
    (4) dem Parameter γ

und die Spalten

    (1) Männer, Walser   ($\bar{y}_{11.} = 87.700$)
    (2) Männer, Romanen   ($\bar{y}_{21.} = 88.895$)
    (3) Frauen, Walser   ($\bar{y}_{12.} = 84.151$)
    (4) Frauen, Romanen   ($\bar{y}_{22.} = 85.000$)

entsprechen. Also gilt etwa

$$\bar{y}_{11.} = \mu - \alpha - \beta + \gamma.$$

Zu diesem Durchschnitt gehört das Gewicht $W_{11} = N_{11} = 70$. Die übrigen Besetzungszahlen geben die weiteren Elemente der (4 x 4)-Diagonalmatrix W der Gewichte.

Ausgehend von den Durchschnitten $\bar{y}_{jk.}$ hat man nach 5.14 (Seite 233) vorzugehen und die Lösungen des linearen Gleichungssystems

$$(XWX') \begin{pmatrix} \mu \\ \alpha \\ \beta \\ \gamma \end{pmatrix} = XW \begin{pmatrix} \bar{y}_{11.} \\ \bar{y}_{12.} \\ \bar{y}_{21.} \\ \bar{y}_{22.} \end{pmatrix}$$

zu bestimmen. Man findet

$$\hat{\mu} = 86.436, \ \hat{\alpha} = -1.861, \ \hat{\beta} = 0.511, \ \hat{\gamma} = -0.086,$$

sowie die den Parametern α, β, γ entsprechende Summe der Quadrate

$$SQ(\alpha, \beta, \gamma) = SQ(\text{Zwischen Gruppen}) = 645.917.$$

Um die Wechselwirkung γ zwischen den beiden Faktoren zu berechnen, sind die Summen der Quadrate der Parameter in den Modellen mit und ohne Wechselwirkung miteinander zu vergleichen. Wir haben als Strukturmatrix X für das Modell ohne Wechselwirkung

$$X = \begin{pmatrix} 1 & 1 & 1 & 1 \\ -1 & -1 & 1 & 1 \\ -1 & 1 & -1 & 1 \end{pmatrix}$$

und finden für die Parameter die Schätzungen

$$\hat{\mu} = 86.457, \ \hat{\alpha} = -1.823, \ \hat{\beta} = 0.538$$

und für die Summe der Quadrate der Faktoren Geschlecht und Rasse $SQ(\alpha,\beta) = 644.907$.

Die Summe der Quadrate der Wechselwirkung folgt als Differenz $SQ(\alpha,\beta,\gamma) - SQ(\alpha,\beta)$, was wir übersichtlicher in folgendem Schema darstellen.

Modell	Freiheits-grad	Summe der Quadrate
mit Wechselwirkung: μ,α,β,γ	3	645.917
ohne Wechselwirkung: μ,α,β	2	644.907
Differenz: γ	1	1.010

$SQ(\gamma) = 1.010$, auch als bereinigte Summe der Quadrate der Wechselwirkung bezeichnet, lässt sich beurteilen, wenn eine Schätzung für die restliche Streuung vorliegt. Dazu benötigen wir die Einzelwerte; wir begnügen uns damit, die Zerlegung der gesamten Summe von Quadraten in die Teile SQ(Zwischen Zellen) und SQ(Innerhalb Zellen) anzugeben.

Streuung	Freiheits-grad	Summe der Quadrate	Durchschnitts-quadrat
Zwischen Zellen	3	645.917	...
Innerhalb Zellen	174	1 821.072	10.466
Total	177	2 466.989	...

Das Durchschnittsquadrat 1.010 für die Wechselwirkung erweist sich demnach im Vergleich zum Durchschnittsquadrat innerhalb der Zellen als nicht gesichert; es erübrigt sich daher im Modell der Wechselwirkung Rechnung zu tragen.

Um die Schätzungen von α und β zu beurteilen, benützt man wiederum die Methode des Modellabbaus.

Betrachten wir zunächst die Schätzung $\hat{\alpha} = -1.823$ von α, die den Unterschied in den Stammhöhen der beiden Geschlechter betrifft. Dem Modell mit den drei Parametern μ, α und β stellen wir das Modell mit den Parametern μ und β gegenüber, dem die Matrix

$$X = \begin{pmatrix} 1 & 1 & 1 & 1 \\ -1 & 1 & -1 & 1 \end{pmatrix}$$

entspricht. Die Summe der Quadrate für die Parameter μ, α, β einerseits und μ, β anderseits ergeben sich als:

Modell mit	Freiheits-grad	Summe der Quadrate
μ,α,β	2	644.907
μ,β	1	87.829
Differenz (α)	1	557.078

Die Schätzung $\hat{\alpha} = -1.823$ des Geschlechtsunterschiedes prüft man mittels

$$F = 557.078/10.466 = 53.227,$$

was zeigt, dass der Einfluss des Geschlechtes sehr stark gesichert ist.

Die Schätzung $\hat{\beta} = 0.538$ des Parameters β, der sich auf den Unterschied zwischen Romanen und Walsern bezieht, beurteilt man, indem dem Modell mit den drei Parametern μ, α, β jenes mit den beiden Parametern μ, α gegenübergestellt wird. Die Matrix X für dieses Modell lautet

$$X = \begin{pmatrix} 1 & 1 & 1 & 1 \\ -1 & -1 & 1 & 1 \end{pmatrix}$$

und man findet für beide Modelle die folgenden Summen von Quadraten bezüglich der Parameter:

Modell mit	Freiheits-grad	Summe der Quadrate
μ,α,β	2	644.907
μ,α	1	601.482
Differenz (β)	1	43.425

Der Vergleich mit der Varianz innerhalb der Zellen führt zu

$$F = 43.425/10.466 = 4.149.$$

Dieser Wert von F liegt knapp über $F_{0.05}$, das sich auf rund 3.9 beläuft. Der Unterschied zwischen den beiden Rassen kann demnach als gesichert angesehen werden.

Auf Grund der Schätzungen $\hat{\mu} = 86.457$, $\hat{\alpha} = -1.823$ und $\hat{\beta} = 0.538$ können die theoretischen Werte berechnet und den beobachteten Durchschnitten gegenübergestellt werden. Für die männlichen Walser beispielsweise erhält man

$$Y_{11} = 86.457 + 1.823 - 0.538 = 87.742,$$

wogegen der beobachtete Durchschnitt $\bar{y}_{11} = 87.700$ beträgt. Die nachstehende Übersicht zeigt, wie nahe die theoretischen bei den beobachteten Durchschnitten liegen.

	Männer		Frauen	
	beobachtet	berechnet	beobachtet	berechnet
Walser	87.700	87.742	84.152	84.096
Romanen	88.895	88.818	85.000	85.172

2.3 Mehrfache Varianzanalyse

Wie in der zweifachen Varianzanalyse betrachten wir in 2.31 zuerst den Fall der gleichen Belegung der Zellen, wobei die Auswertung, dank der orthogonalen Struktur der Daten, einfach vor sich geht. In 2.32 gehen wir zu Auswertungen über, bei denen die Daten eine nichtorthogonale Struktur aufweisen, sei es weil die Anzahlen in den einzelnen Zellen ungleich sind, sei es weil in einzelnen Zellen überhaupt keine Werte vorliegen.

2.31 Dreifache Varianzanalyse bei ausgewogener Belegung der Zellen

Die einfachsten Verhältnisse liegen vor, wenn die drei Faktoren A, B, C *unabhängig* voneinander das Ergebnis y beeinflussen. Wenn α die Wirkung von A, β jene von B und γ jene von C bezeichnet, und wenn μ das allgemeine Niveau der y bedeutet, so lautet in diesem einfachen Fall das Modell

$$y_{jkl} = \mu + \alpha_j + \beta_k + \gamma_l + \varepsilon_{jkl} \tag{1}$$

mit

$$\sum_{j=1}^{a} \alpha_j = \sum_{k=1}^{b} \beta_k = \sum_{l=1}^{c} \gamma_l = 0. \tag{2}$$

Die α_j, β_k, γ_l geben also die Abweichung der Einflüsse von A, B und C vom mittleren Wert μ an. In (1) gehen die Wirkungen von A, B und C in *additiver* Weise ein und die ε_{jkl} bedeuten die *zufälligen* Abweichungen der $N = abc$ Einzelwerte von den theoretisch zu erwartenden Werten $\mu + \alpha_j + \beta_k + \gamma_l$.

Zum vornherein ist nicht anzunehmen, dass das einfache Modell (1) zutrifft. Man muss vielmehr davon ausgehen, dass im allgemeinen die drei Faktoren nicht voneinander unabhängig wirken. Es kann beispielsweise vorkommen, dass der Faktor B auf den verschiedenen Stufen von A in unterschiedlicher Art die Ergebnisgrösse y beeinflusst. In diesem Falle wird von einem allgemeinen Modell in der Form

$$y_{jkl} = \mu + \alpha_j + \beta_k + \gamma_l + (\alpha\beta)_{jk} + (\alpha\gamma)_{jl} + (\beta\gamma)_{kl} + \varepsilon_{jkl} \qquad (3)$$

ausgegangen, wobei ausser (2) noch

$$\sum_j (\alpha\beta)_{jk} = \sum_k (\alpha\beta)_{jk} = 0 \qquad (4)$$

und entsprechende Gleichungen für $(\alpha\gamma)_{jl}$ und $(\beta\gamma)_{kl}$ angesetzt werden. Man bezeichnet α_j, β_k, γ_l als Hauptwirkungen und $(\alpha\beta)_{jk}$, $(\alpha\gamma)_{jl}$, $(\beta\gamma)_{kl}$ als Wechselwirkungen.

Nach dem Prinzip der kleinsten Quadrate erhält man für die in (3) eingeführten Parameter die folgenden Schätzungen:

$$\hat{\mu} = \bar{y}_{...}$$
$$\hat{\alpha}_j = \bar{y}_{j..} - \bar{y}_{...}, \quad \hat{\beta}_k = \bar{y}_{.k.} - \bar{y}_{...}, \quad \hat{\gamma}_l = \bar{y}_{..l} - \bar{y}_{...} \qquad (5)$$
$$(\hat{\alpha\beta})_{jk} = \bar{y}_{jk.} - \bar{y}_{j..} - \bar{y}_{.k.} + \bar{y}_{...} \quad \text{usw.}$$

Die Summen der Quadrate sind entsprechend zur zweifachen Varianzanalyse zu bestimmen. Man erhält beispielsweise für $SQ(A)$ und $SQ(AB)$:

$$SQ(A) = bc \sum_j (\bar{y}_{j..} - \bar{y}_{...})^2 = \sum_j y_{j..}^2 /(bc) - y_{...}^2 /N,$$

$$SQ(AB) = c \sum_j \sum_k (\bar{y}_{jk.} - \bar{y}_{j..} - \bar{y}_{.k.} + \bar{y}_{...})^2 \qquad (6)$$

$$= \sum_j \sum_k y_{jk.}^2 /c - \sum_j y_{j..}^2 /(bc) - \sum_k y_{.k.}^2 /(ac) + y_{...}^2 /N.$$

Das sind die allgemeinen Formeln; je nach dem besonderen Fall wird man indessen für die Hauptwirkungen, wie für die Wechselwirkungen einzelne Komponenten herausgreifen, die für die vorliegenden Daten bedeutungsvoll sind.

Das allgemeine Vorgehen, wie auch einige besondere Auswertungen, besprechen wir an einem Beispiel.

Beispiel 8. Erweichungsgrad von Teig aus Weizenmehl (in Konsistenzeinheiten/10) nach Sorte, Anbauort und Erntejahr (*Wagner*, 1941).

Anbauorte	Ernte	Sorte						Summe
		A	B	C	D	E	F	
Kloten	1935	11	8	10	6	9	9	53
	1936	11	6	7	7	7	8	46
	1937	11	8	6	2	4	8	39
	S	33	22	23	15	20	25	138
Hallau	1935	11	10	10	8	8	12	59
	1936	12	9	8	4	7	10	50
	1937	9	6	9	5	8	9	46
	S	32	25	27	17	23	31	155
Wildegg	1935	11	8	9	6	5	10	49
	1936	11	7	9	6	8	11	52
	1937	7	5	10	8	8	8	46
	S	29	20	28	20	21	29	147
Langenthal	1935	12	9	10	9	7	9	56
	1936	10	7	6	6	5	7	41
	1937	11	6	7	6	6	9	45
	S	33	22	23	21	18	25	142
Frienisberg	1935	14	8	12	6	6	10	56
	1936	15	16	12	5	4	10	62
	1937	10	8	5	7	7	9	46
	S	39	32	29	18	17	29	164
Zusammen	1935	59	43	51	35	35	50	273
	1936	59	45	42	28	31	46	251
	1937	48	33	37	28	33	43	222
	S	166	121	130	91	99	139	746

Wir berechnen vorerst die Summen der Quadrate; als erstes erhalten wir

$$SQ(\text{Total}) = 11^2 + 8^2 + 10^2 + \ldots + 7^2 + 7^2 + 9^2 - 746^2/90$$
$$= 552.489.$$

Als zweites ermitteln wir die Summe der Quadrate bezüglich der Sorten (S), der Anbauorte (A) und der Ernten (E), sowie die entsprechenden Freiheitsgrade.

$$SQ(S) = (166^2 + 121^2 + 130^2 + 91^2 + 99^2 + 139^2)/15$$
$$- 746^2/90 = 249.822$$

$$SQ(A) = (138^2 + 155^2 + 147^2 + 142^2 + 164^2)/18$$
$$- 746^2/90 = 24.156$$

$$SQ(E) = (273^2 + 251^2 + 222^2)/30 - 746^2/90 = 43.622$$

$$FG(S) = 5, \quad FG(A) = 4, \quad FG(E) = 2.$$

Als nächstes benötigen wir die Summe der Quadrate für die Wechselwirkungen. Wir beginnen mit $SQ(SA)$ und formen (6) um.

$$SQ(SA) = \sum_j \sum_k y_{jk.}^2/c - y_{...}^2/N - (\sum_j y_{j..}^2/(bc) - y_{...}^2/N)$$
$$- (\sum_k y_{.k.}^2/(ac) - y_{...}^2/N)$$
$$= \sum_j \sum_k y_{jk.}^2/c - y_{...}^2/N - SQ(S) - SQ(A).$$

$SQ(SA)$ kann deshalb aus der doppelten Varianzanalyse der $\bar{y}_{jk}$ berechnet werden. Zusätzlich zu den bereits erhaltenen Resultaten ist nur

$$\sum_j \sum_k y_{jk.}^2/c$$

zu rechnen; die Summen über die Erntejahre sind bereits in der Tafel enthalten.

$$\sum_j \sum_k y_{jk.}^2/c - y_{...}^2/N = (33^2 + 22^2 + 23^2 + \ldots + 18^2 + 17^2$$
$$+ 29^2)/3 - 746^2/90 = 332.89.$$

Damit folgt für $SQ(SA)$:

$$SQ(SA) = 332.489 - 249.822 - 24.156 = 58.511.$$

Den Freiheitsgrad erhält man als Produkt $5 \cdot 4 = 20$.

Nach der gleichen Methode bestimmt man die Summe der Quadrate der übrigen Wechselwirkungen.

$$SQ(SE) = \sum_j \sum_l y_{j.l}^2/b - y_{...}^2/N - SQ(S) - SQ(E)$$

$$= (59^2 + 43^2 + \ldots + 33^2 + 43^2)/5 - 746^2/90$$
$$- 249.822 - 43.622 = 22.245;$$

$$FG(SE) = 5 \cdot 2 = 10.$$

$$SQ(AE) = \sum_k \sum_l y_{.kl}^2/a - y_{...}^2/N - SQ(A) - SQ(E)$$

$$= (53^2 + 46^2 + \ldots + 62^2 + 46^2)/6 - 746^2/90$$
$$- 24.156 - 43.622 = 32.378;$$

$$FG(AE) = 4 \cdot 2 = 8.$$

Sämtliche Summen der Quadrate werden in der Tafel der Varianzanalyse zusammengestellt.

Streuung	Freiheitsgrad	Summe der Quadrate	Durchschnittsquadrat
Sorten	5	249.822	49.964
Anbauorte	4	24.156	6.039
Ernten	2	43.622	21.811
SA	20	58.511	2.926
SE	10	22.245	2.224
AE	8	32.378	4.047
Rest	40	121.755	3.044
Insgesamt	89	552.489	...

Aus Analogie mit der zweifachen Varianzanalyse in 2.21 ist anzunehmen, dass der Rest die Wechselwirkung zwischen allen drei Faktoren darstellt. Dies sieht man ein, indem man die restliche Summe der Quadrate aus den Residuen

$$r_{jkl} = y_{jkl} - \hat{\mu} - \hat{\alpha}_j - \hat{\beta}_k - \hat{\gamma}_l - (\widehat{\alpha\beta})_{jk} - (\widehat{\alpha\gamma})_{jl} - (\widehat{\beta\gamma})_{kl}$$

berechnet; man erhält

$$r_{jkl} = y_{jkl} - \bar{y}_{jk.} - \bar{y}_{j.l} - \bar{y}_{.kl} + \bar{y}_{j..} + \bar{y}_{.k.} + \bar{y}_{..l} - \bar{y}_{...}$$

was auch als

$$r_{jkl} = (y_{jkl} - \bar{y}_{jk.}) - (\bar{y}_{j.l} - \bar{y}_{j..}) - (\bar{y}_{.kl} - \bar{y}_{.k.}) + (\bar{y}_{..l} - \bar{y}_{...})$$

geschrieben werden kann, wodurch die Bedeutung der Quadratsumme als Wechselwirkung SAE deutlich hervortritt. Wir setzen deshalb $SQ(SAE) = SQ(\text{Rest})$. Wie in 2.22 ist auch hier $DQ(\text{Rest})$ nur dann eine gute Schätzung für die Streuung σ^2, wenn keine Wechselwirkung SAE vorliegt und die r_{jkl} nur zufällige Abweichungen von null darstellen.

Wir prüfen mit dem F-Test, ob die Wechselwirkungen zwischen zwei Faktoren gesichert sind. Für AE gilt:

$$F = \frac{DQ(AE)}{DQ(\text{Rest})} = \frac{4.047}{3.044} = 1.33.$$

Dieser Wert ist mit dem zu α gehörenden Schwellenwert der F-Verteilung mit $n_1 = 8$ und $n_2 = 40$ Freiheitsgraden zu vergleichen. Aus Tafel IV lesen wir zu $\alpha = 0.05$ den Wert 2.18 heraus; die Wechselwirkung ist nicht gesichert. Statt des Vergleiches mit F_α hätten wir auch zu F den P-Wert berechnen können; $P \cong 0.20$ zeigt, dass die Wechselwirkung auf dem 5%-Niveau nicht gesichert ist. Dasselbe gilt für die übrigen Wechselwirkungen.

Aufgrund der Tests über die Wechselwirkungen sehen wir ein, dass das einfachere Modell (1)

$$y_{jkl} = \mu + \alpha_j + \beta_k + \gamma_l + \varepsilon_{jkl},$$

welches nur die Hauptwirkungen enthält, zum Beschreiben der Daten ausgereicht hätte. Die zu (1) gehörende restliche Summe der Quadrate beträgt dann

$$SQ(\text{Rest}) + SQ(SA) + SQ(SE) + SQ(AE),$$

mit $N - a - b - c + 2 = 78$ Freiheitsgraden.

Streuung	Freiheits- grad	Summe der Quadrate	Durchschnitts- quadrat
SA	20	58.511	...
SE	10	22.245	...
AE	8	32.378	...
Rest(SAE)	40	121.755	...
Zusammen	78	234.889	3.011

Um festzustellen, ob zwischen den Sorten wesentliche Unterschiede vorliegen, berechnen wir

$$F = \frac{49.964}{3.011} = 16.594,$$

was zu vergleichen ist mit F bei $n_1 = 5$ und $n_2 = 78$ Freiheitsgraden; $F_{0.01} = 3.25$ zeigt, dass stark gesicherte Unterschiede bestehen.

Nach der gleichen Methode findet man, dass Unterschiede zwischen den Ernten bestehen, während die Differenzen zwischen den Anbauorten nicht gesichert sind.

Eine weitere Untersuchung der Unterschiede zwischen den Sorten folgt auf Seite 90.

Zunächst wollen wir jedoch die *Normalität der Residuen* prüfen. Im strengen Sinne kann die Voraussetzung der Normalität kaum zutreffen; der Bereich der möglichen Werte ist nach unten durch null begrenzt und es ist überall auf ganze Zahlen gerundet worden. Wir werden die Analyse trotzdem als gültig betrachten, wenn die Normalität nicht klar verletzt ist. Als Schätzungen für ε_{jkl} stehen uns die Residuen

$$r_{jkl} = y_{jkl} - \hat{\mu} - \hat{\alpha}_j - \hat{\beta}_k - \hat{\gamma}_l$$

zur Verfügung. Diese sind beim Zutreffen der Voraussetzungen normal verteilt mit Erwartungswert 0 und Varianz $FG(\text{Rest})\, \sigma^2/(abc)$. Wir tragen die Residuen (die zwar nicht mehr gegenseitig unabhängig sind wie die ε_{jkl}) im *Wahrscheinlichkeitsnetz* auf. Diese Art der Darstellung ist in Band I ausführlich beschrieben; in der Abszisse werden die Residuen aufgetragen, in der Ordinate die Werte u der kumulativen Normalverteilung zu $P = (i - \frac{1}{2})/N$; i bezeichnet den i-ten Wert in der aufsteigend geordneten Reihe der N Residuen. Zwischen P und der Ordinate u besteht die Beziehung

$$P = (2\pi)^{-\frac{1}{2}} \int_{-\infty}^{u} exp(-x^2/2)\, dx; \quad \text{siehe auch 1.16 (Seite 20).}$$

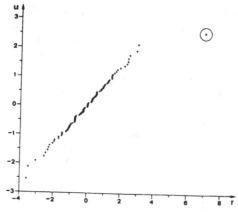

Figur 11. Residuen zum Beispiel 8.

Figur 11 zeigt die Residuen des Beispiels 8. Ein einziger Punkt weicht deutlich von der geraden Linie ab. Es handelt sich um das Residuum für die Sorte *B*, den Anbauort Frienisberg und das Jahr 1936.

$$r_{252} = 16 - 8.97 = 7.03.$$

Wir vergleichen diesen Wert mit der geschätzten Standardabweichung von r_{252}.

$$V(r_{252}) = \frac{FG(\text{Rest}) \cdot \sigma^2}{abc} \approx \frac{78}{90} \cdot 3.011 = 2.6095,$$

$$\sigma_r = \sqrt{2.6095} = 1.615.$$

Das kritische Residuum ist also mehr als das Vierfache der Standardabweichung; wir nehmen deshalb an, dass es sich um einen Ausreisser handelt. Zur Ausreisserproblematik gibt es eine immense Literatur; zur Übersicht verweisen wir auf die Bücher von *Barnett* und *Lewis* (1978) sowie *Hawkins* (1980).

   Der Wert 16 des Ausreissers sollte nur dann ersetzt werden, wenn ein Grund für eine fehlerhafte Bestimmung vorliegt. Da der Versuch um vier Jahrzehnte zurückliegt, ist es kaum mehr möglich, einen Fehler objektiv nachzuweisen. Ein naheliegender Grund für den Ausreisser kann darin gesehen werden, dass die 0 in der Zahl 10 als 6 abgeschrieben worden ist. Wir ersetzen daher den Ausreisser 16 durch 10, wodurch sämtliche Residuen sich als normal verteilt erweisen, was wir hier nicht weiter ausführen wollen. Dagegen sei noch die Varianzanalyse mit dem Wert 10 anstelle von 16 ausgeführt.

Streuung	Freiheits-grad	Summe der Quadrate	Durchschnitts-quadrat
Sorten	5	254.489	50.898
Anbauorte	4	15.889	3.972
Ernten	2	43.489	21.744
SA	20	45.178	2.259
SE	10	15.978	1.598
AE	8	21.844	2.731
Rest(SAE)	40	98.689	2.467
Insgesamt	89	495.556	...

Der Vergleich mit den Zahlen auf Seite 86 zeigt, dass die Durchschnittsquadrate der Wechselwirkungen und des Rests mit dem als richtig angenommenen Wert kleiner geworden sind; dasselbe gilt für SQ(Anbauorte).

In dieser Varianzanalyse liessen wir die Freiheitsgrade unverändert stehen. Wenn anstelle des Ausreissers 16 ein geschätzter Wert eingesetzt würde, müsste dem in den Freiheitsgraden (− 1 beim Rest) Rechnung getragen werden.

Wir wenden uns nun einer weitergehenden Auswertung des Beispiels 8 zu. Betrachten wir die Unterschiede im Erweichungsgrad zwischen den Sorten, so fällt auf, dass die Sorte A im allgemeinen höhere Werte aufweist als die übrigen 5 Sorten. Des weitern zeigen die Sorten C und F höhere Werte verglichen mit den Sorten D und E.

Die beiden nachstehend angegebenen Vergleiche S_1 und S_2 sind gegenseitig orthogonal.

Vergleich	A	B	C	D	E	F	Divisor für SQ
S_1: A gegen B,C,D,E,F	+5	−1	−1	−1	−1	−1	30
S_2: C,F gegen D,E	0	0	+1	−1	−1	+1	4

Die zu S_1 und S_2 gehörenden Durchschnittsquadrate bestimmen wir in der üblichen Art. Dabei setzen wir anstelle des als Ausreisser erkannten Wertes 16 – wie schon in der vorherigen Varianzanalyse – die Korrektur 10 ein.

Streuung	Vergleich	Freiheits-grad	Summe der Quadrate	Durchschnitts-quadrat
Sorte	S_1	1	145.635	145.635
	S_2	1	104.017	104.017
	Übrige	3	4.837	1.612
	Total	5	254.489	50.898

Aus dieser Übersicht geht hervor, dass die Variabilität zwischen den Sorten im wesentlichen den beiden Vergleichen S_1 und S_2 zuzuschreiben ist. Die Durchschnittsquadrate sind mit dem restlichen Durchschnittsquadrat $DQ(SAE) = DQ(\text{Rest}) = 2.467$ bei 40 Freiheitsgraden in Verbindung zu setzen und führen zu den folgenden Werten von F:

für S_1: $F = 145.635/2.467 = 59.03$,
für S_2: $F = 104.017/2.467 = 42.16$.

Wir stellen fest, dass die beiden Vergleiche deutlich signifikant sind.

Neben den Unterschieden zwischen den Sorten sind auch die Wechselwirkungen zwischen Sorten und Anbauorten zu beurteilen. Es ist von Bedeutung zu wissen, ob gewisse Sortenunterschiede über alle Anbauorte hin vorhanden sind. Wir zerlegen deshalb die gesamte Wechselwirkung SA ähnlich wie oben in die Teile S_1A, S_2A und übrige Wechselwirkungen der Gruppe SA.

Streuung	Vergleich	Freiheits-grad	Summe der Quadrate	Durchschnitts-quadrat
SA	S_1A	4	16.698	4.174
	S_2A	4	7.913	1.978
	Übrige	12	20.567	1.714
	Total	20	45.178	2.714

Vergleichen wir den grössten Anteil S_1A mit DQ(Rest), so finden wir mit

$$F = 4.174/2.467 = 1.69$$

bei $n_1 = 4$ und $n_2 = 40$ Freiheitsgraden, keinen Hinweis darauf, dass die Sorten von verschiedenen Orten einen unterschiedlichen Erweichungsgrad aufweisen.

Es erscheint uns zweckmässig, an dieser Stelle auf eine andere mögliche Betrachtungsweise einzugehen. Man hätte die Anbauorte so auswählen können, dass sie als eine Zufallsstichprobe aus der Gesamtheit der möglichen Anbauorte anzusehen wären. In diesem Falle wäre zu prüfen, ob die Unterschiede zwischen den Sorten für diese Gesamtheit gesichert sind; DQ(Sorten) ist dann mit dem Durchschnittsquadrat der Wechselwirkung Anbauorte-Sorten zu vergleichen. Entsprechendes gilt, wenn die drei Erntejahre als zufällige Auswahl aus den möglichen Erntejahren angesehen würden.

Die Zerlegung von SA wie von SE in $DQ(S_1E) = 3.167$, $DQ(S_2E) = 2.067$ und $DQ(SE$, übrige) $= 0.916$ zeigt, dass die Wechselwirkungen kaum homogen sind. Zwar sind die drei Teile nicht gesichert verschieden, da sie aber dieselbe Tendenz wie die Vergleiche S_1, S_2, «Übrige» zeigen, wollen wir sie trotzdem beachten. Man wird demnach für die Unterschiede zwischen Sorten die F-Werte

für S_1: $F = 145.635/4.194 = 34.72$,
für S_2: $F = 104.017/1.978 = 52.59$

berechnen um zu beurteilen, ob die beiden Vergleiche auch dann signifikant bleiben, wenn die Gesamtheit der für den Anbau dieser Sorten in Betracht zu ziehenden Orte berücksichtigt wird. Da man bei $n_1 = 1$ und $n_2 = 4$ für $F_{0.05} = 7.71$ und $F_{0.01} = 21.20$ findet, sind sowohl S_1 wie S_2 auch bei dieser Betrachtungsweise gesichert.

2.32 Ungleiche Belegung der Zellen

In diesem Abschnitt gehen wir grundsätzlich gleich vor, wie im Abschnitt 2.24 bei der *zweifachen* Varianzanalyse mit ungleicher Belegung der Zellen. Es spielt keine wesentliche Rolle, ob wir es mit drei oder mehr Faktoren zu tun haben. In jedem Fall muss sorgfältig überlegt werden, welches Modell den Daten angepasst werden soll. In erster Linie ist darauf zu achten, dass *die Auswertung jenen Fragestellungen entspricht,* welche dem Anwender wichtig erscheinen. Aus diesem Grunde stellt jede Auswertung ein besonderes Problem dar und es ist daher weder sinnvoll noch möglich, allgemeingültige Rezepte anzugeben. Wir müssen uns damit begnügen, an einem Beispiel aufzuzeigen, wie man bei der Auswahl von Modellen vorzugehen hat. Berechnungen dieser Art lassen sich nur mit dem Computer innert nützlicher Zeit durchführen. Wir verzichten deshalb durchwegs auf die rechnerischen Einzelheiten und setzen voraus, dass ein Programm für das lineare Modell zur Verfügung steht. Dieses soll in der Lage sein, zur festgelegten Strukturmatrix die Schätzwerte für die Parameter, sowie die Summe der Quadrate für den Rest zu bestimmen.

Im folgenden Beispiel werten wir anthropometrische Messungen aus, von denen wir einen Teil schon im Abschnitt 2.24 als Beispiel 7 benutzten.

Beispiel 9. Unterschiede der Stammhöhe nach Geschlecht, Rasse und Altersklassen (*Lang,* 1960).

Alters-	Männer		Frauen	
klasse	Walser	Romanen	Walser	Romanen
	Anzahl Personen			
20 – 29	$N_{111} = 32$	$N_{121} = 7$	$N_{211} = 40$	$N_{221} = 15$
30 – 39	$N_{112} = 58$	$N_{122} = 15$	$N_{212} = 43$	$N_{222} = 22$
40 – 49	$N_{113} = 70$	$N_{123} = 38$	$N_{213} = 53$	$N_{223} = 17$
50 – 59	$N_{114} = 52$	$N_{124} = 23$	$N_{214} = 54$	$N_{224} = 17$
60 – 69	$N_{115} = 37$	$N_{125} = 6$	$N_{215} = 27$	$N_{225} = 2$
	Summe der Stammhöhen (cm)			
20 – 29	$y_{111} = 2855$	$y_{121} = 636$	$y_{211} = 3405$	$y_{221} = 1291$
30 – 39	$y_{112} = 5200$	$y_{122} = 1357$	$y_{212} = 3666$	$y_{222} = 1895$
40 – 49	$y_{113} = 6139$	$y_{123} = 3378$	$y_{213} = 4460$	$y_{223} = 1445$
50 – 59	$y_{114} = 4546$	$y_{124} = 2016$	$y_{214} = 4526$	$y_{224} = 1413$
60 – 69	$y_{115} = 3160$	$y_{125} = 539$	$y_{215} = 2220$	$y_{225} = 162$
	Durchschnitte der Stammhöhen (cm)			
20 – 29	$\bar{y}_{111} = 89.2$	$\bar{y}_{121} = 90.9$	$\bar{y}_{211} = 85.1$	$\bar{y}_{221} = 86.1$
30 – 39	$\bar{y}_{112} = 89.7$	$\bar{y}_{122} = 90.5$	$\bar{y}_{212} = 85.3$	$\bar{y}_{222} = 86.1$
40 – 49	$\bar{y}_{113} = 87.7$	$\bar{y}_{123} = 88.9$	$\bar{y}_{213} = 84.2$	$\bar{y}_{223} = 85.0$
50 – 59	$\bar{y}_{114} = 87.4$	$\bar{y}_{124} = 87.7$	$\bar{y}_{214} = 83.8$	$\bar{y}_{224} = 83.1$
60 – 69	$\bar{y}_{115} = 85.4$	$\bar{y}_{125} = 89.8$	$\bar{y}_{215} = 82.2$	$\bar{y}_{225} = 81.0$

Im Beispiel 7 (Abschnitt 2.24) haben wir für die 40-49-jährigen Personen keine Wechselwirkung zwischen Geschlecht und Rasse gefunden; wir könnten deshalb ein Modell ansetzen, in welchem diese Wechselwirkung nicht berücksichtigt wird. Es gibt aber zwei gute Gründe trotzdem mit einem Modell zu beginnen, in welchem die Wechselwirkung zwischen Geschlecht und Rasse vorerst eingeführt wird: Erstens betrachten wir auf diese Weise den allgemeineren Fall und zweitens schliessen wir nicht von der Altersklasse 40-49 auf alle Altersklassen zwischen 20 und 69 Jahren.

Im Modell berücksichtigen wir dementsprechend den Einfluss der beiden Faktoren Geschlecht und Rasse, sowie deren Wechselwirkung in genau derselben Art wie dies im Beispiel 7 (Seite 78) ausgeführt worden ist.

Für den Faktor Alter, bei dem 5 Altersklassen, also 5 Stufen vorliegen, sind für uns folgende Überlegungen massgebend: Die durchschnittlichen Stammhöhen nehmen von der Altersklasse 20-29 bis zur Altersklasse 60-69 im grossen und ganzen ab. Ob diese Abnahme im wesentlichen gleichmässig verläuft, wird am besten dadurch festgestellt, dass an die Durchschnitte der fünf Altersklassen Kurven ersten, zweiten, dritten und vierten Grades angepasst werden, wozu wir die Koeffizienten der orthogonalen Polynome (Tafel V) verwenden. Wie gewohnt berücksichtigen wir auch einen Parameter μ, der das allgemeine Niveau der Stammhöhen angibt.

Zwischen den 20 theoretischen Durchschnitten sind 19 unabhängige Vergleiche möglich; sehen wir vom Parameter μ ab, so können wir die folgenden Faktoren und Wechselwirkungen ins Auge fassen:

Faktoren, Wechselwirkungen	Freiheits-grade
Geschlecht (G)	1
Rasse (R)	1
Alter: lineare Komponente (A_1)	1
quadratische Komponente (A_2)	1
kubische Komponente (A_3)	1
Komponente vierten Grades (A_4)	1
Wechselwirkung GR	1
Wechselwirkung GA	4
Wechselwirkung RA	4
Wechselwirkung GRA	4

Die zu den drei Faktoren G, R, A und den Wechselwirkungen GR, GA, RA gehörende (20 x 15)-Strukturmatrix X ist nachstehend zu finden.

In unserem Beispiel sind die Stammhöhen von insgesamt 628 Personen berücksichtigt. Das Total dieser Werte beläuft sich auf 22 909, die Summe der Quadrate SQ(Total) auf 8 882.731. Die folgende Varianzanalyse gibt Aufschluss über die Variabilität zwischen und innerhalb der 20 Zellen.

Strukturmatrix X zum Beispiel 9

Zelle:		111	112	113	114	115	121	122	123	124	125
Total		1	1	1	1	1	1	1	1	1	1
Geschlecht		-1	-1	-1	-1	-1	-1	-1	-1	-1	-1
Rasse		-1	-1	-1	-1	-1	1	1	1	1	1
Alter:	A_1	-2	-1	0	1	2	-2	-1	0	1	2
	A_2	2	-1	-2	-1	2	2	-1	-2	-1	2
	A_3	-1	2	0	-2	1	-1	2	0	-2	1
	A_4	1	-4	6	-4	1	1	-4	6	-4	1
GR		1	1	1	1	1	-1	-1	-1	-1	-1
GA_1		2	1	0	-1	-2	2	1	0	-1	-2
GA_2		-2	1	2	1	-2	-2	1	2	1	-2
GA_3		1	-2	0	2	-1	1	-2	0	2	-1
GA_4		-1	4	-6	4	-1	-1	4	-6	4	-1
RA_1		2	1	0	-1	-2	-2	-1	0	1	2
RA_2		-2	1	2	1	-2	2	-1	-2	-1	2
RA_3		1	-2	0	2	-1	-1	2	0	-2	1
RA_4		-1	4	-6	4	-1	1	-4	6	-4	1

Zelle:		211	212	213	214	215	221	222	223	224	225
Total		1	1	1	1	1	1	1	1	1	1
Geschlecht		1	1	1	1	1	1	1	1	1	1
Rasse		-1	-1	-1	-1	-1	1	1	1	1	1
Alter:	A_1	-2	-1	0	1	2	-2	-1	0	1	2
	A_2	2	-1	-2	-1	2	2	-1	-2	-1	2
	A_3	-1	2	0	-2	1	-1	2	0	-2	1
	A_4	1	-4	6	-4	1	1	-4	6	-4	1
GR		-1	-1	-1	-1	-1	1	1	1	1	1
GA_1		-2	-1	0	1	2	-2	-1	0	1	2
GA_2		2	-1	-2	-1	2	2	-1	-2	-1	2
GA_3		-1	2	0	-2	1	-1	2	0	-2	1
GA_4		1	-4	6	-4	1	1	-4	6	-4	1
RA_1		2	1	0	-1	-2	-2	-1	0	1	2
RA_2		-2	1	2	1	-2	2	-1	-2	-1	2
RA_3		1	-2	0	2	-1	-1	2	0	-2	1
RA_4		-1	4	-6	4	-1	1	-4	6	-4	1

Streuung	Freiheits-grad	Summe der Quadrate	Durchschnitts-quadrat
Zwischen Zellen	19	3 304.172	173.904
Innerhalb Zellen	608	5 578.559	9.175
Total	627	8 882.731	...

Als erstes untersuchen wir, ob die Wechselwirkung der drei Faktoren Geschlecht, Rasse und Alter einen gesicherten Anteil an der Variabilität zwischen den Zellen ausmacht. Dies erreichen wir durch *Modellabbau*. In der oben angegebenen Grösse SQ(Zwischen Zellen) mit 19 Freiheitsgraden sind die Summen der Quadrate für die drei Faktoren G, R und A, sowie für die Wechselwirkungen GR, GA, RA und GRA enthalten. Mit einem Modell, das ausser dem Parameter μ die drei Faktoren G, R, A und die Wechselwirkungen GR, GA, RA, *nicht* aber GRA enthält, findet man mit einem Programm zum linearen Modell die Varianzanalyse:

Streuung	Freiheits-grad	Summe der Quadrate	Durchschnitts-quadrat
Parameter	15	3 265.944	217.729
Rest	4	38.228	9.557
Zwischen Zellen	19	3 304.172	...

Der «Rest» in dieser Varianzanalyse entspricht der Wechselwirkung GRA. Das Durchschnittsquadrat 9.557 ist nur unwesentlich grösser als jenes innerhalb der Zellen; die Wechselwirkung GRA brauchen wir daher nicht zu berücksichtigen.

Als nächstes wenden wir uns den Wechselwirkungen des Alters mit Geschlecht (GA) und Rasse (RA) zu. Man könnte ohne weiteres GA und RA getrennt untersuchen; wir wollen uns hier damit begnügen, GA und RA gemeinsam zu beurteilen, indem wir das Modell mit G, R, A und GR mit demjenigen von G, R, A, GR, GA und RA vergleichen. In der folgenden Varianzanalyse geben wir die Freiheitsgrade und die zugehörigen Summen der Quadrate für den Rest an; dabei verwenden wir die dem jeweiligen Modell entsprechenden Schätzungen der Parameter für Faktoren und Wechselwirkungen. Um die Bedeutung der weggelassenen Parameter zu prüfen, ist entweder die Abnahme von SQ(Parameter) oder – wie in 5.23 gezeigt – gleichwertig die Zunahme von SQ(Rest) zu berechnen. Im Beispiel 7 aus 2.24 wählten wir die erste Version, hier wollen wir die zweite verwenden; das Vorgehen wird dem Anwender gelegentlich durch die Art der Ausgabe des Computerprogrammes vorgeschrieben.

Parameter im Modell	Freiheits-grad	Summe der Quadrate für den Rest	Durchschnitts-quadrat
G, R, A, GR	12	113.806	...
G, R, A, GR, GA, RA	4	38.228	...
Unterschied: GA, RA	8	75.578	9.447

Das Durchschnittsquadrat für die beiden Wechselwirkungen GA und RA beläuft sich (gemeinsam betrachtet) auf 9.447, ist also nur unwesentlich höher als DQ(Innerhalb Zellen). Man wird deshalb die Wechselwirkungen zwischen Alter und Geschlecht, sowie zwischen Alter und Rasse ausser Betracht lassen.

Um die Wechselwirkung GR zwischen Geschlecht und Rasse zu prüfen, gehen wir von einem Modell mit G, R, A und GR zu einem über, das nur die Faktoren G, R und A enthält. Die nachstehende Übersicht enthält wiederum die restlichen Summen von Quadraten und deren Freiheitsgrade.

Parameter im Modell	Freiheits-grad	Summe der Quadrate für den Rest	Durchschnitts-quadrat
G, R, A	13	130.003	...
G, R, A, GR	12	113.806	...
Unterschied: GR	1	16.197	16.197

Auch hier zeigt der Vergleich mit DQ(Innerhalb Zellen), dass kein Anlass besteht, eine Wechselwirkung zwischen Geschlecht und Rasse anzunehmen, da

$$F = 16.197/9.175 = 1.765$$

weit unterhalb von $F_{0.05} \approx 3.9$ liegt.

Zusammenfassend stellen wir daher fest, dass keine der Wechselwirkungen GR, GA, RA und GRA zu berücksichtigen ist.

Die Signifikanz der Hauptwirkungen überprüfen wir ebenfalls durch Modellabbau. Für die *Rasse* gehen wir dabei so vor, dass wir das Modell mit den Parametern G, R und A mit jenem für G, A vergleichen. Man erhält:

Parameter im Modell	Freiheitsgrad	Summe der Quadrate für den Rest	Durchschnittsquadrat
G, A	14	205.934	$\cdots$
G, R, A	13	130.003	$\cdots$
Unterschied: R	1	75.931	75.931

Im Vergleich zu DQ(Innerhalb Zellen) findet man in

$$F = 75.931/9.175 = 8.276$$

einen Wert, der deutlich grösser ist als $F_{0.01} \approx 6.8$. Für das *Geschlecht* liefert der Modellabbau von G, R, A zu R, A einen Wert von $F = 261.729$, während der Abbau vom Modell mit G,R,A zu jenem mit G, R einen Wert von $F = 21.457$ für den Faktor *Alter* ergibt. Der Einfluss des Geschlechts ist demnach hoch gesichert und auch beim Alter wird $F_{0.001}$ noch übertroffen.

Wie erwähnt, ist der Faktor Alter in vier Komponenten aufgeteilt worden, eine lineare (A_1), eine quadratische (A_2), eine solche dritten Grades (A_3) und eine vierten Grades (A_4). Da der Einfluss des Alters, gesamthaft betrachtet, deutlich gesichert ist, soll noch gezeigt werden, wie die vier einzelnen Komponenten geprüft werden können. Zu diesem Zwecke gehen wir von der Auswertung des Modells mit den Faktoren Geschlecht, Rasse und Alter aus, in welchem das Alter nach den vier Komponenten aufgeteilt worden ist. Die Schätzungen der Parameter ergaben sich als:

Parameter bezüglich	Schätzung	F
Allgemeines Niveau (μ)	86.407178	$\cdots$
Geschlecht	-1.977981	261.729
Rasse	$+0.400965$	8.276
Alter: Lineare Komponente	-0.865276	71.895
Quadratische Komponente	-0.165242	4.261
Kubische Komponente	$+0.100494$	1.353
Komponente vierten Grades	-0.061050	4.386

Die F-Werte für Geschlecht und Rasse haben wir oben bereits angegeben; wir haben auch gezeigt, wie man sie durch Modellabbau ermitteln kann. Wenn das Computerprogramm die zu den Schätzungen gehörende Kovarianzmatrix $s^2(XWX')^{-1}$ oder $(XWX')^{-1}$ ausdruckt, lassen sich diese F-Werte damit ohne weiteres errechnen; wir verweisen auf die Ausführungen in 5.23 (Seite 248). Für das Modell mit G, R, A_1, A_2, A_3, A_4 lautet die symmetrische Kovarianzmatrix geteilt durch s^2, also $(XWX')^{-1}$, wie folgt:

Kovarianzmatrix$/s^2 = (XWX')^{-1}$
(Elemente multipliziert mit 10 000 000)

	$\hat{\mu}$	G	R	A_1	A_2	A_3	A_4
$\hat{\mu}$	235 379						
G	− 11 681	162 924					
R	110 565	− 2212	211 736				
A_1	18 332	− 11 490	10 318	113 503			
A_2	40 922	5250	14 136	9883	69 835		
A_3	11 564	− 6997	5796	21 630	4234	81 364	
A_4	593	− 2241	− 155	1305	3795	102	9262

Für das Geschlecht findet man den F-Wert, indem man das Quadrat der Parameterschätzung (1.977 981) dividiert durch das Produkt von DQ(Innerhalb Zellen) $= 9.175$ und dem entsprechenden Diagonalglied (0.001 629 24) der obigen Matrix $(XWX')^{-1}$, also

$$F = (1.977\,981)^2/[(9.175)\,(0.001\,629\,24)] = 261.729.$$

In derselben Weise bestimmt man die restlichen F-Werte, aus denen ersichtlich ist, dass die lineare Komponente des Alters hoch gesichert ist, während die übrigen Komponenten gar nicht, ober nur schwach gesichert sind.

Zusammenfassend stellt man fest, dass die Stammhöhen von Geschlecht und Rasse abhängen und dass auch ein deutlicher Alterseinfluss, vor allem eine lineare Abnahme mit dem Alter, vorhanden ist.

2.4 Bestimmen von Varianzkomponenten

In den vorangehenden Abschnitten 2.1 bis 2.3 haben wir die Varianzanalyse verwendet um Unterschiede zwischen Durchschnitten zu prüfen. Dabei handelte es sich um einfache, zweifache oder mehrfache Analysen, je nachdem ob ein, zwei oder mehrere Ursachen als wirksam angesehen wurden.

Man kann aber auch Varianzanalysen durchführen, bei denen nicht Unterschiede zwischen Durchschnitten, sondern Komponenten der Variabilität untersucht werden. Wir erörtern die Probleme an einem praktischen Beispiel aus der Medizin, für welches wir die Daten in 2.41 angeben und auswerten.

Für eine Anzahl N_1 von Frauen wurde der Urin während 24 Stunden gesammelt und von jeder dieser Proben wurden eine Anzahl (N_0) Bestimmungen des Ausscheidungswertes der 17-Hydroxy-corticosteroide gemacht. Man fasst in diesem Beispiel die N_1 Frauen als eine Stichprobe aus einer theoretisch unendlich grossen Gesamtheit auf. Auch die N_0 Bestimmungen bei jeder Person sind als eine Stichprobe aus einer unendlich grossen Gesamtheit von möglichen Bestimmungen anzusehen. Aus der Gesamtheit dieser Bestimmungen ergäbe sich ein Mass für die Genauigkeit der chemischen Analyse. Jeder Ausscheidungswert enthält damit eine Komponente, die von der Variabilität zwischen den Personen, und eine, die von der Variabilität der chemischen Analyse herrührt.

Die Aufgabe besteht darin, diese beiden Komponenten der Variabilität auseinanderzuhalten und zu ermitteln.

Am einfachsten lässt sich diese Aufgabe lösen, wenn die Daten dem Beispiel entsprechen, das wir soeben erörtert haben; es handelt sich dabei um eine einfache, hierarchische Anordnung der Daten; man hat bei N_1 Personen je N_0 Bestimmungen vorgenommen. Diese *einfache hierarchische* Anordnung besprechen wir in 2.41. In den nachfolgenden Abschnitten 2.42 und 2.43 erörtern wir das Bestimmen von Varianzkomponenten bei zweistufiger hierarchischer Anordnung und bei zweifacher kreuzweiser Anordnung. Wir beschränken uns dabei durchwegs auf den ausgewogenen Fall; *Searle* (1971) geht ausführlich auf das Bestimmen von Varianzkomponenten, sowohl im ausgewogenen wie im nicht ausgewogenen Fall ein.

In der statistischen Literatur bezeichnet man die Auswertung, die sich mit den Varianzkomponenten befasst, als Auswertung von Daten mit «zufälligen» Effekten. Im Gegensatz dazu spricht man von «festen» Effekten, wenn die Beurteilung von Durchschnitten im Vordergrund steht, wie dies in den Abschnitten 2.1 bis 2.3 der Fall gewesen ist.

Trotz dieser Unterscheidung haben wir es in beiden Fällen mit Daten derselben Struktur zu tun; entsprechend erhalten wir auch dieselbe Varianzanalyse nach genau denselben Formeln für die Summen der Quadrate und die Durchschnittsquadrate. Erst bei der Interpretation der Durchschnittsquadrate treten die besonderen Formeln zur Bestimmung der Varianzkomponenten zutage.

2.41 Einfache hierarchische Struktur der Daten

Wir geben zunächst die Daten für das schon erwähnte Beispiel und berechnen die Varianzanalyse, wobei wir die Formeln von 2.1 benützen.

Beispiel 10. Ausscheidungswerte der 17-Hydroxy-corticosteroide in mg je 24 Stunden bei Frauen im Alter zwischen 20 und 36 Jahren (*R. Borth*, persönliche Mitteilung).

Die Ausscheidungswerte x sind entsprechend der Formel $y = 100 \log(1 + x)$ transformiert (*Borth, Linder* und *Riondel*, 1957). Die nachstehende Übersicht enthält nur die transformierten Werte.

Person j	Bestimmung y_{j1}	Bestimmung y_{j2}	$y_{j.}$	Person j	Bestimmung y_{j1}	Bestimmung y_{j2}	$y_{j.}$
1	101	91	192	9	115	111	226
2	90	86	176	10	70	81	151
3	90	103	193	11	78	89	167
4	69	80	149	12	76	79	155
5	106	110	216	13	109	115	224
6	90	94	184	14	102	88	190
7	72	74	146	15	107	109	216
8	86	86	172	16	101	101	202

Von den Bestimmungen nehmen wir an, dass sie von Person zu Person nicht wesentlich variieren. Wir werden also die Varianz σ^2 für die Bestimmungen durch das Durchschnittsquadrat s^2 innerhalb der Personen schätzen. Die entsprechende Formel für SQ(Innerhalb Personen) vereinfacht sich, da wir nur zwei Bestimmungen je Person haben zu

$$SQ(\text{Innerhalb Personen}) = \sum_j (y_{j1} - y_{j2})^2/2 = 945/2$$
$$= 472.500$$

und daher

$$s^2 = 472.5/16 = 29.531.$$

Die Summe der Quadrate zwischen den Personen findet man nach der einfachen Formel

$$SQ(\text{Zwischen Personen}) = \sum_j (y_{j.}^2/2) - y_{..}^2/32$$
$$= 5499.469.$$

Zur Kontrolle ist es zweckmässig, auch SQ(Total) $= 5971.969$ zu berechnen. Die Varianzanalyse sieht demnach folgendermassen aus:

Streuung	Freiheitsgrad	Summe der Quadrate	Durchschnittsquadrat
Zwischen Personen	15	5499.469	366.631
Bestimmungen innerhalb Personen	16	472.500	29.531
Total	31	5971.969	...

Um die Varianzkomponenten zu ermitteln, gehen wir von dem gleichen Modell aus, das in 2.1 als Formel (6) angegeben worden ist, nämlich von

$$y_{ji} = \mu + \alpha_j + \varepsilon_{ji}, \tag{1}$$

wobei μ den Durchschnitt der Erwartungswerte der y_{ji} *bedeutet*

$$E(y_{ji}) = \mu. \tag{2}$$

Weiter seien die α_j normal verteilt mit Erwartungswert 0 und gleicher Varianz σ_1^2 für alle j: $N(0,\sigma_1^2)$, $j = 1, 2, \ldots, N_1$. Ebenso sei ε_{ji} normal verteilt mit Erwartungswert 0 und gleicher Varianz σ_0^2 für alle j und i: $N(0, \sigma_0^2)$, $j = 1, 2, \ldots, N_1$, $i = 1, 2, \ldots, N_0$. Von α_j und ε_{ji} setzen wir voraus, dass sie gegenseitig unabhängig sind.

Diese Voraussetzungen treffen für die Daten unseres Beispiels zum mindesten angenähert zu; die Normalität wird durch die Transformation $y = 100 \log(x + 1)$ erreicht. Aus den Voraussetzungen ergibt sich (siehe dazu 5.37), dass folgende Beziehungen zwischen den Schätzungen s_0^2 von σ_0^2, s_1^2 von σ_1^2 und dem Durchschnittsquadrat (A) zwischen den Personen, sowie dem Durchschnittsquadrat (B) innerhalb der Personen bestehen:

$$DQ(\text{Zwischen Personen}) = DQ(A) = s_0^2 + N_0 s_1^2,$$
$$DQ(\text{Innerhalb Personen}) = DQ(B) = s_0^2. \qquad (3)$$

Daraus berechnen wir

$$s_1^2 = \frac{DQ(A) - DQ(B)}{N_0} \qquad (4)$$

als Schätzung der Varianzkomponente zwischen den Personen.

Für unser Beispiel hat man demnach

$$s_0^2 = DQ(\text{Bestimmungen innerhalb Personen}) = 29.531$$

$$s_1^2 = \frac{366.631 - 29.531}{2} = 168.550.$$

Die Varianzkomponente für die Variabilität zwischen den Personen beträgt mehr als das Fünffache der Varianzkomponente zwischen den Bestimmungen.

Da sowohl s_0^2 wie s_1^2 Schätzungen darstellen, kann man sich fragen, wie gross die entsprechenden Vertrauensgrenzen sind. Zu s_0^2 lassen sie sich einfach ermitteln, indem man die Beziehung $\chi^2 = n \cdot s^2/\sigma^2$ benützt. Setzen wir anstelle von χ^2 einerseits $\chi_{0.05}^2$ und anderseits $\chi_{0.95}^2$, so erhalten wir die 90%-Vertrauensgrenzen von s^2. Mit $n = N_1(N_0 - 1) = 16$ hat man

$\chi^2_{0.05} = 26.296$ und $\chi^2_{0.95} = 7.962$ und infolgedessen als

$$\left.\begin{array}{l} \text{untere} \\[2ex] \text{obere} \end{array}\right\} 90\%\text{-Vertrauensgrenze} \left\{\begin{array}{l} 17.968 \\[2ex] 59.344 \end{array}\right.$$

Wie die Vertrauensgrenzen von s^2_1 zu bestimmen sind, hat *Fisher* (1935) gezeigt; eine von *Healy* berechnete Tabelle ist in *Fisher* und *Yates* (1963) enthalten. Daraus lesen wir für $s^2_1 = 169$ heraus:

$$\left.\begin{array}{l} \text{untere} \\[2ex] \text{obere} \end{array}\right\} 90\%\text{-Vertrauensgrenze} \left\{\begin{array}{l} 96 \\[2ex] 363 \end{array}\right.$$

Mit den Angaben für 16 Personen erhält man eine Schätzung von σ^2_1, deren Genauigkeit zu wünschen übrig lässt. Offensichtlich müssten bedeutend mehr Frauen einbezogen werden, um die Streuungskomponente «Zwischen Personen» mit befriedigender Genauigkeit zu ermitteln.

Wie mit Hilfe der Varianzkomponenten die optimale Aufteilung auf N_0 und N_1 vorzunehmen ist, kann bei *Linder* (1964) nachgelesen werden.

2.42 *Zweistufige hierarchische Struktur der Daten*

Was mit einer zweistufigen hierarchischen Struktur der Daten gemeint ist, wollen wir an einem Beispiel über den Wassergehalt von Käse zeigen. Aus einer ganzen Serie von Losen wurden deren drei ausgewählt; aus jedem der drei Lose wurden je zwei Käselaibe herausgegriffen, und von jedem Laib wurde in zwei Proben der Wassergehalt ermittelt.

Beispiel 11. Wassergehalt von Käse in Prozenten.

Lose	1		2		3	
Käselaibe	1	2	1	2	1	2
Bestimmungen y_{jki}	39.02 38.79	38.96 39.01	35.74 35.41	35.58 35.52	37.02 36.00	35.70 36.04
Totale je Laib $y_{jk.}$	77.81	77.97	71.15	71.10	73.02	71.74
Totale je Los $y_{j..}$	155.78		142.25		144.76	
Gesamttotal $y_{...}$			442.79			

Wir bezeichnen die $N_2 = 3$ Lose als Elemente der 2. Stufe; zu jedem Element zweiter Stufe gehören je $N_1 = 2$ Elemente der ersten Stufe; und zu jedem Element erster Stufe gehören je $N_0 = 2$ Einzelbestimmungen. Wir behandeln hier also eine «ausgewogene Struktur» der Daten.

Mit $SQ(A)$ bezeichnen wir die Summe der Quadrate für die Elemente 2. Stufe; man hat mit $N = N_0 N_1 N_2$

$$SQ(A) = \sum_j N_0 N_1 (\bar{y}_{j..} - \bar{y}_{...})^2 = \sum_j y_{j..}^2 / (N_0 N_1) - y_{...}^2 / N. \quad (1)$$

Für $SQ(B)$, die Summe der Quadrate zwischen den Elementen 1. Stufe innerhalb der Elemente 2. Stufe, hat man

$$SQ(B) = \sum_j \sum_k N_0 (\bar{y}_{jk.} - \bar{y}_{j..})^2$$
$$= \sum_j \sum_k y_{jk.}^2 / N_0 - \sum_j y_{j..}^2 / (N_0 N_1). \quad (2)$$

Schliesslich wird für die Summe der Quadrate der Bestimmungen innerhalb der Elemente 1. Stufe, die wir als $SQ(\text{Rest})$ bezeichnen

$$SQ(\text{Rest}) = \sum_j \sum_k \sum_i (y_{jki} - \bar{y}_{jk.})^2$$
$$= \sum_j \sum_k \sum_i y_{jki}^2 - \sum_j \sum_k y_{jk.}^2 / N_0. \quad (3)$$

Es lässt sich leicht nachprüfen, dass

$$SQ(\text{Total}) = SQ(A) + SQ(B) + SQ(\text{Rest}) \quad (4)$$

gilt, wobei

$$SQ(\text{Total}) = \sum_j \sum_k \sum_i (y_{jki} - \bar{y}_{...})^2 = \sum_j \sum_k \sum_i y_{jki}^2 - y_{...}^2 / N \quad (5)$$

mit $N = N_0 N_1 N_2$.

Für unser Beispiel findet man nach (3)

$$SQ(\text{Rest}) = 0.661950,$$

was man, da 2 Bestimmungen je Laib vorliegen, auch direkt als

$$\sum_j \sum_k (y_{jk1} - y_{jk2})^2/2 = (0.23^2 + 0.05^2 + \cdots + 0.34^2)/2$$

berechnen kann. Die Summe der Quadrate zwischen Käselaiben innerhalb der Lose wird nach (2) oder auch als

$$SQ(\text{Laibe innerhalb Losen}) = (0.16^2 + 0.05^2 + 1.28^2)/6$$
$$= 0.416625$$

berechnet. Nach (1) erhält man

$$SQ(\text{Lose}) = 25.900117,$$

und nach (5)

$$SQ(\text{Total}) = 26.978692.$$

Das Modell zu der zweistufigen hierarchischen Struktur der Daten lautet

$$y_{jki} = \mu + \alpha_j + \beta_{jk} + \varepsilon_{jki} \tag{6}$$

wobei

μ = Erwartungswert der y_{jki}

α_j = Variabilität zwischen den Elementen der 2. Stufe

β_{jk} = Variabilität zwischen den Elementen der 1. Stufe innerhalb der Elemente der 2. Stufe.

ε_{jki} = Variabilität der Einzelbestimmungen innerhalb der Elemente der 1. Stufe.

Man setzt voraus, dass

α_j normal verteilt $N(0, \sigma_2^2)$

β_{jk} normal verteilt $N(0, \sigma_1^2)$

ε_{jki} normal verteilt $N(0, \sigma_0^2)$

und dass die α_j, β_{jk}, ε_{jki} gegenseitig unabhängig sind.

Wie in 5.37 nachzulesen ist, gelten für die Durchschnittsquadrate der Varianzanalyse die folgenden Beziehungen:

Streuung	Frei- heits- grad	Durchschnitts- quadrat	Erwartungswerte des Durchschnitts- quadrates
Lose	2	12.950059	$\sigma_0^2 + 2\sigma_1^2 + 4\sigma_2^2$
Laibe innerhalb Losen	3	0.138875	$\sigma_0^2 + 2\sigma_1^2$
Bestimmungen innerhalb Laiben	6	0.110325	σ_0^2

Man findet somit für die Schätzungen s_0^2, s_1^2, s_2^2 der σ_0^2, σ_1^2, σ_2^2

$$s_0^2 = \qquad\qquad = 0.110,$$
$$s_1^2 = (\ 0.138875 - 0.110325)/2 = 0.014,$$
$$s_2^2 = (12.950059 - 0.138875)/4 = 3.203.$$

Wenn auch bei der kleinen Anzahl von Werten die Streuungs-komponenten nicht genau bestimmt sind, so ersieht man doch, dass die Unterschiede zwischen den Losen beträchtlich stärker ins Gewicht fallen als jene zwischen den Laiben und den Bestimmungen.

2.43 Zweifache kreuzweise Struktur der Daten

Die Struktur der Daten, die wir in diesem Abschnitt untersuchen, entspricht jener in den Abschnitten 2.211 bis 2.213; die Varianzanalyse wird genau nach den dort benützten Formeln durchgeführt, soweit es die Summen der Quadrate und die Durchschnittsquadrate betrifft. Dagegen werden wir auch hier für das theoretische Modell Varianzkomponenten vorsehen und die Erwartungswerte der Durchschnitts-quadrate aufgrund der in 5.37 entwickelten Formeln als lineare Kombination von Varianzkomponenten erhalten.

Wir geben hier nur ein einziges Beispiel, wobei wir uns auf den ausgewogenen Fall beschränken.

Beispiel 12. Reizschwellen des Patellarsehnenreflexes von 5 Personen, gemessen an je 6 Tagen und mit je 3 aufeinander-folgenden Bestimmungen (*Grandjean* und *Linder,* 1947). Die Messwerte x, die üblicherweise in cm je g angegeben werden, sind lognormal verteilt und daher entsprechend der Formel $y = 100 \log x - 200$ transformiert worden.

Tag	Personen					Total
	A	B	C	D	E	
1	76	76	113	76	134	
	76	76	100	66	100	
	85	85	113	66	134	
	237	237	326	208	368	1376
2	93	76	76	93	113	
	85	76	85	100	113	
	66	85	76	93	139	
	244	237	237	286	365	1369
3	66	66	100	66	107	
	93	66	107	76	113	
	76	66	107	54	119	
	235	198	314	196	339	1282
4	25	76	119	5	5	
	54	76	130	25	41	
	41	76	100	25	54	
	120	228	349	55	100	852
5	54	85	113	25	66	
	66	85	113	41	66	
	66	76	113	54	85	
	186	246	339	120	217	1108
6	66	85	113	5	76	
	66	76	113	25	66	
	66	66	113	5	76	
	198	227	339	35	218	1017
Total	1220	1373	1904	900	1607	7004

Die Varianzanalyse ergibt folgendes Bild:

Streuung	Freiheits-grad	Summe der Quadrate	Durchschnitts-quadrat
Tage	5	14861.0	2972.2
Personen	4	32221.7	8055.4
TP	20	27081.8	1354.1
Rest	60	6518.7	108.6
Total	89	80683.2	...

Man setzt voraus, dass die 5 Personen eine zufällige Stichprobe aus einer theoretisch unendlich grossen Personengesamtheit bilden, ebenso sind die 6 Tage eine Stichprobe aus einer unendlich grossen Grundgesamtheit von Tagen, und schliesslich sind auch die 3 Messwerte eine Stichprobe aus einer theoretisch unendlich grossen Gesamtheit. Damit werden wir zu einem Modell geführt, das durch

$$y_{jki} = \mu + \alpha_j + \beta_k + (\alpha\beta)_{jk} + \varepsilon_{jki}$$

gegeben ist. Vorausgesetzt wird auch hier, dass die α_j, β_k, $(\alpha\beta)_{jk}$ und ε_{jki} alle normal verteilt sind mit Erwartungswerten null und Varianzen σ_T^2, σ_P^2, σ_{TP}^2 und σ_B^2 (B für Bestimmungen). Die Durchschnittsquadrate der Varianzanalyse sind gemäss den Ausführungen in 5.37 lineare Funktionen der 4 Varianzkomponenten, wie in der nachstehenden Übersicht angegeben:

Streuung	Durchschnitts-quadrat	Erwartungswerte des Durchschnittsquadrates
Tage	2972.2	$\sigma_B^2 + 3\sigma_{TP}^2 + 15\sigma_T^2$
Personen	8055.4	$\sigma_B^2 + 3\sigma_{TP}^2 + 18\sigma_P^2$
TP	1354.1	$\sigma_B^2 + 3\sigma_{TP}^2$
Rest	108.6	σ_B^2

Zu jedem der 30 Ausdrücke, aus denen $DQ(TP)$ berechnet wird, gehören 3 Bestimmungen, woraus sich der Faktor 3 für σ_{TP}^2 ergibt. In der Variabilität zwischen Tagen und zwischen Personen steckt eine Varianzkomponente der Bestimmungen und der Wechselwirkung. Für jeden Tag liegen 15 Messwerte vor, für jede Person deren 18; daraus ergeben sich die Faktoren von σ_{TP}^2 und σ_P^2. Für die Schätzungen der Varianzkomponenten erhält man:

$$
\begin{aligned}
s_B^2 &= &= 108.6 \\
s_{TP}^2 &= (1354.1 - 108.6)/3 &= 415.1 \\
s_P^2 &= (8055.4 - 1354.1)/18 &= 372.3 \\
s_T^2 &= (2972.2 - 1354.1)/15 &= 107.9
\end{aligned}
$$

Die Bestimmungs- und die Tageskomponente sind etwa gleich gross, die Wechselwirkungs- und die Personenkomponente rund das vierfache der beiden erstgenannten Varianzkomponenten.

3 Regression

3.1 Idee und Übersicht

In der Regressionsrechnung hängt die Messgrösse y_i, die *abhängige Variable* oder *Zielgrösse*, von verschiedenen weitern Grössen, den *unabhängigen Variablen* oder *Regressoren*, ab. Im einfachsten Falle untersucht man, wie sich y_i in Abhängigkeit von einer einzigen unabhängigen Grösse x_i verändert. Wir können uns y_i etwa als Ausbeute in einem chemischen Prozess vorstellen; dabei halten wir alle Versuchsbedingungen bis auf die Temperatur x_i konstant. Wir schreiben dann

$$y_i = \Gamma(x_i), \tag{1}$$

wobei Γ den mathematischen Ausdruck für die Beziehung zwischen x und y darstellt. Die Werte der unabhängigen Grössen x_i denken wir uns als genau gegeben, die y_i hingegen variieren um einen mittleren Wert $\Gamma(x_i)$ herum. Das Ergebnis y_i wird durch eine Vielzahl nicht kontrollierbarer oder nicht erfasster Einflüsse, sowie durch Fehler beim Ablesen von Instrumenten beeinflusst. Wir berücksichtigen diese Unsicherheit, die Variabilität, indem wir das Grundmodell (1) um eine zufällige Abweichung erweitern.

$$y_i = \Gamma(x_i) + \varepsilon_i. \tag{2}$$

Im Mittel über viele Versuche würden wir den Modellwert $\Gamma(x_i)$ erhalten; von den zufälligen Abweichungen ε_i verlangen wir deshalb, dass der Erwartungswert $E(\varepsilon_i)$ gleich null ist.

Die Annahme, wonach die Werte der unabhängigen Variablen genau bestimmbar sind, ist in Versuchen kaum zu verwirklichen. Wir werden trotzdem an dieser Idealvorstellung festhalten, was gerechtfertigt ist, wenn die unabhängigen Variablen allein durch Ablesefehler und kleine Störungen beeinträchtigt werden, die Variabilität biologischer oder technischer Prozesse sich aber in der abhängigen Variablen y stark auswirkt.

Die Regressionsrechnung wird für verschiedene Ziele verwendet. In einfachen Fällen will man durch die beobachteten Punkte eine möglichst gut passende Kurve hindurchlegen. Diese Regressionsfunktion dient später dazu, für neue Werte der unabhängigen Variablen den Wert von y vorauszusagen. Man spricht von *Eichproblemen,* wenn aus der gut messbaren Grösse x unter Zuhilfenahme der Regressionslinie der Wert der schwer messbaren Variablen y bestimmt wird (indirektes Messen). Es leuchtet ein, dass die berechnete Kurve nur im untersuchten Bereich in diesem Sinne verwendet werden darf, da die Beziehung ausserhalb völlig anders sein könnte.

Bei andern Problemen steht weniger die Regressionsfunktion im Vordergrund; man fragt sich vielmehr, welche Regressoren die Variable y wesentlich beeinflussen. Entscheidend ist also herauszufinden, in welchem Masse die abhängige Variable y in Beziehung steht zu gewissen Teilen des ins Auge gefassten Modells.

In den folgenden Abschnitten 3.2 bis 3.5 gehen wir vom einfachsten Regressionsproblem zu komplizierteren Problemen weiter. Ändert sich y proportional zu einer einzigen Variablen x, so liegen die Punkte im Diagramm bis auf zufällige Abweichungen auf einer Geraden, was sich mit dem Modell

$$y_i = \alpha + \beta x_i + \varepsilon_i \qquad (3)$$

beschreiben lässt; man spricht von *einfacher linearer Regression.* Einfach bedeutet hier, dass nur eine einzige unabhängige Variable vorkommt. Um die Parameter α und β, die die Lage der Geraden festlegen, zu berechnen, benötigt man ein *Schätzprinzip.* Sind die ε_i alle gegenseitig unabhängig und normal verteilt mit gleicher Varianz σ^2, führt die Methode des Maximum Likelihood direkt zur *Methode der kleinsten Quadrate.* Man hat α und β so zu wählen, dass die Summe der quadrierten Abweichungen zwischen Messung und Modell

$$\sum r_i^2 = \sum (y_i - \alpha - \beta x_i)^2,$$

minimal wird. Auf die Einzelheiten gehen wir in 3.2 ein.

Hängt die Zielgrösse von mehreren Regressoren ab und ist die Beziehung linear, so wird (3) zu (4) erweitert.

$$y_i = \alpha + \beta_1 x_{1i} + \beta_2 x_{2i} + \ldots + \beta_p x_{pi} + \varepsilon_i. \tag{4}$$

Diese *mehrfache lineare Regression* besprechen wir in 3.3; neben dem Schätzen der Parameter steht hier vor allem das Problem der Auswahl wichtiger Regressoren im Vordergrund.

Ist die Beziehung zwischen einer unabhängigen Grösse und y nicht linear, so stehen uns verschiedene Möglichkeiten offen. Wächst etwa y langsamer an als x, was in vielen Dosis-Wirkungs-Problemen beobachtet wird, so kann die *Transformation* $z = ln(x)$ zur linearen Beziehung zurückführen. Geht es allein darum, an die Daten eine Kurve anzupassen, so wird man neben x auch Potenzen x^2, x^3 usw. hinzunehmen und zum Modell

$$y_i = \alpha + \beta_1 x + \beta_2 x^2 + \beta_3 x^3 + \ldots + \beta_p x^p + \varepsilon_i \tag{5}$$

übergehen. Dieser Fall lässt sich in einfacher Art auf die mehrfache lineare Regression zurückführen; man benötigt keine neuen Methoden. Die Regressionskoeffizienten lassen sich jedoch selten vom Problem her deuten.

Führen Modellvorstellungen zu nichtlinearen Beziehungen zwischen x und y, so gelangt man zur eigentlichen *nichtlinearen Regression*. Die Parameter werden wieder nach der Methode der kleinsten Quadrate geschätzt; die zu lösenden Gleichungen sind nicht mehr linear und nur in Schritten (iterativ) auflösbar.

In 3.5 gehen wir auf einige weitere Probleme im Zusammenhang mit der Regressionsrechnung ein. Ändert sich die Zielgrösse periodisch, etwa im Verlaufe eines Tages oder einer Woche, so kann dies mit den trigonometrischen Funktionen Sinus und Cosinus beschrieben werden; wir geben dazu in 3.51 ein Beispiel.

Werden am selben Objekt (Tier, Pflanze) zeitlich aufeinanderfolgende Messungen ausgeführt, so sind die Resultate in der Regel nicht mehr voneinander unabhängig. Wir begnügen uns damit, für diesen Fall zwei einfache Verfahren anzugeben und verweisen im übrigen auf die Literatur.

Bei *Anzahlen* und *Anteilen* sind sowohl die Voraussetzung der Normalität wie auch jene der Gleichheit der Varianzen nicht erfüllt. Trotzdem kann man mit geeigneten Transformationen Schätzungen nach der Methode der kleinsten Quadrate finden und Hypothesen testen. Die ungleiche Genauigkeit der einzelnen Beobachtungen wird mit Gewichtsfaktoren berücksichtigt. Auf diese Methode gehen wir in 3.53 und 3.54 ein.

3.2 Einfache lineare Regression

Die einfache lineare Regression haben wir in Band I ausführlich besprochen. Hier wiederholen wir die wichtigsten Teile als Vorbereitung auf den komplizierteren Fall der mehrfachen linearen Regression.

3.21 Berechnen der Regressionsgeraden

Es seien N Wertepaare (x_i, y_i) bestimmt worden, wobei die x_i die Messungen für die *unabhängige* Variable, die y_i jene für die *abhängige* Variable bedeuten. Den Wert von x_i können wir im Versuch festhalten und ohne Fehler messen; y_i ist das Ergebnis zu x_i. Zwischen der Zielgrösse y_i und x_i nehmen wir eine *lineare* Beziehung

$$\Gamma_i = \alpha + \beta x_i \tag{1}$$

an. Γ_i ist hier der zu x_i gehörende *Modell-* oder *Erwartungswert*. In Wirklichkeit werden bei festem x die Ergebnisse y um den Wert Γ herum zufällig streuen. Ursache sind einerseits die Fehler beim Messen und Ablesen, andererseits auch weitere Einflüsse, wie etwa die biologische Variabilität, die das Ergebnis in unkontrollierter oder unkontrollierbarer Weise beeinflussen. Zudem darf die in Formel (1) angenommene lineare Beziehung zwischen den untersuchten Grössen nur als eine vereinfachte aber zweckmässige Näherung für den wirklichen Zusammenhang angesehen werden.

Den *zufälligen Fehler* der Zielgrösse berücksichtigen wir mit einem weiteren Glied in Formel (1).

113

$$y_i = \Gamma_i + \varepsilon_i = \alpha + \beta x_i + \varepsilon_i. \tag{2}$$

Von den N Werten ε_i nehmen wir an, sie seien gegenseitig unabhängig und die Genauigkeit der Bestimmung sei überall dieselbe. Varianzen und Kovarianzen erfüllen dann die Bedingungen

$$V(\varepsilon_i) = \sigma^2, \text{ für alle } i \text{ und } \mathrm{Cov}(\varepsilon_i, \varepsilon_j) = 0, \, i \neq j. \tag{3}$$

Zudem verlangt man $E(\varepsilon_i) = 0$; alle nicht zufälligen Teile des Modelles (2) sind in Γ_i enthalten. Die Homoskedastizität, $V(\varepsilon_i) = \sigma^2$, ist eine Forderung, die in biologischen Experimenten nicht immer gegeben ist; gelegentlich steigt die Varianz mit x an. Beim Testen von Hypothesen nimmt man weiter an, die ε_i seien *normal verteilt*.

Die Parameter α und β der linearen Regression bestimmen wir nach der *Methode der kleinsten Quadrate;* dabei wird die Summe der quadrierten Differenzen r_i zwischen Messung und Modellwert so klein wie möglich gemacht. Aus der Forderung

$$f = \sum_i (y_i - \alpha - \beta x_i)^2 = \sum_i r_i^2 \tag{4}$$

oder mit $\gamma = \alpha + \beta \bar{x}$

$$f = \sum_i [y_i - \gamma - \beta(x_i - \bar{x})]^2$$

$$= \sum_i (y_i - \gamma)^2 - 2 \sum_i (y_i - \gamma)(x_i - \bar{x})\beta + \beta^2 \sum_i (x_i - \bar{x})^2 \tag{5}$$

zu minimieren, folgen die Schätzwerte $\hat{\gamma} = c$ für γ und $\hat{\beta} = b$ für β als Lösungen von $\partial f / \partial \gamma = 0$ und $\partial f / \partial \beta = 0$.

$$\frac{\partial f}{\partial \gamma} = -2 \sum_i (y_i - \gamma) = 0 \rightarrow \hat{\gamma} = c = \bar{y} \tag{6a}$$

Dieses Resultat verwenden wir bei der Ableitung nach der *Steigung* β und erhalten

$$\frac{\partial f}{\partial \beta} = -2 \sum_i (y_i - \bar{y})(x_i - \bar{x}) + 2\beta \sum_i (x_i - \bar{x})^2 = 0 \tag{6b}$$

und daraus

114

$$b = \frac{\sum\limits_i (y_i - \bar{y})(x_i - \bar{x})}{\sum (x_i - \bar{x})^2} \tag{7}$$

Mit den üblichen Abkürzungen für die Summen von Quadraten und Produkten

$$S_{xx} = \sum_i (x_i - \bar{x})^2 = \sum_i x_i^2 - N\bar{x}^2, \tag{8a}$$

$$S_{yy} = \sum_i (y_i - \bar{y})^2 = \sum_i y_i^2 - N\bar{y}^2, \tag{8b}$$

$$S_{xy} = S_{yx} = \sum_i (x_i - \bar{x})(y_i - \bar{y}) = \sum_i x_i y_i - N\bar{x}\bar{y} \tag{8c}$$

kann b als

$$b = S_{xy}/S_{xx} \tag{9}$$

geschrieben werden. S_{yy} werden wir erst später benötigen.

Die mit $c = \bar{y}$ oder $a = \bar{y} - b\bar{x}$ und b berechneten Werte

$$Y = \bar{y} + b(x - \bar{x}) = a + bx \tag{10}$$

sind die nach der Regressions- oder Ausgleichsgeraden bestimmten Werte der Zielgrösse y zu einem beliebigen Wert von x.

Beispiel 13. Beziehung zwischen Proteingehalt und Spannung an einer Elektrode (*Dozinel,* 1973).

Um das aufwendige Bestimmen des Proteingehaltes in organischem Material zu umgehen, soll die direkte Bestimmung durch das Messen einer Spannung mittels einer Spezialelektrode in einer genau definierten Lösung ersetzt werden. Aufgaben dieser Art werden als *Eichprobleme* bezeichnet; aus theoretischen Überlegungen heraus darf man gelegentlich annehmen, die Regressionslinie verlaufe durch den Nullpunkt. Man hat dann nur einen einzigen Parameter zu schätzen. In unserem Beispiel gibt es keine Hinweise für $\alpha = 0$.

Protein in %, x_i: 5.0 5.8 6.8 7.8 8.8 9.8 10.8 11.8
Spannung in mV, y_i: 0.0 3.8 7.9 11.4 14.5 17.3 19.8 22.1

x_i: 12.8 13.8 14.6 15.6 16.6 17.6 18.4 19.4; $\sum x_i = 195.4$
y_i: 24.2 26.1 27.5 29.2 30.8 32.3 33.5 34.9; $\sum y_i = 335.3$

115

Wir berechnen die Durchschnitte und die S-Grössen:

$$N = 16, \quad \bar{x} = 12.2125, \quad \bar{y} = 20.9563,$$
$$S_{xx} = \sum x_i^2 - (\sum x_i)^2/N = 2706.12 - 2386.3225 = 319.7975,$$
$$S_{yy} = \sum y_i^2 - (\sum y_i)^2/N = 8804.73 - 7026.6306$$
$$= 1778.0994,$$
$$S_{xy} = \sum x_i y_i - (\sum x_i)(\sum y_i)/N = 4836.62 - 4094.8512$$
$$= 741.7688.$$

Damit erhält man als Schätzungen für die Parameter

$$b = S_{xy}/S_{xx} = 741.7688/319.7975 = 2.3195$$

und

$$c = \bar{y} = 20.9563 \quad \text{oder} \quad a = \bar{y} - b\bar{x} = -7.3706.$$

Die Regressionsgerade lautet also

$$Y = -7.3706 + 2.3195\, x.$$

Eine Darstellung der Daten (x_i, y_i), sowie der Modellwerte (x_i, Y_i) zeigt uns, ob eine lineare Regression zweckmässig gewesen ist. In Figur 12 sind unten zusätzlich die Residuen $r_i = y_i - Y_i$ eingezeichnet.

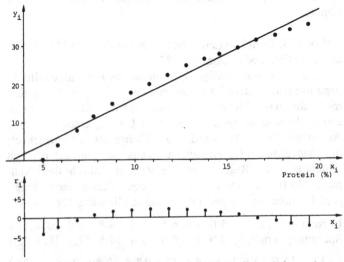

Figur 12. Spannung y_i sowie Residuen r_i gegen den Proteingehalt x_i aufgetragen.

Die Abweichungen sind nirgends besonders gross, sodass man sich mit der linearen Beziehung zum Beschreiben
des Zusammenhanges begnügen könnte. Die Residuen zeigen
jedoch ein ganz deutliches Muster der Art «negativ – positiv –
negativ», was daraufhin deutet, dass eine zusätzliche Komponente der Form $\beta_2 x^2$ in der Regressionsgleichung eine bessere
Anpassung geliefert hätte; diese Erweiterung führt uns bereits
zu einer speziellen Form der mehrfachen linearen Regression.

3.22 Tests und Vertrauensgrenzen

Um zu prüfen, ob die berechnete Steigung b von einem
gegebenen Wert β gesichert abweicht, haben wir eine geeignete Testgrösse zu suchen. Dazu nehmen wir zusätzlich an, die ε_i
seien normal verteilt. Die Steigung b kann dann als lineare
Kombination von unabhängigen normal verteilten Grössen
geschrieben werden; sie ist deshalb nach bekannten Sätzen
ebenfalls normal verteilt. Man zeigt, dass gilt

$$E(b) = \beta, \qquad V(b) = \sigma^2 / S_{xx}. \tag{1}$$

Wenn also der Ausdruck

$$u = (b - \beta)\sqrt{S_{xx}}/\sigma \tag{2}$$

absolut genommen grösser wird als die Schranke u_α der Normalverteilung, werden wir annehmen, die Steigung b weiche
gesichert von β ab.

In den meisten Fällen kennen wir die Varianz σ^2 nicht;
wir suchen dazu eine Schätzung s^2 aufgrund der Stichprobe.
Falls die lineare Regression das richtige Modell ist, weichen
die Residuen

$$r_i = y_i - Y_i = y_i - \bar{y} - b(x_i - \bar{x}) \tag{3}$$

nur zufällig von null ab. Der Erwartungswert der r_i ist null
und jener der Summe der Quadrate beträgt

$$E(\textstyle\sum r_i^2) = E(\textstyle\sum [y_i - \bar{y} - b(x_i - \bar{x})]^2) = (N - 2)\sigma^2. \tag{4}$$

Die Summe kann deshalb als Schätzung für $(N - 2)$ mal die
Streuung verwendet werden.

$$s^2 = \frac{1}{N-2} \sum r_i^2 = \frac{1}{N-2} \sum [y_i - \bar{y} - b(x_i - \bar{x})]^2$$

$$= \frac{1}{N-2}(S_{yy} - b^2 S_{xx}) = \frac{1}{N-2}(S_{yy} - S_{xy}^2/S_{xx}). \tag{5}$$

Die Schätzungen b für β und s^2 für σ^2 sind gegenseitig unabhängig; der Ausdruck (2) mit s statt σ geschrieben, ist also wie t verteilt mit $N-2$ Freiheitsgraden.

$$t = (b - \beta)\sqrt{S_{xx}}/s, \qquad n = N-2. \tag{6}$$

Will man feststellen, ob die y überhaupt von den x linear abhängen, so wird man die Hypothese $\beta = 0$ prüfen. Für diesen wichtigen Fall wird

$$t = b\sqrt{S_{xx}}/s \quad \text{bzw.} \quad F = b^2 S_{xx}/s^2 \tag{7}$$

mit $n_1 = 1$, $n_2 = N-2$. Bezeichnet man $b^2 S_{xx}$ als Summe der Quadrate für die Regression, $S_{yy} - b^2 S_{xx}$ nach (5) als jene für die Abweichungen von der Regression (Rest), sowie S_{yy} als gesamte Summe der Quadrate, so kann der Test $\beta = 0$ im Schema der Varianzanalyse angegeben werden.

Streuung	Freiheits-grad	Summe der Quadrat	Durchschnitts-quadrat
Regression (Hypothese $\beta = 0$)	1	$b^2 S_{xx} = S_{xy}^2/S_{xx}$	$b^2 S_{xx}$
Um die Regression (Rest)	$N-2$	$Q = S_{yy} - b^2 S_{xx}$	$s^2 = Q/(N-2)$
Total	$N-1$	S_{yy}	...

Die Regression wird auch mit dem *Bestimmtheitsmass B* charakterisiert.

$$B = \frac{SQ(\text{Regression})}{SQ(\text{Total})} = \frac{b^2 S_{xx}}{S_{yy}} = \frac{S_{xy}^2}{S_{xx} S_{yy}} \tag{8}$$

B gibt jenen Anteil der gesamten Summe der Quadrate an, der auf die Regression entfällt; Werte nahe bei eins bedeuten, dass die Messwerte nahe bei der Regressionslinie liegen.

Löst man Formel (6) nach β auf und setzt man für t die Schranken $\mp t_\alpha$ nach Tafel III ein, so begrenzen die Werte

$$\left.\begin{array}{l}\beta_u \\ \beta_0\end{array}\right\} = b \mp t_\alpha s / \sqrt{S_{xx}} \qquad\qquad (9)$$

das $(1-\alpha)$-Vertrauensintervall des Regressionskoeffizienten b. In Band I sind auch die Vertrauensgrenzen zur Regressionslinie Y angegeben.

Fortsetzung von Beispiel 13. Für den Regressionskoeffizienten b, der das Ansteigen der Spannung mit dem Proteingehalt angibt, haben wir in 3.21 $b = 2.3195$ gefunden. Dazu berechnen wir die Tafel der Varianzanalyse mit den S-Grössen

$$S_{xx} = 319.7975, \quad S_{yy} = 1778.0994, \quad S_{xy} = 741.7688.$$

Streuung	Freiheits-grad	Summe der Quadrate	Durchschnitts-quadrat
Regression	1	1720.529	1720.529
Um die Regression	14	57.570	$s^2 = 4.112$
Total	15	1778.099	...

Die Steigung b ist mit

$$F = 1720.529/4.112 = 418.4$$

bei $n_1 = 1$ und $n_2 = 14$ Freiheitsgraden hoch gesichert; b weicht deutlich von null ab und das Bestimmtheitsmass

$$B = 1720.529/1778.099 = 0.968$$

zeigt, dass 96.8% der Variabilität auf die Regression entfällt. Wir sehen hier sehr deutlich, dass die Regression nicht allein mit B zu beurteilen ist. Aus B nahezu eins schliessen wir, dass die einfache lineare Regression ein zweckmässiges Modell zum Beschreiben des Zusammenhanges darstellt; die systematischen Abweichungen der Messwerte von der Geraden finden wir jedoch mit Hilfe der Residuenanalyse.

Für die 95%-Vertrauensgrenzen des Regressionskoeffizienten erhält man nach (9):

$$\left.\begin{array}{l}\beta_u \\ \beta_o\end{array}\right\} = 2.3195 \mp 2.145 \sqrt{\frac{4.112}{319.7975}} = \left\{\begin{array}{l}2.076 \\ 2.563\end{array}\right.$$

3.23 Hinweise für das Planen eines Regressionsversuches

Hat man eine Regression zu planen, so wird man sich fragen, wie die Werte der unabhängigen Variablen im vorgesehenen Intervall zu verteilen sind.

Eine eindeutige Antwort auf diese Frage kann nicht gegeben werden. Die zweckmässige Anordnung hängt von Vorkenntnissen und vom Ziele ab. Wir stellen hier nur einige qualitative Überlegungen an und betrachten dazu einen Versuch mit $N = 6$ Werten, verteilt über das Intervall -1 bis $+1$. Die Genauigkeit der Steigung b hängt bei gegebener Varianz σ^2 über

$$V(b) = \sigma^2/S_{xx} \tag{1}$$

von S_{xx} und damit von der Anordnung der Punkte im Intervall ab. Dazu betrachten wir drei Situationen:

i) Wir verlegen die Punkte in die Extremwerte:

$$S_{xx} = 6$$
$$V(b) = \sigma^2/S_{xx}$$
$$= 0.17\,\sigma^2$$

ii) Wir bilden drei Gruppen:

$$S_{xx} = \sum_{i=1}^{6} x_i^2 = 4$$
$$V(b) = \sigma^2/S_{xx}$$
$$= 0.25\sigma^2$$

iii) Wir verteilen die Punkte gleichmässig:

$$S_{xx} = \sum_{i=1}^{6} (x_i - 0)^2 = \sum x_i^2 = \frac{2}{25}(25 + 9 + 1) = \frac{70}{25} = 2.8$$

$$S_{xx} = 2.8$$
$$V(b) = \sigma^2/S_{xx}$$
$$= 0.36\sigma^2$$

Maximale Genauigkeit erzielt man, wenn je 3 Messungen bei $x = -1$ und bei $x = +1$ ausgeführt werden (Fall i). Im ganzen Innenbereich wird nicht gemessen und es ist ausgeschlossen – weder mit Tests noch mit graphischen Mitteln – etwas über den Verlauf der Beziehung auszusagen. Versuche dürfen in dieser Art nur durchgeführt werden, wenn man aus ähnlichen Experimenten weiss, dass der Verlauf linear ist. Dem Gewinn an Genauigkeit bei b steht der Verlust von Information über den Innenbereich entgegen.

Weniger extrem erscheint ii); hier ist zusätzlich die Mitte des Intervalles belegt und Abweichungen von der Linearität können sowohl rechnerisch wie graphisch erkannt werden. Die Steigung b ist etwas weniger genau bestimmt als unter i).

Verteilt man sodann die Punkte gleichmässig über das Intervall, wie dies iii) zeigt, so ist b schlecht bestimmt; Abweichungen von der Linearität werden bei der Analyse der Residuen entdeckt.

Die ersten beiden Anordnungen unterscheiden sich grundlegend von iii). In den beiden ersten Fällen ermöglichen es die Mehrfachbestimmungen eine Schätzung s^2 für σ^2 anzugeben, die nicht davon abhängt, ob der Zusammenhang linear ist oder nicht. Die gesamte Summe der Quadrate der Abweichungen lässt sich in die Teile «Abweichungen vom Modell» und «Rest» zerlegen. Bei i) enthält der «Rest» sowohl die Variabilität wie auch die Abweichungen vom angenommenen Modell; der Rest verändert sich, wenn etwa eine quadratische Regression (siehe dazu 3.41, Seite 154) verwendet wird.

Aus diesem Grunde ziehen wir geplante Regressionsversuche mit Mehrfachbestimmungen vor. Die Ausgangssituation entspricht dann jener der *einfachen Varianzanalyse;* die gesamte Summe der Quadrate wird vorerst in die Teile «Rest» = «Innerhalb Gruppen» und «Zwischen Durchschnitten» zerlegt. Im zweiten Teil der Analyse zerlegt man den letzten Teil in «Regression» und «Abweichungen von der Regression». Wir verweisen auch auf 2.22 und die Ausführungen bei den orthogonalen Polynomen 3.42 (Seite 160).

3.3   Mehrfache lineare Regression

Bei der mehrfachen linearen Regression ist die Messung oder Beobachtung y_i, die Zielgrösse, von mehreren Grössen

x_{1i}, x_{2i}, ..., x_{pi} abhängig. Im Falle $p = 2$ kann der Rechengang gut verfolgt werden; wir behandeln deshalb diesen Spezialfall zuerst und geben nachher die Verallgemeinerung auf beliebiges p, wobei wir Vektoren und Matrizen als Hilfsmittel verwenden.

3.31 Zwei unabhängige Variable: Schätzen der Parameter

Als Ausgangspunkt wählen wir das folgende Beispiel: Bei 35 Ratten wird das Endgewicht y_i als Funktion des Anfangsgewichtes x_{1i} und des Futterverzehrs x_{2i} gemessen. Der Zusammenhang sei als linear angenommen nach folgendem Modell:

$$y_i = \alpha + \beta_1 x_{1i} + \beta_2 x_{2i} + \varepsilon_i \tag{1}$$

In (1) bedeuten β_1 und β_2 die partiellen *Regressionskoeffizienten;* β_1 gibt an, um wieviel das Endgewicht y zunimmt, wenn bei *festgehaltenem* Futterverzehr x_2 das Anfangsgewicht x_1 um eins zunimmt. Entsprechend gibt β_2 an, um wieviel das Endgewicht y zunimmt, wenn bei festem Anfangsgewicht x_1 der Futterverzehr x_2 um eins zunimmt.

Bereits in 1.4 haben wir darauf hingewiesen, dass es im allgemeinen nicht statthaft ist, die Regression mit zwei sich *gleichzeitig auswirkenden* Regressoren durch

$$\begin{aligned} y_i &= \alpha + \beta_1^* x_{1i} + \varepsilon_i \quad \text{und} \\ y_i &= \alpha' + \beta_2^* x_{2i} + \varepsilon_i \end{aligned} \tag{2}$$

also zwei einfache lineare Regressionen zu ersetzen. In (2) wird nicht berücksichtigt, dass die beiden unabhängigen Variablen x_1 und x_2, die Regressoren, die Zielgrösse gleichzeitig und nicht unabhängig voneinander beeinflussen. Im erwähnten Beispiel ist anzunehmen, dass Tiere mit grösserem Anfangsgewicht im Mittel auch einen höhern Futterverzehr aufweisen. Wir werden in 3.32 prüfen, ob gegebenenfalls auch eines der einfacheren Modelle (2) genügt hätte.

Das zweckmässige Vorgehen besteht in unserem Falle darin, die beiden Einflüsse gleichzeitig in der Rechnung zu berücksichtigen. Man nimmt

$$\Gamma_i = \alpha + \beta_1 x_{1i} + \beta_2 x_{2i} \tag{3}$$

oder gleichwertig

$$\Gamma_i = \gamma + \beta_1 (x_{1i} - \bar{x}_{1.}) + \beta_2 (x_{2i} - \bar{x}_{2.}) \tag{4}$$

als Modellwert an und bestimmt die Parameter γ, β_1 und β_2 nach der Methode der kleinsten Quadrate; die Summe der quadratischen Abstände zwischen Messung y_i und Modellwert Γ_i, also

$$f = \sum_{i=1}^{N} (y_i - \Gamma_i)^2 \tag{5}$$

soll minimal werden. Das Minimum bezeichnen wir im folgenden als Q.

$$f = \sum_i [y_i - \gamma - \beta_1 (x_{1i} - \bar{x}_{1.}) - \beta_2 (x_{2i} - \bar{x}_{2.})]^2. \tag{6}$$

f ist nach den Parametern abzuleiten und die Gleichungen sind gleich null zu setzen; wir beginnen mit der Ableitung von (6) nach γ:

$$\frac{\partial f}{\partial \gamma} = -2 \sum_i (y_i - \gamma) = 0 \to \hat{\gamma} = \bar{y}. \tag{7}$$

Die Schätzung für γ ist also der Durchschnitt über alle Messungen y_i; in (6) ersetzen wir γ durch $\bar{y}$ und leiten nach β_1 ab.

$$\frac{\partial f}{\partial \beta_1} = -2 \sum_i [y_i - \bar{y}. - \beta_1 (x_{1i} - \bar{x}_{1.}) - \beta_2 (x_{2i} - \bar{x}_{2.})] \cdot (x_{1i} - \bar{x}_{1.}). \tag{8}$$

Aus (8) wird durch Umformen

$$\sum_i (x_{1i} - \bar{x}_{1.})^2 \beta_1 + \sum_i (x_{1i} - \bar{x}_{1.})(x_{2i} - \bar{x}_{2.}) \beta_2$$
$$= \sum_i (y_i - \bar{y}.)(x_{1i} - \bar{x}_{1.}) \tag{9}$$

und entsprechend erhält man für die Ableitung nach β_2

$$\sum_i (x_{1i} - \bar{x}_{1.})(x_{2i} - \bar{x}_{2.}) \beta_1 + \sum_i (x_{2i} - \bar{x}_{2.})^2 \beta_2$$
$$= \sum_i (y_i - \bar{y}.)(x_{2i} - \bar{x}_{2.}). \tag{10}$$

Die Gleichungen (9) und (10) sind von einfacher Struktur, was in der obigen Schreibweise jedoch schlecht ersichtlich ist. Definieren wir aber entsprechend der Varianzanalyse und der einfachen linearen Regression Summen von Quadraten und Produkten, so tritt der Aufbau deutlich hervor:

$$S_{11} = \sum_i (x_{1i} - \bar{x}_{1.})^2 = \text{Summe der Quadrate der } x_{1i} \tag{11}$$

$$S_{22} = \sum_i (x_{2i} - \bar{x}_{2.})^2 = \text{Summe der Quadrate der } x_{2i} \tag{12}$$

$$S_{12} = \sum_i (x_{1i} - \bar{x}_{1.})(x_{2i} - \bar{x}_{2.})$$
$$= \text{Summe der Produkte der } x_{1i} \text{ und } x_{2i} \tag{13}$$

$$S_{yj} = \sum_i (y_i - \bar{y}_.)(x_{ji} - \bar{x}_{j.})$$
$$= \text{Summe der Produkte der } y_i \text{ und } x_{ji}. \tag{14}$$

Damit wird aus (9) und (10), wenn wir gleichzeitig β_1 und β_2 durch die Schätzwerte b_1 und b_2 ersetzen

$$\begin{aligned} S_{11}b_1 + S_{12}b_2 &= S_{y1} \\ S_{12}b_1 + S_{22}b_2 &= S_{y2} \end{aligned} \tag{15}$$

Dies ist ein lineares Gleichungssystem für die Unbekannten b_1 und b_2; nach den üblichen Regeln aufgelöst, ergibt sich

$$b_1 = \frac{S_{22}S_{y1} - S_{12}S_{y2}}{S_{11}S_{22} - S_{12}^2}, \tag{16}$$

$$b_2 = \frac{-S_{12}S_{y1} + S_{11}S_{y2}}{S_{11}S_{22} - S_{12}^2}. \tag{17}$$

Die Regressionsgerade lautet mit diesen Steigungen

$$\begin{aligned} Y_i &= \bar{y}_. + b_1(x_{1i} - \bar{x}_{1.}) + b_2(x_{2i} - \bar{x}_{2.}) \\ &= a + b_1 x_{1i} + b_2 x_{2i} \end{aligned} \tag{18}$$

mit

$$a = \bar{y}_. - b_1 \bar{x}_{1.} - b_2 \bar{x}_{2.}. \tag{19}$$

Formel (16) kann mit der Matrix

$$S = \begin{pmatrix} S_{11} S_{12} \\ S_{21} S_{22} \end{pmatrix} \tag{20}$$

und den Vektoren

$$\vec{b} = \begin{pmatrix} b_1 \\ b_2 \end{pmatrix} \quad \vec{S_y} = \begin{pmatrix} S_{y1} \\ S_{y2} \end{pmatrix} \tag{21}$$

als

$$S\vec{b} = \vec{S_y} \tag{22}$$

geschrieben werden; für $\vec{b}$ erhält man

$$\vec{b} = S^{-1} \vec{S_y} \tag{23}$$

oder in Komponenten (16) und (17), was ohne Mühe nachgerechnet werden kann.

Die Schreibweise mit Vektoren und Matrizen ist nicht an zwei Regressionskoeffizienten b_1 und b_2 gebunden. Wir zeigen in 3.33, dass (23) die allgemeine Lösung für eine beliebige Zahl von Steigungen β_1, β_2, ..., β_p ist.

Beispiel 14. Abhängigkeit des Endgewichtes (y_i) von 35 Ratten vom Anfangsgewicht (x_{1i}) und vom Futterverzehr (x_{2i}). (Institut für Haustierernährung an der Eidgenössischen Technischen Hochschule, Zürich).

Die Daten in der Übersicht sind nach den folgenden Formeln codiert.

$$x_1 = 10 \text{ (Anfangsgewicht } - 30)$$
$$x_2 = \text{Futterverzehr } - 200$$
$$y = 10 \text{ (Endgewicht } - 100)$$

Mit dieser Transformation vermeiden wir gebrochene Zahlen.

x_{1i}	x_{2i}	y_i	x_{1i}	x_{2i}	y_i	x_{1i}	x_{2i}	y_i
258	89	148	159	98	171	138	153	254
158	116	97	80	102	30	178	82	94
181	104	113	260	155	373	204	88	212
133	99	260	24	107	97	79	66	92
201	153	447	75	142	363	160	118	411
101	98	210	159	110	212	128	135	313
171	103	252	107	80	45	207	104	285
210	112	137	64	83	40	296	96	388
237	133	385	169	105	202	138	92	90
112	80	58	122	96	205	354	120	137
102	87	177	134	90	189	93	105	162
164	138	400	150	24	264			
						5506	3672	7313

Wir benötigen die Durchschnitte $\bar{x}_{1.}$, $\bar{x}_{2.}$ und $\bar{y}_.$, sowie die Grössen S_{jk}, S_{yj} und später auch

$$S_{yy} = \sum_i (y_i - \bar{y}_.)^2.$$

$\bar{x}_{1.} = 157.314$	$S_{11} = 160013.543$	$S_{y1} = 101647.628$
$\bar{x}_{2.} = 104.914$	$S_{22} = 23554.743$	$S_{y2} = 57427.829$
$\bar{y}_. = 208.943$	$S_{12} = 15375.943$	$S_{yy} = 478577.886$

Damit lautet das zum Bestimmen der Steigungen b_1 und b_2 benötigte Gleichungssystem:

$$(160013.543)b_1 + (15375.943)b_2 = 101647.628$$
$$(\ 15375.943)b_1 + (23554.743)b_2 = \ 57427.829$$

Man hat nach b_1 und b_2 aufzulösen und erhält

$$b_1 = 0.4278, \qquad b_2 = 2.1588.$$

Die Punkte auf der Regressionsebene erfüllen die Beziehung

$$Y = 208.943 + 0.428\,(x_1 - 157.314) + 2.159(x_2 - 104.914)$$
$$= -84.865 + 0.428\,x_1 + 2.159\,x_2.$$

Berücksichtigt man jeweils nur eine Variable, so erhält man folgende Lösungen:

Anfangsgewicht: $b_1^* = S_{y1}/S_{11} = 0.635$,
Futterverzehr: $b_2^* = S_{y2}/S_{22} = 2.438$.

Die Steigungen sind *nicht* dieselben wie bei der gemeinsamen Regression. So spielt bei b_1^* auch der Futterverzehr, bei b_2^* auch das Anfangsgewicht eine Rolle. Berücksichtigt man Futterverzehr und Anfangsgewicht gleichzeitig, so wird die gesamte Veränderung im Endgewicht von beiden Regressoren gemeinsam bewirkt. Da nun beide Steigungen positiv sind, wird $b_1^* > b_1$ und $b_2^* > b_2$; bei den Einzelregressionen wird das Steigungsmass überschätzt.

Die Regressionskoeffizienten haben eine ganz anschauliche Bedeutung; sie geben an, um wieviel die Zielgrösse steigt oder fällt, wenn in der betreffenden unabhängigen Variablen um eine Einheit weiter gegangen wird, in unserem Beispiel also

$$b_1 = 0.428 = \text{Zunahme von } y, \text{ wenn } \triangle x_1 = +1,$$
$$b_2 = 2.159 = \text{Zunahme von } y, \text{ wenn } \triangle x_2 = +1.$$

3.32 Zwei unabhängige Variable: Testen von Hypothesen

Wir prüfen in diesem Absatz, ob die Regressionskoeffizienten b_1 und b_2 gemeinsam und einzeln von null abweichen; nur dann wird es sinnvoll sein, das angenommene Regressionsmodell weiter zu verwenden. In den übrigen Fällen genügt ein einfacherer Ansatz.

Auf weitere Tests, wie etwa das Prüfen der Abweichung des Regressionskoeffizienten b_1 von einem angenommenen oder theoretischen Wert β_{10} und das Berechnen von Vertrauensintervallen, gehen wir erst beim allgemeinen Fall in 3.34 ein.

Will man feststellen, ob die y_i überhaupt von den beiden unabhängigen Variablen linear abhängen, hat man die Hypothese $\beta_1 = \beta_2 = 0$ zu prüfen. Dazu gehen wir zum Modell

$$y_i = \mu + \varepsilon_i \tag{1}$$

über. Schätzung für μ ist bekanntlich $\bar{y}$ und die Summe der Quadrate für den Rest in diesem Modell ist

$$S_{yy} = \sum_{i=1}^{N} (y_i - \bar{y})^2 = SQ(\text{Total}). \tag{2}$$

127

Bei der Regression bestimmen wir die Summe der Quadrate für den Rest mit Hilfe der Residuen

$$r_i = y_i - Y_i = y_i - \bar{y}. - b_1(x_{1i} - \bar{x}_1.) - b_2(x_{2i} - \bar{x}_2.). \quad (3)$$

Diese sind nur zufällig von null verschieden; ihr Erwartungswert $E(r_i)$ ist null und man zeigt (siehe 5.22, Seite 245), dass die Summe

$$Q = \sum_{i=1}^{N} r_i^2 = \sum_i (y_i - Y_i)^2 \quad (4)$$

im Mittel ein Vielfaches der Varianz σ^2 ist; exakt gilt

$$E(Q) = (N - 3)\sigma^2. \quad (5)$$

Man wird also

$$s^2 = Q/(N - 3) \quad (6)$$

als Schätzung für die Varianz verwenden; im folgenden ist es bequem, $Q = SQ$(Rest) in Teile zu zerlegen:

$$Q = \sum_i [(y_i - \bar{y}.) - b_1(x_{1i} - \bar{x}_1.) - b_2(x_{2i} - \bar{x}_2.)]^2$$
$$= S_{yy} - 2 S_{y1}b_1 - 2S_{y2}b_2 + 2b_1b_2 S_{12} + S_{11}b_1^2 + S_{22}b_2^2. \quad (7)$$

Mit den Formeln (15) aus 3.31

$$S_{11}b_1 + S_{12}b_2 = S_{y1}, \qquad S_{12}b_1 + S_{22}b_2 = S_{y2} \quad (8)$$

folgt

$$Q = SQ(\text{Rest}) = S_{yy} - (S_{y1}b_1 + S_{y2}b_2). \quad (9)$$

Die gesamte Summe von Quadraten kann – wie schon in der einfachen linearen Regression – in die beiden Teile «Rest» und «Regression» zerlegt werden.

$$SQ(\text{Regression}) = SQ(\beta_1, \beta_2) = SQ(\text{Total}) - SQ(\text{Rest})$$
$$= S_{y1}b_1 + S_{y2}b_2. \quad (10)$$

In derselben Weise geht man vor, wenn man die Bedeutung eines einzelnen Regressionskoeffizienten, etwa β_2, prüfen will. Man lässt β_2 weg und berechnet den Rest $SQ(\text{Rest}|\beta_1)$ im reduzierten Modell $\alpha + \beta_1 x_{1i}$.

$$SQ(\text{Rest}|\beta_1) = S_{yy} - (b_1^*)^2 S_{y1} = S_{yy} - S_{y1}^2/S_{11}. \tag{11}$$

Die Hypothese $\beta_2 = 0$, also kein linearer Zusammenhang zwischen y_i und x_{2i}, wird mit Hilfe von

$$SQ(\beta_2) = SQ(\text{Rest}|\beta_1) - SQ(\text{Rest}) = S_{y1}(b_1 - b_1^*) + S_{y2}b_2 \tag{12}$$

geprüft. Entsprechend gilt

$$SQ(\beta_1) = S_{y1}b_1 + S_{y2}(b_2 - b_2^*). \tag{13}$$

Die Formeln (9) bis (13) werden, wie in der Varianzanalyse üblich, zusammengestellt. Die Ausdrücke (12) und (13) nennt man die *bereinigten* Summen von Quadraten; der Einfluss der zweiten Variablen ist hier eliminiert, währen $S_{yj}b_j^*$ noch von der andern Variablen abhängt.

Streuung	Frei-heits-grad	Summe der Quadrate	Durchschnitts-quadrat
Regression: nur β_1	1	$S_{y1}^2/S_{11} = (b_1^*)^2 S_{11}$	
β_2 bereinigt	1	Differenz $= SQ(\beta_2)$	$DQ(\beta_2) = SQ(\beta_2)$
Regression: β_1 und β_2	2	$SQ(\beta_1,\beta_2) =$ $S_{y1}b_1 + S_{y2}b_2$	$DQ(\beta_1,\beta_2) =$ $SQ(\beta_1,\beta_2)/2$
Regression: nur β_2	1	$S_{y2}^2/S_{22} = (b_2^*)^2 S_{22}$	
β_1 bereinigt	1	Differenz $= SQ(\beta_1)$	$DQ(\beta_1) = SQ(\beta_1)$
Regression: β_1 und β_2	2	$SQ(\beta_1,\beta_2)$ $= S_{y1}b_1 + S_{y2}b_2$	$DQ(\beta_1,\beta_2) =$ $SQ(\beta_1,\beta_2)/2$
Rest = Abweichung von der Regression	N-3	$Q = (y_i - Y_i)^2$ $= S_{yy} - S_{y1}b_1 - S_{y2}b_2$	$s^2 = Q/(N-3)$
Total	$N-1$	S_{yy}	...

Die folgenden Hypothesen werden mit Hilfe von F-Tests geprüft:

$$\beta_1 = \beta_2 = 0: \quad F = \frac{DQ(\beta_1,\beta_2)}{s^2}, \quad n_1 = 2, \quad n_2 = N-3,$$

$$\beta_1 = 0: \qquad F = \frac{DQ(\beta_1)}{s^2}, \qquad n_1 = 1, \quad n_2 = N - 3,$$

$$\beta_2 = 0: \qquad F = \frac{DQ(\beta_2)}{s^2}, \qquad n_1 = 1, \quad n_2 = N - 3.$$

Beispiel 15. Endgewichte von Ratten. Im Beispiel 14 (Seite 125) sind die benötigten Summen von Quadraten und Produkten zusammengestellt.

Wir haben zu berechnen:

Regression mit β_1 und β_2:

$$
\begin{aligned}
SQ(\beta_1,\beta_2) &= S_{y1}b_1 + S_{y2}b_2 \\
&= 101\,647.628 \cdot 0.4278 + 57\,427.829 \cdot 2.1588 \\
&= 167\,460;
\end{aligned}
$$

$$
\begin{aligned}
SQ(\text{Rest}) &= S_{yy} - SQ(\beta_1,\beta_2) \\
&= 478\,578 - 167\,460 = 311\,118;
\end{aligned}
$$

$$
\begin{aligned}
SQ(\beta_2) &= SQ(\beta_1,\beta_2) - S_{y1}^2/S_{11} \\
&= 167\,460 - (101\,647.628)^2/160\,013.543 \\
&= 102\,889;
\end{aligned}
$$

$$
\begin{aligned}
SQ(\beta_1) &= SQ(\beta_1,\beta_2) - S_{y2}^2/S_{22} \\
&= 167\,460 - (57\,427.829)^2/23\,554.743 \\
&= 27\,448.
\end{aligned}
$$

Damit kann jetzt die Tafel der Varianzanalyse angegeben werden; die bereinigten Grössen haben wir ausserhalb des Schemas bestimmt, sodass wir die Übersicht vereinfachen können. Wir haben aber zu beachten, dass gilt

$$SQ(\beta_1,\beta_2) \neq SQ(\beta_1) + SQ(\beta_2).$$

Streuung	Freiheits-grad	Summe der Quadrate	Durchschnitts-quadrat
β_1 bereinigt	1	27448	27448
β_2 bereinigt	1	102889	102889
β_1 und β_2	2	167460	83730
Rest	32	311118	9722
Total	34	478578	...

Die Hypothesen werden mit dem F-Test geprüft:

$$\beta_1 = \beta_2 = 0: \quad F = 83\,730/9722 = 8.61,$$
$$F_{0.05} = 3.32, \quad n_1 = 2, \quad n_2 = 32,$$
$$\beta_2 = 0: \quad F = 102\,889/9722 = 10.58,$$
$$F_{0.05} = 4.17, \quad n_1 = 1, \quad n_2 = 32,$$
$$\beta_1 = 0: \quad F = 27\,448/9722 = 2.82,$$
$$F_{0.05} = 4.17, \quad n_1 = 1, \quad n_2 = 32.$$

Das Endgewicht hängt deutlich mit den beiden Grössen Anfangsgewicht und Futterverzehr zusammen. Ebenso ist die lineare Beziehung zum Futterverzehr allein gesichert, während das Anfangsgewicht allein nicht von Bedeutung ist.

Gelegentlich charakterisiert man die Regression mit dem Bestimmtheitsmass B, definiert als

$$B = SQ(\text{Regression})/SQ(\text{Total}).$$

Liegt B nahe bei eins, so vereinigt die Regression den grössten Teil der Summe der Quadrate auf sich; auf den Rest, die Abweichung von der Regression, entfällt nur wenig. B ist für $p = 2$ in derselben Weise definiert wie schon in 3.2 bei der einfachen linearen Regression. Das Charakterisieren der gesamten Regression mit einer einzigen Masszahl B kann nie ein vollständiges Bild der Zusammenhänge geben; unser Beispiel zeigt dies recht deutlich.

Im Beispiel 15 findet man

$$B = 167\,460/478\,578 = 0.35.$$

Nur gut ein Drittel der gesamten Summe der Quadrate entfällt auf die Regression. Dies kann mehrere Ursachen haben. So ist es möglich, dass die biologische Variabilität zwischen den Tieren sehr gross ist; in diesem Falle lässt sich die Regression nicht verbessern. Es ist aber auch denkbar, dass nicht alle wesentlichen Einflüsse im Modell berücksichtigt sind, weil man sich auf die als wichtig betrachteten Merkmale - Futterverzehr und Anfangsgewicht - beschränkt hat. Die nicht erfassten Grössen wirken sich dabei als erhöhte Variabilität im Versuchsfehler aus. Weiter besteht die Möglichkeit, dass das Endgewicht nicht linear mit dem Futterverzehr anwächst, sondern $\ln x$, $\sqrt{x}$ oder x^2 der richtige Zusammenhang gewesen wäre. In solchen Fällen ist eine sorgfältige Analyse der Residuen nötig.

3.33 Mehr als zwei Variable: Schätzen von Parametern

Der Messwert y_i hängt jetzt von p Grössen x_j ab; wir nehmen wieder einen *linearen* Zusammenhang zwischen der *Zielgrösse* y und den *Regressoren* x_j an, was zum Modell

$$y_i = \Gamma_i + \varepsilon_i = \alpha + \beta_1 x_{1i} + \beta_2 x_{2i} + \ldots + \beta_p x_{pi} + \varepsilon_i \qquad (1)$$

oder gleichwertig zu

$$y_i = \gamma + \sum_{j=1}^{p} \beta_j (x_{ji} - \bar{x}_{j.}) + \varepsilon_i \qquad (2)$$

mit

$$\gamma = \alpha + \sum_{j=1}^{p} \beta_j \bar{x}_{j.} \qquad (3)$$

führt.

Die *Regressionskoeffizienten* β_j geben an, um wieviel sich die Zielgrösse ändert, wenn man β_j um eins erhöht und alle übrigen Regressoren konstant hält.

Mit ε_i deuten wir an, dass die Messung y_i nur bis auf einen zufälligen Anteil bestimmt ist. Die ε_i folgen alle derselben Verteilung mit Erwartungswert null und Varianz σ^2; sie sind zudem gegenseitig unabhängig.

Als beste Schätzungen $a(c)$, b_1, b_2, ..., b_p für $\alpha(\gamma)$, β_1, β_2, ..., β_p betrachten wir jene Werte, die die Summe der Quadrate der Differenzen zwischen der *Messung* y_i und dem *Modellwert* Γ_i so klein wie möglich machen, also

$$f = \sum_{i=1}^{N} (y_i - \Gamma_i)^2 = \sum_i [y_i - \gamma - \sum_j \beta_j (x_{ji} - \bar{x}_{j.})]^2 \qquad (4)$$

132

minimieren. Das Prinzip ist dasselbe wie schon für zwei Variable; wir gehen deshalb in derselben Weise vor wie in 3.31 (Seite 123), leiten zuerst nach γ ab und setzen das Ergebnis gleich null.

$$\frac{\partial f}{\partial \gamma} = -2 \sum_i (y_i - \Gamma_i) = 0 \rightarrow \hat{\gamma} = c = \bar{y}. \tag{5}$$

Der Parameter γ kann unabhängig von den Steigungen β_j geschätzt werden. Das Resultat $c = \bar{y}$ verwenden wir in den weiteren Ableitungen.

$$\frac{\partial f}{\partial \beta_j} = -2 \sum_i (x_{ji} - \bar{x}_{j.})[(y_i - \bar{y}.) - \sum_{k=1} \beta_k (x_{ki} - \bar{x}_{k.})]$$

$$= -2 \sum_i (x_{ji} - \bar{x}_{j.})(y_i - \bar{y}.)$$

$$+ 2 \sum_k \beta_k (x_{ki} - \bar{x}_{k.})(x_{ji} - \bar{x}_{j.}) = 0. \tag{6}$$

Die Formeln (6) werden mit geeigneten Abkürzungen übersichtlicher; wir definieren – wie wir das schon früher getan haben – Summen von Quadraten und Produkten:

$$S_{jk} = \sum_i (x_{ji} - \bar{x}_{j.})(x_{ki} - \bar{x}_{k.}) = \sum_i x_{ji} x_{ki} - N \bar{x}_{j.} \bar{x}_{k.} = S_{kj}, \tag{7}$$

$$j, k = 1, \ldots, p;$$

$$S_{yj} = \sum_i (y_i - \bar{y}.)(x_{ji} - \bar{x}_{j.}) = \sum_i y_i x_{ji} - N \bar{y} \bar{x}_{j.}, j = 1, \ldots, p; \tag{8}$$

$$S_{yy} = \sum_i (y_i - \bar{y}.)^2 = \sum_i y_i^2 - N \bar{y}. \tag{9}$$

Die ersten Ableitungen nach den Regressionskoeffizienten geben uns damit das folgende lineare Gleichungssystem für die Schätzwerte b_j.

$$\begin{array}{l} S_{11}b_1 + S_{12}b_2 + \ldots + S_{1p}b_p = S_{y1} \\ S_{21}b_1 + S_{22}b_2 + \ldots + S_{2p}b_p = S_{y2} \\ \vdots \\ \vdots \\ S_{p1}b_1 + S_{p2}b_2 + \ldots + S_{pp}b_p = S_{yp} \end{array} \tag{10}$$

An dieser Stelle ist es zweckmässig, Vektoren und Matrizen einzuführen; für das Rechnen mit diesen Grössen wird auf die Literatur über lineare Algebra verwiesen.

$$\vec{b} = \begin{pmatrix} b_1 \\ b_2 \\ \vdots \\ b_p \end{pmatrix} = (b_1, b_2, \ldots, b_p)', \vec{S}_y = \begin{pmatrix} S_{y1} \\ S_{y2} \\ \vdots \\ S_{yp} \end{pmatrix} = (S_{y1}, S_{y2}, \ldots, S_{yp})' \quad (11)$$

$$S = \begin{pmatrix} S_{11} \cdots S_{1p} \\ \vdots \ddots \vdots \\ S_{p1} \cdots S_{pp} \end{pmatrix} \text{ mit } S_{jk} = S_{kj} \tag{12}$$

Damit lässt sich (10) in knapper Form als

$$S\vec{b} = \vec{S}_y \tag{13}$$

schreiben.

Die symmetrische Matrix S kann direkt aus den x_{ji} oder besser aus $z_{ji} = x_{ji} - \bar{x}_{j.}$ berechnet werden; mit der Matrix

$$Z = \begin{pmatrix} z_{11} z_{12} \cdots z_{1N} \\ z_{21} z_{22} \cdots z_{2N} \\ \vdots \\ z_{p1} z_{p2} \cdots z_{pN} \end{pmatrix} = \{z_{ji}\}$$

gilt

$$S = ZZ' \quad \text{und} \quad \vec{S}_y = Z\vec{y}. \tag{14}$$

Das lineare Gleichungssystem (13) ist eindeutig lösbar, wenn S von vollem Range, also die Determinante von S ungleich null ist. Dann gilt mit der zu S inversen Matrix S^{-1}

$$\vec{b} = \hat{\vec{\beta}} = S^{-1}\vec{S}_y = (ZZ')^{-1}Z\vec{y} \tag{15}$$

oder

$$\vec{b} = \begin{pmatrix} b_1 \\ b_2 \\ \vdots \\ b_p \end{pmatrix} = \begin{pmatrix} S^{11} S^{12} \dots S^{1p} \\ S^{21} S^{22} \dots S^{2r} \\ \vdots \quad \vdots \quad \vdots \\ S^{p1} S^{p2} \dots S^{pp} \end{pmatrix} \begin{pmatrix} S_{y1} \\ S_{y2} \\ \vdots \\ S_{yp} \end{pmatrix}; \tag{16}$$

die S_{jk} sind die Elemente der Matrix S^{-1}.

Im Regressionsmodell nach Formel (2) kann γ ohne Bezug auf die Regressionskoeffizienten β_j als $\bar{y}$ geschätzt werden; $\bar{y}$ und die b_j sind nicht korreliert, bzw. unabhängig bei Normalverteilung. Im Modell nach Formel (1) gilt dies nicht; $a = \hat{\alpha}$ ist mit den b_j korreliert und man hat ein lineares Gleichungssystem mit $(p + 1)$ Variablen zu lösen.

$$\vec{b^*} = (XX')^{-1} X\vec{y} \tag{17}$$

mit $\vec{b^*} = (a, b_1, \dots, b_p)'$ und

$$X = \begin{pmatrix} 1 & 1 & \dots 1 \\ x_{11} & x_{12} & \dots x_{1N} \\ \vdots & & \vdots \\ \vdots & & \vdots \\ x_{p1} & x_{p2} & \dots x_{pN} \end{pmatrix} \tag{18}$$

In beiden Fällen erhält man dieselben Werte für die Regressionskoeffizienten. Wir ziehen den Weg über die Grössen $z_{ji} = x_{ji} - \bar{x}_j$ vor, weil sich dabei extrem grosse Zahlen, wie sie in $\sum_i x_{ji}^2$ gelegentlich vorkommen, vermeiden lassen.

Beispiel 16. Abhängigkeit der Druckfestigkeit 28-tägiger Normalmörtelprismen von den mineralogischen Komponenten des Klinkers (Technische Stelle Holderbank).
Es bedeuten

y = Druckfestigkeit N/mm^2 nach 28 Tagen;

x_1 = Trikalziumsilikat ($3\,CaO \cdot SiO_2$);

x_2 = Dikalziumsilikat ($2CaO \cdot SiO_2$);

x_3 = Trikalziumaluminat ($3CaO \cdot Al_2O_2$);

x_4 = Tetrakalziumaluminat ($4CaO \cdot Al_2O_3 \cdot Fe_2O_3$).

Die Messwerte der 57 Proben sind unten zusammengestellt.

x_1	x_2	x_3	x_4	y	x_1	x_2	x_3	x_4	y
57.1	18.6	8.0	10.9	51.7	63.7	16.5	5.9	9.4	47.7
48.1	26.8	8.6	9.7	44.1	53.9	21.3	10.8	9.1	48.1
45.5	23.9	12.6	9.7	44.2	55.1	24.1	9.1	7.0	53.3
49.0	27.2	12.0	7.0	54.0	48.3	28.4	8.2	10.0	50.7
58.5	22.4	7.6	7.3	56.9	50.6	24.9	9.7	7.9	49.9
60.2	19.7	9.8	6.7	60.9	35.9	42.6	10.1	6.1	44.9
59.8	14.3	10.2	9.7	50.6	50.2	24.0	8.2	13.4	52.0
56.0	20.9	9.5	7.3	53.1	60.4	19.2	8.0	8.5	56.7
49.4	25.8	10.7	5.5	46.2	47.7	21.4	8.9	10.6	53.5
51.1	26.0	4.4	13.1	53.5	56.4	22.3	7.9	9.1	54.9
47.7	31.1	8.3	8.6	53.1	56.7	22.3	10.4	6.1	56.5
56.9	19.3	7.9	9.1	49.6	59.2	20.2	5.1	8.5	52.5
50.7	24.3	9.5	9.1	49.1	51.5	27.4	7.8	7.9	48.3
61.6	16.7	6.1	11.9	56.2	52.6	27.1	8.5	5.2	53.4
57.1	20.0	4.0	12.8	47.0	68.5	12.0	6.8	8.2	60.4
52.5	26.0	7.4	6.7	49.8	64.5	15.3	7.7	6.7	58.7
53.9	21.6	10.6	9.1	54.8	43.7	28.1	8.1	10.6	41.5
62.6	16.7	7.2	8.5	55.1	52.8	26.4	8.1	7.9	52.3
64.6	13.8	10.9	5.2	52.9	69.4	7.9	9.1	7.9	56.9
51.9	21.7	11.0	8.8	50.6	59.9	14.4	11.7	7.6	50.2
59.4	17.4	8.8	8.5	52.3	53.5	21.3	11.8	6.4	43.4
51.0	24.0	11.6	8.2	51.6	59.2	21.9	6.1	7.6	50.4
45.9	31.1	8.2	9.1	50.5	67.6	12.6	6.6	9.1	55.8
48.4	28.3	11.0	7.0	47.2	41.1	37.5	6.0	10.6	47.7
43.8	35.5	8.5	6.1	50.0	56.7	22.6	2.6	13.4	47.9
53.0	21.4	11.8	6.4	47.7	56.4	21.1	1.0	17.3	34.8
54.1	26.0	6.6	7.6	54.0	61.8	17.6	8.2	5.8	54.5
46.4	30.1	7.5	11.2	50.1					
50.4	20.2	12.1	12.2	51.3					
53.4	25.9	9.8	5.8	59.6					

Mit Hilfe der Regressionsrechnung wollen wir die Druckfestigkeit y bis auf einen zufälligen Fehler linear durch die mineralogischen Komponenten gemäss

$$y_{i.} = \bar{y}_. + \sum_{j=1}^{4} \beta_j (x_{ji} - \bar{x}_{j.}) + \varepsilon_i$$

ausdrücken. Dazu haben wir die Durchschnitte $\bar{y}_.$, $\bar{x}_{j.}$, sowie die Ausdrücke S_{jk} und S_{yj} zu berechnen.

$$\begin{aligned}\bar{x}_{1.} &= 54.339\\ \bar{x}_{2.} &= 22.756\\ \bar{x}_{3.} &= 8.502\\ \bar{x}_{4.} &= 8.714\end{aligned}\qquad \vec{S}_y = \left\{\sum_i y_i(x_{ji}-\bar{x}_{j.})\right\} = \begin{pmatrix}S_{y1}\\ S_{y2}\\ S_{y3}\\ S_{y4}\end{pmatrix} = \begin{pmatrix}930.2307\\ -617.5781\\ 62.1591\\ -236.2570\end{pmatrix}$$

$$\bar{y}_. = 51.309 \qquad\qquad\qquad S_{yy} = 1281.5456$$

$$S = \{S_{jk}\} = \begin{pmatrix}2654.5551 & & & \\ -2203.6535 & 2185.7804 & & \\ -208.5439 & 25.0144 & 315.4098 & \\ -68.7709 & -41.7449 & -180.6514 & 318.8888\end{pmatrix}$$

Als nächstes ist die Gleichung $S\vec{b} = \vec{S}_y$ zu lösen; $\vec{b} = S^{-1}\vec{S}_y$ schreiben wir ausführlich hin.

$$\begin{pmatrix}b_1\\ b_2\\ b_3\\ b_4\end{pmatrix} = 10^{-2}\begin{pmatrix}0.909437 & 0.922269 & 1.050492 & 0.911966\\ 0.922269 & 0.981147 & 1.065020 & 0.930671\\ 1.050492 & 1.065020 & 1.682755 & 1.319252\\ 0.911966 & 0.930671 & 1.319252 & 1.379453\end{pmatrix} \cdot \begin{pmatrix}930.2307\\ -617.5781\\ 62.1591\\ -236.2570\end{pmatrix}$$

Ausmultiplizieren führt zu den gesuchten Schätzwerten.

$$\begin{aligned}b_1 &= 10^{-2} \cdot [(0.909437)(930.2307) + (0.922269)(-617.5781)\\ &\quad + (1.050492)(62.1591) + (0.911966)(-236.2570)]\\ &= 1.2625\end{aligned}$$

$$b_2 = 0.9831, \qquad b_3 = 1.1238, \qquad b_4 = 0.2968.$$

Wir weisen darauf hin, dass in allen diesen Berechnungen der Numerik Beachtung zu schenken ist. Nur mit einer hinreichend grossen Zahl von Stellen erhält man genau bestimmte Steigungen.

Mit den obigen Lösungen findet man die folgende Regressionsgleichung:

$$Y = -51.8078 + 1.2625x_1 + 0.9831x_2 + 1.1238x_3 + 0.2968x_4.$$

Y ist jener Wert der Druckfestigkeit, den man aufgrund der mineralogischen Komponenten x_1 bis x_4 im Mittel zu erwarten hat. Verlässt man den Bereich der Messwerte der unabhängigen Variablen, so wird Y als *Prognose* für die Druckfestigkeit bezeichnet; bei solchen Voraussagen nimmt man an, dass die festgestellte Beziehung auch in der Umgebung des untersuchten Bereiches gültig bleibt.

Es gilt jetzt weiter zu prüfen, ob die Regressoren gemeinsam und einzeln für die Druckfestigkeit von Bedeutung sind. Dazu suchen wir geeignete Testgrössen und nehmen zusätzlich an, die ε_i seien normal verteilt; die Analyse der Residuen kann uns zeigen, ob diese Annahme als realistisch angesehen werden darf. Auf das Auswählen der wesentlichen Regressoren gehen wir in 3.36 ein.

3.34 *Mehr als zwei Variable: Testen von Hypothesen*

Wir prüfen zuerst, ob alle Regressionskoeffizienten gemeinsam von Bedeutung sind und wenden dazu die Varianzanalyse an. Zum Prüfen einzelner Regressionskoeffizienten gehen wir von der Kovarianzmatrix aus. Wie man mehrere Steigungen gleichzeitig beurteilen kann, zeigen wir in 3.342 und 3.343. Im ganzen Abschnitt setzen wir Normalverteilung voraus.

3.341 Varianzanalyse

Die minimale Summe der Quadrate $Q = \sum r_i^2$ ist beim Zutreffen des Modelles

$$\Gamma_i = \bar{y}_. + \sum_j \beta_j (x_{ji} - \bar{x}_{j.})$$

eine Schätzung für ein Vielfaches der Varianz σ^2; für den Erwartungswert von Q gilt

$$E(Q) = (N - p - 1)\sigma^2. \tag{1}$$

Wir setzen also wie in der Varianzanalyse

$$SQ(\text{Rest}) = Q = \sum_i (y_i - Y_i)^2 \tag{2}$$

und

$$s^2 = DQ(\text{Rest}) = SQ(\text{Rest})/(N - p - 1). \tag{3}$$

Wären sämtliche Regressoren ohne Bedeutung, so würde man sich mit dem Modell

$$y_i = \mu + \varepsilon_i \tag{4}$$

begnügen und den Ausdruck

$$S_{yy} = \sum_i (y_i - \bar{y})^2 \tag{5}$$

als Summe der Quadrate für den Rest bezeichnen. S_{yy} ist aber die gesamte Summe der Quadrate SQ(Total) im Regressionsmodell. Die Reduktion von S_{yy} als Rest im Modell (4) auf $Q = SQ$(Rest) bei p Regressoren entspricht jenem Teil der Summe der Quadrate, der auf die p Regressoren entfällt; wir schreiben dies als

$$
\begin{aligned}
SQ(\text{Regression}) &= SQ(\beta_1 \ldots \beta_p) \\
&= SQ(\text{Total}) - SQ(\text{Rest}) = S_{yy} - Q. \tag{6}
\end{aligned}
$$

Mit der Beziehung (10) aus 3.33 (Seite 133)

$$S_{yj} = \sum_k S_{jk} b_k \tag{7}$$

lässt sich SQ(Regression) direkt berechnen.

$$
\begin{aligned}
SQ(\text{Regression}) &= S_{yy} - \sum_i [(y_i - \bar{y}) - \sum_j b_j (x_{ji} - \bar{x}_j)]^2 \\
&= S_{yy} - S_{yy} + 2 \sum_j b_j S_{yj} - \sum_j \sum_k b_j b_k S_{jk} \\
&= \sum_j b_j S_{yj} + \sum_j b_j (S_{yj} - \sum_k S_{jk} b_k) \\
&= \sum_j b_j S_{yj}. \tag{8}
\end{aligned}
$$

Die Gleichung

$$S_{yy} = \sum_j b_j S_{yj} + Q$$

stellt man üblicherweise als Varianzanalyse dar.

Streuung	Freiheits-grad	Summe der Quadrate	Durchschnitts-quadrat
Regression	p	$\sum_j S_{yj} b_j$	$(\sum_j S_{yj} b_j)/p$
Rest = Abweichung von der Regression	$N-p-1$	$Q = S_{yy} - \sum_j S_{yj} b_j$	$s^2 = Q/(N-p-1)$
Total	$N-1$	S_{yy}	$\ldots$

139

Unter der Nullhypothese $\beta_1 = \beta_2 = \ldots = \beta_p = 0$ ist auch DQ (Regression) eine Schätzung für die Varianz σ^2; sie ist von s^2 unabhängig, sodass der Quotient

$$F = DQ(\beta_1 \ldots \beta_p)/s^2$$

wie F verteilt ist mit $n_1 = p$ und $n_2 = N - p - 1$. Übersteigt F den Schwellenwert F_α, so wird man die Nullhypothese verwerfen; die Zielgrösse y hängt von den Regressoren ab.

Weitere Unterteilungen werden zeigen, welche Regressoren wichtig sind und welche nicht; wir gehen auf diese Frage in 3.343 (Seite 142) und 3.36 (Seite 146) ein.

Beispiel 17. Druckfestigkeit von Mörtelprismen (Fortsetzung von Beispiel 16, Seite 135). Wir prüfen den Einfluss der vier Regressoren auf die Druckfestigkeit der Normalmörtelprismen.

$$b_1 = 1.2625 \qquad S_{y1} = 930.2307 \qquad S_{yy} = 1281.5456$$
$$b_2 = 0.9831 \qquad S_{y2} = -617.5781$$
$$b_3 = 1.1238 \qquad S_{y3} = 62.1591$$
$$b_4 = 0.2968 \qquad S_{y4} = -236.2570$$

$$SQ(\text{Regression}) = \sum_j b_j S_{yj} = 567.009;$$

SQ(Rest) folgt als Differenz:

$$SQ(\text{Rest}) = SQ(\text{Total}) - SQ(\text{Regression})$$
$$= 1281.546 - 567.009 = 714.537.$$

Für das *Bestimmtheitsmass B* erhalten wir $B = 567.009/1281.546 = 0.442$; auf die Regression entfallen weniger als 50% der gesamten Summe der Quadrate. Die vier mineralogischen Variablen allein genügen nicht um den Aushärtungsprozess präzis zu beschreiben. Wir stellen die obigen Resultate auch noch im Schema zusammen.

Streuung	Freiheitsgrad	Summe der Quadrate	Durchschnittsquadrat
Regression ($\beta_1 \ldots \beta_p$)	4	567.009	141.752
Rest	52	714.537	13.741
Total	56	1 281.546	...

Die Testgrösse $F = 141.752/13.741 = 10.32$ ist bei $n_1 = 4$, $n_2 = 52$ auf dem 1%-Niveau deutlich gesichert ($F_{0.01} = 3.83$).

3.342 Genauigkeit der Regressionskoeffizienten

Die Elemente S^{jk} der zu S inversen Matrix S^{-1} enthalten zusammen mit der Streuung s^2 alle Information über die Genauigkeit der Regressionskoeffizienten.

Zu $c = \bar{y}.$ erhält man

$$\hat{V}(\bar{y}.) = s^2/N \tag{1}$$

als Schätzung für die Varianz von c.

Die Regressionskoeffizienten b_j sind Linearkombinationen der gemessenen y_i;

$$b_j = \sum_k S^{jk} \sum_i (x_{ki} - \bar{x}_{k.}) y_i; \tag{2}$$

sie sind deshalb normal verteilt mit Erwartungswert β_j, der Varianz

$$V(b_j) = S^{jj}\sigma^2 \tag{3}$$

und den Kovarianzen

$$Cov(b_j, b_k) = S^{jk} \sigma^2. \tag{4}$$

Ersetzt man σ^2 durch die Schätzung s^2, so ist

$$\hat{\Sigma}_{\vec{b}} = s^2 \begin{pmatrix} S^{11} & S^{12} & \dots & S^{1p} \\ S^{21} & S^{22} & & \\ \vdots & & \ddots & \\ \vdots & & & \\ S^{p1} & \dots & \dots & S^{pp} \end{pmatrix} \tag{5}$$

die empirische *Kovarianzmatrix;* wir verweisen dazu auf 5.21 (Seite 242).

Zum Prüfen von Hypothesen der Art $E(b_j) = \beta_j^{(0)}$ wenden wir den bekannten t-Test an; der Ausdruck

$$t = \frac{b_j - \beta_j^{(0)}}{s_{b_j}} = \frac{b_j - \beta_j^{(0)}}{s\sqrt{S^{jj}}} \tag{6}$$

folgt einer t-Verteilung mit $n = N - p - 1$ Freiheitsgraden.

Prüft man in dieser Art alle p Regressoren, so hat man p Tests jeweils auf dem Niveau α durchgeführt; die Elemente S^{jk} der Matrix $\hat{\Sigma}_{\bar{b}}$ sind im allgemeinen von null verschieden, sodass die Tests miteinander korreliert sind. Wir haben hier wieder dasselbe Problem wie bei den mehrfachen Vergleichen in der Varianzanalyse vor uns; man bleibt mit der gesamten Irrtumswahrscheinlichkeit tiefer als α, wenn man im einzelnen Test das Niveau α/p verwendet.

Beispiel 18. Druckfestigkeit von Mörtelprismen (Fortsetzung von Beispiel 16, Seite 135). Wir prüfen den Einfluss der vier mineralogischen Komponenten einzeln (Hypothese $\beta_j = 0$, $j = 1, \ldots, 4$).

Variable	b_j	s_{b_j}	t	b_j^*	t^*
1	1.262	0.354	3.571	0.350	18.763
2	0.983	0.367	2.677	-0.283	8.700
3	1.124	0.481	2.337	0.197	8.669
4	0.297	0.435	0.681	0.741	0.531

$t_{0.05} = 2.008$, $FG = 52$.

Wir sehen daraus, dass die ersten drei Regressionskoeffizienten einzeln gesichert von null abweichen. Im rechten Teil der Übersicht sind die b_j^*- und t-Werte der einfachen linearen Regression mit jeweils nur einer Variablen angegeben. Die Schätzwerte b_j und b_j^* unterscheiden sich in unserem Beispiel wesentlich. Es braucht nicht so zu sein, dass eine deutlich gesicherte Steigung b_j^* auch in der gesamten Regression von Bedeutung ist. Das Auslesen von Regressoren aufgrund von Einzelregressionen ist deshalb nicht zu empfehlen; geeignete Methoden werden in 3.36 (Seite 146) angegeben.

3.343 Prüfen mehrerer Regressoren

Die inverse Matrix S^{-1} wird auch verwendet, wenn eine gemeinsame Hypothese über mehrere Regressoren zu prüfen ist. Für $\beta_1 = \beta_1^{(0)}$ bis $\beta_r = \beta_r^{(0)}$ hat man von der Teilmatrix $S_{r \times r}^{-1} = \{S^{jk}, j, k = 1, \ldots, r\}$ auszugehen und die Summe der Quadrate als quadratische Form

$$SQ(\beta_1, \ldots, \beta_r) = \begin{pmatrix} b_1 - \beta_1^{(0)} \\ \cdot \\ \cdot \\ \cdot \\ b_r - \beta_r^{(0)} \end{pmatrix}' \left(S_{rxr}^{-1} \right)^{-1} \begin{pmatrix} b_1 - \beta_1^{(0)} \\ \cdot \\ \cdot \\ \cdot \\ b_r - \beta_r^{(0)} \end{pmatrix} \qquad (1)$$

zu berechnen. Die Testgrösse

$$F = SQ(\beta_1, \ldots, \beta_r)/(r \cdot s^2) \qquad (2)$$

ist wie F verteilt mit $n_1 = r$ und $n_2 = N - p - 1$.

Die üblichen Fragen betreffen Hypothesen der Form $\beta_j = 0$ für mehrere j; man will also wissen, ob eine gewisse Gruppe von Regressoren von Bedeutung ist. Nach dem schon aus der Varianzanalyse bekannten Vorgehen, berechnet man $SQ(\text{Rest})$ bzw. $SQ(\text{Regression})$ mit den verbleibenden Variablen.

Volles Modell: $\alpha, \beta_1, \ldots, \beta_p$
$SQ(\text{Rest}), \quad n_2 = N - p - 1$
$SQ(\beta_1, \ldots, \beta_p), \quad n_1 = p$

Reduziertes Modell: $\alpha, \beta_1, \ldots, \beta_r$
$SQ(\text{Rest} | \beta_1, \ldots, \beta_r), \quad n_2 = N - r - 1$
$SQ(\beta_1, \ldots, \beta_r), \quad n_1 = r$

Die Reduktion der Summe der Quadrate für die Regression, bzw. die Zunahme beim Rest, ist jener Teil, der auf die weggelassenen Parameter $\beta_{r+1}, \ldots, \beta_p$ entfällt, also

$$\begin{aligned} SQ(\beta_{r+1}, \ldots, \beta_p) &= SQ(\beta_1, \ldots, \beta_p) - SQ(\beta_1, \ldots, \beta_r) \\ &= SQ(\text{Rest} | \beta_1, \ldots, \beta_r) - SQ(\text{Rest}). \end{aligned} \qquad (3)$$

Zu dieser Differenz gehören $p - r$ Freiheitsgrade; die Wirkung der weggelassenen Regressoren prüft man mit

$$F = SQ(\beta_{r+1}, \ldots, \beta_r)/[(p - r) \cdot s^2]. \qquad (4)$$

Beispiel 19. Druckfestigkeit von Mörtelprismen. Wir prüfen die gemeinsame Wirkung der Variablen 3 und 4 aus Beispiel 16.

Mit Hilfe der *Kovarianzmatrix* haben wir eine quadratische Form zu berechnen.

$$b_3 = 1.1238 \qquad S_{2x2}^{-1} = \begin{pmatrix} S^{33} & S^{34} \\ S^{34} & S^{44} \end{pmatrix} = \begin{pmatrix} 1.682755 & 1.319252 \\ 1.319252 & 1.379453 \end{pmatrix} \cdot 10^{-2}$$
$$b_4 = 0.2968$$

$$SQ(\beta_3, \beta_4) = (b_3, b_4)(S_{2x2}^{-1})^{-1} \begin{pmatrix} b_3 \\ b_4 \end{pmatrix}$$

$$= \frac{1}{|S_{2x2}^{-1}|} (b_3^2 S^{44} + b_4^2 S^{33} - 2b_3 b_4 S^{34}) = 173.936.$$

Nach der Methode der *Modellreduktion* ist die Summe der Quadrate für den Rest im Modell mit β_1 und β_2 zu bestimmen. Man erhält nach dem üblichen Vorgehen

$$SQ(\text{Rest}|\beta_1, \beta_2) = 888.473,$$

$SQ(\beta_3, \beta_4)$ folgt als Differenz gemäss

$$SQ(\beta_3, \beta_4) = SQ(\text{Rest}|\beta_1, \beta_2) - SQ(\text{Rest})$$
$$= 888.473 - 714.537 = 173.936.$$

Die beiden Resultate stimmen überein und wir prüfen jetzt die gemeinsame Wirkung der dritten und vierten Variablen mittels F-Test.

$$F = \frac{173.936}{2} / 13.741 = 6.329.$$

Die 5%-Grenze bei $n_1 = 2$ und $n_2 = 52$ liegt tiefer als 3.23; der Einfluss der beiden Variablen gilt als gesichert.

3.35 Vertrauensgrenzen

Vertrauensintervalle geben uns Aufschluss über die Genauigkeit (oder Ungenauigkeit) der Regressionskoeffizienten b_j, sowie der Regressionswerte Y_i.

3.351 Vertrauensgrenzen zu b_j

Die b_j sind normal verteilt mit Streuung $s_{b_j}^2 = s^2 \cdot S^{jj}$. Die Grenzen des $(1 - \alpha)$-Vertrauensintervalles berechnen wir mit Hilfe der t-Testgrösse

$$t = (b_j - \beta_j)/s_{b_j}, \quad n = N - p - 1, \tag{1}$$

indem wir t durch $\mp t_\alpha$ ersetzen und jene Werte β_j suchen, die (1) erfüllen. Die Vertrauensgrenzen lauten

$$\left.\begin{aligned}\beta_{ju}\\\beta_{jo}\end{aligned}\right\} = b_j \mp t_\alpha \cdot \sqrt{s^2 S^{jj}}. \tag{2}$$

Beispiel 20. Druckfestigkeit von Mörtelprismen. Wir bestimmen die Vertrauensgrenzen zu den Wirkungen der vier mineralogischen Komponenten aus Beispiel 16. Für α wählen wir 0.05; damit erhalten wir also die 95%-Vertrauensgrenzen.

$j = 1$: $1.2625 \mp 2.007 \sqrt{13.741 \cdot 0.909437 \cdot 10^{-2}}$
    $= \quad 0.553 \ldots 1.972$

$j = 2$: $0.9831 \mp 2.007 \sqrt{13.741 \cdot 0.981147 \cdot 10^{-2}}$
    $= \quad 0.246 \ldots 1.720$

$j = 3$: $1.1238 \mp 2.007 \sqrt{13.741 \cdot 1.682755 \cdot 10^{-2}}$
    $= \quad 0.159 \ldots 2.089$

$j = 4$: $0.2968 \mp 2.007 \sqrt{13.741 \cdot 1.379453 \cdot 10^{-2}}$
    $= \quad -0.577 \ldots 1.171$

Bei $j = 1$ bis 3 ist der Wert null nicht im Vertrauensintervall enthalten; der Test der Hypothese $\beta_j = 0$ ist in allen diesen Fällen signifikant. Für $j = 4$ liegt aber $\beta_4 = 0$ im Intervall; die Hypothese wird nicht verworfen.

3.352 Vertrauensbereich zu zwei und mehr Regressionskoeffizienten

Beim Berechnen des Vertrauensbereiches zu mehreren Regressionskoeffizienten hat man von (2) aus 3.343 (Seite 143) auszugehen, für F den Schwellenwert $F_{0.05}$ einzusetzen und jene Werte β_j zu bestimmen, die die Gleichung erfüllen. Dieses Vorgehen ist recht umständlich und in der Praxis höchstens für zwei Regressoren anwendbar; die Punkte des Vertrauensbereiches bilden dann eine Ellipse mit der Peripherie

$$F_\alpha = \frac{1}{2s^2}\begin{pmatrix}b_1 - \beta_1\\b_2 - \beta_2\end{pmatrix}'\begin{pmatrix}S^{11} & S^{12}\\S^{21} & S^{22}\end{pmatrix}^{-1}\begin{pmatrix}b_1 - \beta_1\\b_2 - \beta_2\end{pmatrix}. \tag{1}$$

Nach der Methode der mehrfachen Vergleiche wird man das Vorgehen aus dem letzten Absatz leicht abändern; statt mit t_α rechnet man mit

$$t^* = \sqrt{F_\alpha \cdot p},$$

und erhält damit weitere Intervalle als nach (2) in 3.351, bleibt aber mit der gesamten Irrtumswahrscheinlichkeit unter dem Wert α.

3.353 Vertrauensgrenzen zu Y

Die Genauigkeit der Werte Y auf der Regression, berechnet als

$$Y = \bar{y}_. + \sum_j b_j(x_j - \bar{x}_{j.}),$$

hängt von der Genauigkeit der Regressionskoeffizienten ab. Nach den Sätzen aus 1.23 (Seite 25) berechnet man $V(Y)$ als

$$
\begin{aligned}
V(Y) &= V(\bar{y}_.) + \sum_j (x_j - \bar{x}_{j.})^2 \, V(b_j) \\
&\quad + \sum_j \sum_k (x_j - \bar{x}_{j.})(x_k - \bar{x}_{k.}) \, \mathrm{Cov}(b_j, b_k) \\
&\qquad j \neq k \\
&= \sigma^2 \left(\frac{1}{N} + \sum_j \sum_k (x_j - \bar{x}_{j.})(x_k - \bar{x}_{k.}) \cdot S^{jk} \right) = \sigma^2 g.
\end{aligned}
$$

Y ist wiederum normal verteilt und das Vertrauensintervall kann mit Hilfe der t-Verteilung bestimmt werden.

$$\left.\begin{matrix} Y_u \\ Y_o \end{matrix}\right\} = Y \mp t_\alpha \cdot s \sqrt{g}.$$

3.36 Auswahl von Regressoren

Im Anschluss an eine Regressionsaufgabe stellt sich gelegentlich die Frage, ob es sich lohnt, alle p Variablen zu messen oder zu beobachten oder ob auch $r < p$ Regressoren ausgereicht hätten. Die Antwort auf diese Frage ist von Bedeutung, wenn in weitern ähnlichen Problemen der Aufwand des Messens möglichst klein gehalten werden soll.

Ziel des Ausleseverfahrens muss es also sein, das Ergebnis y durch möglichst wenige Regressoren x_j zu beschreiben, ohne dass die Regression dabei wesentlich schlechter wird.

In den angebotenen Programmpaketen werden verschiedene Kriterien verwendet; wir gehen auf vier häufig gebrauchte Methoden ein.

In den vorherigen Entwicklungen haben wir das *Bestimmtheitsmass* $B = SQ(\text{Regression})/SQ(\text{Total})$ verwendet um damit die Regression zu charakterisieren. Erweitern wir die Regression mit r unabhängigen Variablen um eine weitere, so steigt B an und erreicht bei p Variablen das Maximum. In einem Diagramm mit der Zahl der Variablen in der Abszisse und B in der Ordinate kann jede mögliche Regression mit einem Punkt angegeben werden. Man liest leicht heraus, welche Punkte in der Nähe des Maximums B_p liegen.

Eine weitere charakteristische Grösse der Regression ist die Streuung $s_r^2 = Q_r/(N-r-1)$; mit r als Index deuten wir an, dass r Regressoren berücksichtigt werden. Die folgenden, rein qualitativen Überlegungen zeigen, wie sich die Schätzung s_r^2 für σ^2 beim Weglassen von Regressoren ändert.

i) Wir lassen $p-r$ *unwesentliche* Regressoren weg. Dann ändert sich die restliche Summe der Quadrate wenig $Q_r \approx Q_p$, aber für die Schätzung der Varianz σ^2 gilt

$$s_r^2 = \frac{Q}{N-r-1} < s_p^2 = \frac{Q}{N-p-1}.$$

Zu viele Regressoren führen zum Überschätzen der Varianz.

ii) Wir lassen $p-r$ *wesentliche* Regressoren weg. Dann wächst Q an, $Q_r > Q_p$, und für die Streuungen gilt

$$s_r^2 > s_p^2.$$

Das Minimum von s^2 wird erreicht, sobald alle unbedeutenden Regressoren weggefallen sind. Verkleinert man jetzt die Zahl der Regressoren, so steigt s^2 wieder an. Die beste Regression nach diesem Ansatz ist jene mit kleinstem s^2. Verbindet man die besten Regressionen zu $r = 1, 2, \ldots, p$ im Diagramm r gegen s^2 miteinander, so erhält man häufig als Berandung

eine Art Parabel; das Minimum lässt sich einfacher und eindeutiger herauslesen als das optimale B nach der vorher angegebenen Methode.

Ein weiteres Auslesekriterium ist die C-Grösse nach
Mallows (1973). Der Ausdruck

$$C_r = \frac{Q_r}{s_p^2} + 2(r+1) - N \tag{1}$$

hat unter der Hypothese, wonach r die richtige Zahl von Regressoren ist, den Erwartungswert $E(C_r) = r + 1 = $ Zahl der
Modellparameter. Werden unwesentliche Regressoren mitge-
führt oder wesentliche weggelassen, so ist $E(C_r) > r + 1$.

Nach diesem Vorgehen wird man wieder alle möglichen
Regressionen bestimmen und C_r im Diagramm mit r auf der
Abszisse gegen C_r auf der Ordinate eintragen. Als günstig be-
trachtet man alle Fälle mit

$$C_r < r+1, \tag{2}$$

wobei *zusätzlich* die Ungleichungen

$$2r-p+1 < C_r < 2r-p+2 \tag{3}$$

zu erfüllen sind. Für eine ausführliche Darstellung und Be-
gründung verweisen wir auf die Übersicht von *Hocking*
(1976); es sind dort weitere Kriterien und nützliche Hinweise
zu finden.

Ein anderes einleuchtendes Auslesekriterium beruht
auf der Differenz $Q_r - Q_p$; dieser Ausdruck ist gleich
$SQ(\beta_{r+1}, \beta_{r+2}, \ldots, \beta_p)$; er misst die Wirkung der Regressoren
β_{r+1} bis β_p. Falls

$$F = \frac{Q_r - Q_p}{p-r} / s_p^2, \quad n_1 = p-r, \quad n_2 = N-p-1, \tag{4}$$

nicht gesichert ist, wird man die so geprüften $p - r$ Regressoren weglassen.

Da die Werte F von n_1 abhängen, sind sie für verschiedene r nicht vergleichbar. Man trägt deshalb nicht F sondern
den zugehörigen Wert P (bzw. lnP) als Ordinate gegen r auf.

Zu günstigen Kombinationen gehören hohe Werte von P. Steht Q_r nicht zur Verfügung, so kann F auch aus den Bestimmtheitsmassen gemäss

$$F = \frac{B_p - B_r}{p - r} / [(1 - B_p)/(N - p - 1)]$$

berechnet werden.

Auf Seite 151 sind für das Beispiel 16 die Diagramme zu allen hier besprochenen Verfahren zu finden.

Sucht man die «günstigste» Kombination von Regressoren nach einem der vier Kriterien, so hat man alle möglichen Regressionen auszuführen, wobei es genügt, jeweils B zu berechnen; die übrigen Kriterien s^2, C und F bzw. P folgen daraus. Der Rechenaufwand für sämtliche Kombinationen der Regressoren wird für viele Variable sehr gross; für die in kontrollierten Versuchen gemessenen wenigen Variablen fällt die Rechenzeit mit den neuen Programmpaketen nicht ins Gewicht.

Gelegentlich wird die Auswahl in Schritten getroffen, wobei mit der wichtigsten einzelnen Variablen begonnen wird und dazu weitere Regressoren hinzugenommen werden; andere Programme gehen von allen Regressoren aus und reduzieren in Schritten. Dazu ist zu bemerken, dass etwa im aufbauenden Verfahren die im ersten Schritt als bedeutsam erkannte Variable im besten Satz von Variablen nicht mehr enthalten sein muss. Ob man zur richtigen Auslese kommt, hängt deshalb stark vom verwendeten Programm ab. Zudem ist es nicht zweckmässig nur die «beste» Lösung zu betrachten. Andere Kombinationen in der Nähe des Optimums sind möglicherweise nur unbedeutend schlechter, dafür aber weniger aufwendig oder einfacher in der Interpretation. Aus diesem Grunde ziehen wir es vor, mit Programmen zu arbeiten, die alle möglichen Regressionen untersuchen und zu jeder Zahl von Variablen die Kenngrösse der bedeutendsten Versionen herausdrucken.

149

Beispiel 21. Druckfestigkeit von Mörtelprismen (Fortsetzung von Beispiel 16, Seite 135). Wir berechnen alle möglichen Regressionen zur Druckfestigkeit der Normalmörtelprismen und stellen das Bestimmtheitsmass B, die Reststreuung s_r^2, C, F und P in einer Übersicht zusammen.

Kombination				B	s_r^2	C	F	P
1	2	3	4	0.443	13.740	5.00	0.000	1.000
1	2	3		0.437	13.602	3.46	0.465	0.498
1	2		4	0.384	14.897	8.46	5.462	0.023
1		3	4	0.366	15.340	10.17	7.169	0.010
	2	3	4	0.306	16.788	15.76	12.756	0.001
1	2			0.307	16.453	13.66	6.470	0.003
1		3		0.302	16.563	14.09	6.546	0.003
1			4	0.365	15.067	8.21	3.607	0.034
	2	3		0.148	20.219	28.46	13.731	0.000
	2		4	0.287	16.919	15.49	7.245	0.002
		3	4	0.155	20.044	27.77	13.387	0.000
1				0.254	17.374	16.54	5.848	0.002
	2			0.136	20.138	27.57	9.523	0.000
		3		0.010	23.078	39.38	13.459	0.000
			4	0.137	20.118	27.53	9.510	0.000

Alle Kriterien deuten darauf hin, dass {1 2 3} die optimale Auslese ist, denn

- B bleibt praktisch unverändert; es fällt von 0.443 auf 0.437,
- Die Reststreuung s_r^2 wird minimal,
- C liegt unter der Grenze von 4 und erfüllt als einzige Kombination auch die Ungleichung (3),
- Die Wahrscheinlichkeit P zum F-Test zeigt, dass bei 5% Irrtumswahrscheinlichkeit pro Test allein {1 2 3} nicht verworfen würde.

Statt in einer Zahlentabelle kann man die vier Masszahlen B, s^2, C und P (bzw. lnP) in einer Graphik darstellen; die Übersicht wird dadurch erleichtert.

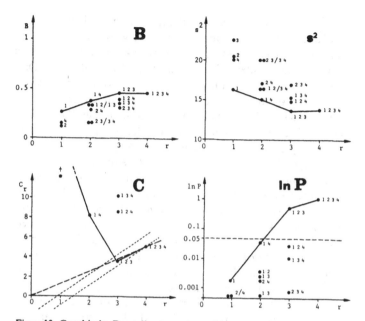

Figur 13. Graphische Darstellung zur Auswahl von Regressoren.

Figur 13 bestätigt durchwegs die aus der Tafel gewonnenen Schlüsse.

3.37 Prüfen der Voraussetzungen

In den bisherigen Ausführungen zur Regression haben wir angenommen, die Messungen seien gegenseitig unabhängig, ihre Variabilität gleich gross (Homoskedastizität) und ihre Verteilung normal.

Die *Unabhängigkeit* der Messungen hängt davon ab, wie der Versuch oder die Beobachtungen geplant werden. Oft ergeben benachbarte oder aufeinanderfolgende Messungen keine unabhängigen Resultate; dies sollte, wenn möglich, vermieden werden. Regelmässigkeiten werden sichtbar, wenn die Residuen in der Reihenfolge der Messungen aufgetragen werden; sie deuten auf Abhängigkeit hin.

151

Die *Konstanz der Variabilität* wird im Diagramm mit den Residuen als Ordinate gegen die Regressionswerte Y_i als Abszisse beurteilt. Nehmen die Schwankungen der Residuen etwa mit wachsendem Y_i zu, so steigt die Variabilität an. Dies wird uns veranlassen, mit transformierten Werten, etwa $ln(y_i)$ oder $\sqrt{y_i}$ statt mit y_i zu rechnen. Auf Anzahlen und Anteile kommen wir in 3.5 zurück. Die Zunahme in der Variabilität der Residuen kann auch mit nicht oder auf falsche Art berücksichtigten Regressoren zusammenhängen.

Zum Beurteilen der *Normalität* bedienen wir uns des Wahrscheinlichkeitsnetzes. Die Abweichungen von der geraden Linie in dieser Art der Darstellung sind sowohl auf Abweichungen von der Normalverteilung, wie auch auf ein nicht zweckmässiges oder nicht vollständiges Modell zurückzuführen. Diese letzteren Abweichungen beurteilt man in der einfachen linearen Regression im Diagramm (x_i, r_i); so findet man in Figur 12 (S. 116) ein Muster, das es nahelegt, eine quadratische Komponente hinzuzunehmen.

In der mehrfachen linearen Regression trägt man die Residuen r_i gegen Y_i oder y_i auf. Ob die Linearität in den einzelnen Regressoren x_j erfüllt ist oder nicht zeigt sich im Diagramm x_{ji} gegen r_i. Eine noch wirksamere Methode (*partielle Residuen*) beschreiben *Larsen* und *McCleary* (1972).

Beim Beurteilen der *Residuen* wird man diese zu ihrer Standardabweichung in Beziehung setzen. Im allgemeinen genügt es, von der mittleren Varianz

$$V(r_i) = \sigma^2 \frac{N-p}{N} \approx s^2 \frac{N-p}{N} \tag{1}$$

auszugehen; die durch $\sqrt{V(r_i)}$ dividierten r_i werden als normierte Residuen c_i bezeichnet, wobei

$$c_i = \frac{r_i}{s} \sqrt{\frac{N}{N-p}} = \frac{r_i}{\sqrt{Q/N}}. \tag{2}$$

Für Residuen aus Messungen, die in vielen Regressoren weit vom Durchschnitt wegliegen, genügt das Rechnen mit der mittleren Varianz nicht mehr; es gilt (2) durch

$$c_i = \frac{r_i}{s} / \sqrt{1 - p_{ii}} \tag{3}$$

zu ersetzen, wobei p_{ii} das i-te Diagonalelement der Matrix $P = X'(XX')^{-1}X$ bedeutet.

Für weitere theoretische und praktische Aspekte bei der Analyse von Residuen verweisen wir auf den entsprechenden Abschnitt bei *Seber* (1977).

3.4 Nichtlineare Regression

Die nichtlineare Regression wird in zwei wesentlich verschiedene Gruppen unterteilt. In der ersten Gruppe lässt sich die nichtlineare Regression auf die *mehrfache lineare Regression* zurückführen, was bei Problemen der zweiten Gruppe nicht möglich ist.

In 3.41 betrachten wir Regressionen, bei denen sich die Zielgrösse y als eine Funktion

$$\alpha + \beta_1 x + \beta_2 x^2 + \beta_3 x^3 + \ldots$$

darstellen lässt. Setzt man

$$x_1 = x, \quad x_2 = x^2, \quad x_3 = x^3, \ldots$$

so wird die nichtlineare Regression in einfacher Art zu einer mehrfachen linearen Regression.

In 3.42 zeigen wir, wie man mit Hilfe *orthogonaler Polynome* dieselben Probleme wie in 3.41 behandeln kann, wobei die einzelnen Potenzen der unabhängigen Variablen x nacheinander eingeführt und getrennt getestet werden können.

Im Gegensatz zu den in 3.41 und 3.42 betrachteten Problemen, behandeln wir in 3.43 die nichtlineare Regression im eigentlichen Sinne. Während sich bisher y als lineare Funktion der Parameter β_j hat darstellen lassen, gelingt dies jetzt nicht mehr. Gleichwohl kann man auch hier die Parameter nach der Methode der kleinsten Quadrate bestimmen. Dazu hat man ein System von Gleichungen in Schritten aufzulösen; der notwendige Aufwand an Rechenarbeit bietet mit einem Computer keine Schwierigkeit.

Nichtlineare Zusammenhänge treten häufig in Regressionen mit Anteilen und Anzahlen auf. Zum Lösen dieser Probleme sind spezielle Methoden anzuwenden; diese werden in 3.5 in knapper Weise angegeben, im übrigen wird dazu auf die Monographie von *Linder* und *Berchtold* (1976) verwiesen.

3.41 *Mittels Potenzen der unabhängigen Variablen*

Hängen die Messungen y_i nicht linear von den x ab, sondern spielen auch weitere Potenzen von x eine Rolle, so kann der Zusammenhang zwischen Zielgrösse und unabhängiger Variablen als

$$y_i = \alpha + \beta_1 x_i + \beta_2 x_i^2 + \cdots + \beta_p x_i^p + \varepsilon_i \qquad (1)$$

geschrieben werden. Dabei nehmen wir vorläufig an, der Grad p des Polynoms sei bekannt. Der Versuchsfehler ε_i sei, wie üblich, normal verteilt; damit vereinfacht sich das Testen von Hypothesen und das Bestimmen von Vertrauensbereichen.

Formel (1) lässt sich mit den Definitionen

$$x_{1i} = x_i, \ x_{2i} = x_i^2, \ldots, x_{pi} = x_i^p \qquad (2)$$

in das bekannte Modell für die mehrfache lineare Regression aus 3.3 überführen.

$$y_i = \alpha + \beta_1 x_{1i} + \beta_2 x_{2i} + \cdots + \beta_p x_{pi} + \varepsilon_i. \qquad (3)$$

Subtrahiert man zudem von jeder Variablen den Durchschnitt, also

$$\bar{x}_{1.} = \frac{1}{N} \sum x_i, \ \bar{x}_{2.} = \frac{1}{N} \sum x_i^2, \ldots, \bar{x}_{p.} = \frac{1}{N} \sum x_i^p, \qquad (4)$$

so erhält man die für viele Zwecke bequemere Form

$$y_i = \gamma + \beta_1 (x_{1i} - \bar{x}_{1.}) + \beta_2 (x_{2i} - \bar{x}_{2.}) + \cdots + \beta_p (x_{pi} - \bar{x}_{p.}) + \varepsilon_i. \qquad (5)$$

Zum Schätzen der Parameter β_j, sowie zum Testen von Hypothesen, werden die bekannten Methoden der mehrfachen linearen Regression verwendet.

Beispiel 22. Potentialdifferenz zwischen einer Antimon- und einer Wasserstoffelektrode in Lösungen mit verschiedener Wasserstoffionenkonzentration (*Hovorka* und *Chapman*, 1941).

Zu sieben Wasserstoffionenkonzentrationen sind je zwei Bestimmungen der Potentialdifferenz gemacht worden.

pH x_i	Potentialdifferenz in (Millivolt – 255)		
	y_{i1}	y_{i2}	$\bar{y}_{i.}$
2.2	0.38	0.34	0.360
3.0	0.12	0.12	0.120
4.2	0.09	0.10	0.095
5.0	0.01	0.00	0.005
6.0	0.61	0.41	0.510
6.8	0.91	0.74	0.825
8.0	1.71	1.72	1.715

Trägt man die Werte in ein Koordinatensystem ein, wie dies in Figur 14 geschieht, so erkennt man, dass der Verlauf der Potentialdifferenz nicht linear in x sein kann, dass aber eine Kurve zweiten Grades die Punkte im untersuchten pH-Bereich gut beschreibt. Aufgrund dieses Eindrucks gehen wir vom Modell

$$\alpha + \beta_1 x_i + \beta_2 x_i^2,$$

beziehungsweise von

$$\Gamma_i = \bar{y}_{..} + \beta_1(x_{1i} - \bar{x}_{1.}) + \beta_2(x_{2i} - \bar{x}_{2.})^2$$

mit $\bar{x}_{2.} = \frac{1}{N} \sum x_i^2$ aus.

Zum Bestimmen der Regressionskoeffizienten $b_1 = \hat{\beta}_1$ und $b_2 = \hat{\beta}_2$ genügt es, mit der Summe der Doppelbestimmungen zu rechnen. Die Einzelwerte benötigen wir später beim Versuchsfehler.

Nach den Ausführungen in 3.3 berechnen wir die folgenden Durchschnitte, Summen von Quadraten und Produkten ($N = 7$):

$$\bar{x}_{1.} = \frac{1}{N} \sum x_i = 5.028\,571$$

$$\bar{x}_{2.} = \frac{1}{N}\sum x_i^2 = 28.960000$$

$$\bar{y}_{..} = \frac{1}{N}\sum \bar{y}_{i.} = 0.518571$$

$$S_{11} = 2\sum_{i=1}^{N}(x_{1i}-\bar{x}_1)^2 = 51.428571$$

$$S_{12} = 2\sum_{i=1}^{N}(x_{1i}-\bar{x}_1)(x_{2i}-\bar{x}_2.) = 519.552174 \left.\vphantom{\begin{array}{c}1\\2\\3\end{array}}\right\} \quad S = \begin{pmatrix} S_{11}S_{12} \\ S_{12}S_{22} \end{pmatrix}$$

$$S_{22} = 2\sum_{i=1}^{N}(x_{2i}-\bar{x}_2.)^2 = 5399.923200$$

$$S_{1y} = 2\sum_{i}(x_{1i}-\bar{x}_1)(\bar{y}_{i.}-\bar{y}_{..}) = 11.424605$$

$$S_{2y} = 2\sum_{i}(x_{2i}-\bar{x}_2.)(\bar{y}_{i.}-\bar{y}_{..}) = 131.5328 \left.\vphantom{\begin{array}{c}1\\2\end{array}}\right\} \quad \vec{S}_y = \begin{pmatrix} S_{y1} \\ S_{y2} \end{pmatrix}$$

Der Faktor 2 berücksichtigt die Doppelbestimmungen bei gleichem pH-Wert.

Für die Regressionskoeffizienten b_1 und b_2 findet man

$$b_1 = -0.854716, \quad b_2 = 0.106596$$

und damit für die Regressionsgleichung als Beziehung zwischen Potential und pH-Wert

$$Y = 255.518 - 0.854716\,(x-5.028571)$$
$$+ 0.106595\,(x^2 - 28.96)$$

oder

$$Y = 256.729605 - 0.854716x + 0.106595x^2,$$

wobei wir die in der Zusammenstellung der Daten weggelassenen 255 mV wieder dazugezählt haben. Mess- und Modellwerte sind in nachstehender Übersicht zusammengestellt.

pH x_i	Messwert $\bar{y}_{i.}+255$	Regressions-wert Y_i+255	Abweichungen $\bar{y}_{i.}-Y_i$
2.2	255.360	255.365	-0.005
3.0	255.120	255.125	-0.005
4.2	255.095	255.020	$+0.075$
5.0	255.005	255.121	-0.116
6.0	255.510	255.439	$+0.071$
6.8	255.825	255.846	-0.021
8.0	256.715	256.714	$+0.001$

156

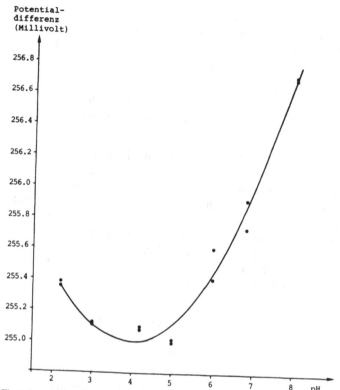

Figur 14. Abhängigkeit der Potentialdifferenz von der Wasserstoffionenkonzentration.

In Figur 14 sind die beobachteten Werte, sowie die Regressionslinie eingezeichnet; die gute Übereinstimmung ist deutlich sichtbar, doch wollen wir diesen Eindruck zusätzlich durch die entsprechende Varianzanalyse bestätigen.

Die Doppelbestimmungen ermöglichen eine Schätzung der Streuung unabhängig von der Wahl der Ausgleichsfunktion.

$$SQ(\text{Rest}) = SQ(\text{Innerhalb } pH\text{-Stufen})$$
$$= \sum_i (y_{i1} - \bar{y}_{i.})^2 + \sum_i (y_{i2} - \bar{y}_{i.})^2$$
$$= \frac{1}{2} \sum_i (y_{i1} - y_{i2})^2 = 0.035400.$$

Dazu gehören 7 Freiheitsgrade, je einer aus jeder pH-Stufe. Als weiterer Teil der Varianzanalyse haben wir in S_{yy} bereits die gesamte Summe der Quadrate bestimmt; also folgt wie in der einfachen Varianzanalyse

$$
\begin{aligned}
SQ(\text{Zwischen } pH\text{-Stufen}) &= S_{yy} - SQ(\text{Rest}) \\
&= SQ(\text{Total}) - SQ(\text{Rest}) \\
&= 4.340571 - 0.035400 = 4.305171
\end{aligned}
$$

mit $13 - 7 = 6$ Freiheitsgraden.

Diese letzte Quadratsumme wird weiter zerlegt in die Teile «Regression» und «Abweichung von der Regression»; die erste dient zum Prüfen der Steigungen β_1 und β_2. Der zweite Teil berechnet sich aus den Differenzen zwischen Doppelbestimmung und Regressionswert; er stellt also jene Summe der Quadrate dar, die durch die quadratische Funktion nicht erklärt wird; man spricht deshalb auch von «Nichtanpassung» oder englisch «lack of fit». Nach den Ausführungen bei der Regression mit zwei Variablen gilt

$$
\begin{aligned}
SQ(\text{Regression}) &= b_1 S_{1y} + b_2 S_{2y} \\
&= (-0.854716)(11.424605) \\
&\qquad + (0.106595)(131.5328) \\
&= 4.255976.
\end{aligned}
$$

Damit ergibt sich die nachstehende Varianzanalyse.

Streuung	Freiheits-grad	Summe der Quadrate	Durchschnitts-quadrat
Regression (β_1, β_2)	2	4.255946	2.127973
Abweichung der Durchschnitte von der Regression	4	0.049125	0.012306
Zwischen pH-Stufen	6	4.305171	...
Innerhalb pH-Stufen	7	0.035400	$s^2 = 0.005057$
Total	13	4.340571	...

Um zu prüfen, ob der gewählte quadratische Ansatz mit den Daten gut verträglich sei, vergleichen wir die Durchschnittsquadrate «Abweichung der Durchschnitte von der Regression» und «Innerhalb pH-Stufen» miteinander.

$$F = \frac{0.012306}{0.005057} = 2.434.$$

Der Tafel von F entnehmen wir zu $n_1 = 4$ und $n_2 = 7$ ein $F_{0.05}$ von 4.12; man darf also annehmen, die berechnete Regressionslinie sei mit den beobachteten Werten gut verträglich.

Man verwendet den F-Test ebenfalls um zu prüfen, ob die Regressionskoeffizienten β_1 und β_2 gemeinsam von Bedeutung sind. Der Quotient

$$F = \frac{2.127973}{0.005057} = 420.798$$

liegt deutlich über $F_{0.01} = 9.55$ bei $n_1 = 2$ und $n_2 = 7$.

Die Regressionskoeffizienten lassen sich auch einzeln prüfen, wozu wir die Elemente der zu S inversen Matrix S^{-1} heranziehen

$$S^{-1} = (S^{jk}) = \begin{pmatrix} 0.694416 & -0.066813 \\ -0.066813 & 0.006614 \end{pmatrix}$$

$SQ(\beta_1) = b_1^2/S^{11} = 1.052020,$ $F = SQ(\beta_1)/s^2 = 208.0;$
$SQ(\beta_2) = b_2^2/S^{22} = 1.717946,$ $F = SQ(\beta_2)/s^2 = 339.7.$

Die beiden Potenzen des Polynoms sind einzeln gut gesichert. Die Korrelation zwischen b_1 und b_2, berechnet mit Hilfe der Elemente von S^{-1},

$$r = \frac{-0.066813}{\sqrt{(0.694416)(0.006614)}} = -0.986$$

ist sehr hoch und zeigt, dass die Regressoren stark korreliert sind. Die beiden obigen Tests gestatten es deshalb nicht, die Koeffizienten b_1 und b_2 unabhängig voneinander zu prüfen; so kann es etwa sein, dass die lineare Komponente in $\alpha + \beta_1 x$ gesichert ist, in $\alpha + \beta_1 x + \beta_2 x^2$ jedoch nicht mehr, was die Auswahl der richtigen Potenzen erschwert. Wir zeigen im nächsten Abschnitt, wie man mit Hilfe der *orthogonalen Polynome* jede Potenz separat prüfen kann.

Wir sind davon ausgegangen, dass ein linearer Zusammenhang zwischen pH-Wert und Potentialdifferenz nicht gegeben ist und haben aufgrund der graphischen Darstellung ein Polynom zweiten Grades gewählt. Diese doch etwas willkürliche Annahme wollen wir hintendrein bestätigen, indem wir von einem Polynom dritten Grades ausgehen und das zweckmässigste Modell mit Hilfe des Masses C_p suchen.

Kombination:	x x^2 x^3	$-$ x^2 x^3	x $-$ x^3	$-$ $-$ x^3	x x^2 $-$	$-$ x^2 $-$	x $-$ $-$
C_p	4	6.3	3.6	70.0	2.0	124.4	203.2

Die einzige zulässige Kombination mit C_p tiefer als $(p+1)$ ist jene mit x und x^2, also mit einem Polynom zweiten Grades.

Um das Minimum (oder Maximum) der Regressionslinie zu bestimmen, hat man die Gleichung $Y = \hat{\alpha} + \hat{\beta}_1 x + \hat{\beta}_2 x^2$ nach x abzuleiten; Nullsetzen und Auflösen gibt den gesuchten Punkt. Man findet im Beispiel

$$-0.854716 + 2(0.106596)x = 0$$

und daraus für das Minimum

$$x = 0.854716/0.213190 = 4.009.$$

Die Vertrauensgrenzen dieses Punktes lassen sich nach dem Verfahren von *Fieller* ermitteln (siehe z.B. *Linder* 1954).

3.42 *Mittels orthogonaler Polynome*

Orthogonale Polynome sind vor allem dann zweckmässig, wenn es gilt, den zur Beschreibung der Daten erforderlichen Grad des Polynoms zu finden. Geht es nur darum, an die Daten eine Kurve p-ten Grades anzupassen, dann genügen die in 3.41 beschriebenen Methoden.

Im Beispiel 22 konnten wir den Versuchsfehler s^2 unabhängig vom Grade des Polynoms bestimmen, weil zu jedem Wert von x mehrere (zwei!) Werte von y beobachtet worden sind. Die Varianz von β_1 beispielsweise hängt jedoch wesentlich davon ab, ob die Regression als

$$\alpha + \beta_1 x + \beta_2 x^2$$

oder als

$$\alpha + \beta_1 x + \beta_2 x^2 + \beta_3 x^3$$

angesetzt wird.

Beim Übergang zu orthogonalen Polynomen kann man diesen Nachteil vermeiden. In der Tat kann dann jedes der b_1, $b_2, \ldots, b_p$ gesondert geprüft werden, unabhängig davon, welchen Grad p man wählt. Anders gesagt, sind die b_1, b_2, $\ldots$, b_p nicht miteinander korreliert; wenn die ε_i als normal verteilt gelten können, sind die b_j sogar gegenseitig unabhängig.

Für den Übergang zu orthogonalen Polynomen sprechen auch rechnerische Vorteile. So sind im Beispiel 22 b_1 und b_2 hoch korreliert, die Matrix S demzufolge fast singulär, und beim Invertieren können leicht Fehler entstehen.

Bei orthogonalen Polynomen verlegt man den Rechenaufwand auf das Bestimmen von Grössen ξ_{ji}, welche aus den x_{ji} ermittelt werden; die daran anschliessenden Berechnungen sind dann recht einfach.

Wir beschränken uns vorerst auf den allereinfachsten Fall: Alle Messungen der unabhängigen Variablen erfolgen in gleichen Abständen und an jedem Messpunkt werden gleich viele Einzelmessungen durchgeführt. In andern Fällen kann man ebenfalls orthogonale Polynome bestimmen, der dazu nötige Aufwand ist jedoch wesentlich grösser; wir gehen darauf in 5.24 ein.

Bei gleichen Abständen zwischen den x_i können wir ohne Einschränkung anstelle der $x_1, x_2, \ldots, x_N$ die ganzen Zahlen $1, 2, \ldots, N$ verwenden. Die mit x_i, x_i^2 usw. berechnete Matrix S der Summen von Quadraten und Produkten ist, wie wir gesehen haben, nicht diagonal. Hätten wir neue Grössen ξ_{1i}, ξ_{2i}, $\ldots$, ξ_{pi} so, dass jeweils

$$\sum_i \xi_{ji}\xi_{ki} = 0, \quad j \neq k,$$

dann würde S diagonal und ohne jede Mühe invertierbar. Da

161

zudem $1/S^{jj}$ bis auf σ^2 die Varianz des j-ten Regressionskoeffizienten bedeutet, wäre

$$b_j^2 S^{jj}$$

die Summe der Quadrate zu β_j; wegen $S^{jk} = 0$ für $j \neq k$, wären die b_j nicht korreliert und SQ(Regression) könnte als

$$SQ(\text{Regression}) = \sum_{j=1}^{p} b_j^2 S^{jj}$$

additiv ermittelt werden.

Für die ersten 3 Potenzen geben wir die Formeln an, nach denen jedes $x_i = i$ in neue Grössen ζ zu transformieren ist.

$$\begin{aligned}
\zeta_{1i} &= x_i - \bar{x} \\
\zeta_{2i} &= (x_i - \bar{x})^2 - (N^2 - 1)/12 \\
\zeta_{3i} &= (x_i - \bar{x})^3 - 3(N^2 - 7)(x_i - \bar{x})/20
\end{aligned} \tag{1}$$

Wir überzeugen uns, dass die geforderten Beziehungen erfüllt sind. Da alle ζ_{ji} zum Polynom 0-ten Grades, einer Konstanten, orthogonal sein müssen, gilt

$$\sum_i \zeta_{1i} = 0, \quad \sum_i \zeta_{2i} = 0, \quad \sum_i \zeta_{3i} = 0 \tag{2}$$

für $x_i = i$, $i = 1, \ldots, N$.

Damit die Summen der Produkte null werden, also die mit den Kovarianzen verknüpften Terme verschwinden, ist weiter zu verlangen:

$$\sum_i \zeta_{1i}\zeta_{2i} = 0, \quad \sum_i \zeta_{1i}\zeta_{3i} = 0, \quad \sum_i \zeta_{2i}\zeta_{3i} = 0. \tag{3}$$

Durch Einsetzen und Summieren weist man nach, dass die Formeln (1) alle Beziehungen erfüllen.

Als Beispiel wählen wir $N = 4$; dann gilt $\bar{x} = (N + 1)/2 = 2.5$ und für die ζ_{ji} findet man

	$x_1 = 1$	$x_2 = 2$	$x_3 = 3$	$x_4 = 4$
$\zeta_{1i} = (x_i - \bar{x})$	$-3/2$	$-1/2$	$+1/2$	$+3/2$
$\zeta_{2i} = (x_i - \bar{x})^2 - 5/4$	$+1$	-1	-1	$+1$
$\zeta_{3i} = (x_i - \bar{x})^3 - 41(x_i - \bar{x})/20$	$-3/10$	$+9/10$	$-9/10$	$-3/10$

Hier sieht man ohne Mühe ein, dass die Beziehungen (3) erfüllt sind. Für die erste Summe aus (3) erhält man

$$\sum_{i=1}^{4} \xi_{1i}\xi_{2i} = (-\frac{3}{2})(+1) + (-\frac{1}{2})(-1) + (+\frac{1}{2})(-1)$$
$$+ (+\frac{3}{2})(+1) = 0.$$

Zieht man es vor, mit ganzen Zahlen zu rechnen, so geht man von ξ_{ji} mittels eines Multiplikators λ_j zu ganzzahligen Werten $\xi'_{ji} = \lambda_j \xi_{ji}$ über; im vorher verwendeten Zahlenbeispiel leisten dies

$$\lambda_1 = 2, \quad \lambda_2 = 1 \quad \text{und} \quad \lambda_3 = 10.$$

Die Wahl der λ's wirkt sich auf die Schätzungen b_1 bis b_p aus, sie hat jedoch keinen Einfluss auf die Testgrössen. Rechnen wir jetzt mit den bequemeren ξ'_{ji}-Werten so gilt:

$$b_0 = \frac{1}{N}\sum_i y_i = \bar{y}, \tag{4a}$$

$$b_1 = (\sum_i \xi'_{1i}y_i)/[\sum_i (\xi'_{1i})^2], \tag{4b}$$

$$b_2 = (\sum_i \xi'_{2i}y_i)/[\sum_i (\xi'_{2i})^2], \tag{4c}$$

$$b_3 = (\sum_i \xi'_{3i}y_i)/[\sum_i (\xi'_{3i})^2]. \tag{4d}$$

Für die Summe der Quadrate findet man

$$SQ(\beta_j) = b_j^2 \cdot [\sum_i (\xi'_{ji})^2] = [\sum_i \xi'_{ji}y_i]^2/[\sum_i (\xi'_{ji})^2]. \tag{5}$$

In Tafel V sind für $N = 3$ bis 15 und jeweils bis maximal zur 5. Potenz die Grössen ξ'_{ji} und $\sum_i (\xi'_{ji})^2$ zusammengestellt (Der Apostroph wird weggelassen). *Fisher* und *Yates* (1963) geben eine Tafel mit Angaben bis zu $N = 75$. Einen Ausschnitt für $N = 3$, 4 und 5 findet man anschliessend.

	N = 3		N = 4			N = 5			
	ξ_{1i}	ξ_{2i}	ξ_{1i}	ξ_{2i}	ξ_{3i}	ξ_{1i}	ξ_{2i}	ξ_{3i}	ξ_{4i}
$x_1 = 1$	-1	$+1$	-3	$+1$	-1	-2	$+2$	-1	$+1$
$x_2 = 2$	0	-2	-1	-1	$+3$	-1	-1	$+2$	-4
$x_3 = 3$	$+1$	$+1$	$+1$	-1	-3	0	-2	0	$+6$
$x_4 = 4$	...	...	$+3$	$+1$	$+1$	$+1$	-1	-2	-4
$x_5 = 5$	...	...	...	...	...	$+2$	$+2$	$+1$	$+1$
$\sum_i (\xi_{ji})^2$	2	6	20	4	20	10	14	10	70

Dieselben Zahlen verwendeten wir auch in der Varianzanalyse beim Aufteilen nach linearem, quadratischem und kubischem Trend. Das Vorgehen ist mit dem hier geschilderten identisch.

Beispiel 23. Einfluss der Temperatur beim Härten auf die Dichte eines Glases (*Bennett* und *Franklin,* 1954).

Die Dichte des Glases ist zwischen 450° und 750° Celsius jeweils in Abständen von 25° bestimmt worden. Um mit ganzzahligen Werten arbeiten zu können, führen wir folgende Transformationen durch:

$$x_i = (\text{Temperatur} - 600)/25;$$
$$y_i = \text{Dichte} \, (-2.235) \cdot 10^5.$$

Die bei den Berechnungen benötigten Werte, sowie die Resultate Y_i sind in der folgenden Übersicht zusammengestellt.

Temperatur	x_i	y_i	Y_i
450	-6	144	137.0
475	-5	34	47.3
500	-4	16	15.1
525	-3	74	30.2
550	-2	13	82.5
575	-1	174	161.5
600	0	248	257.2
625	$+1$	402	359.1
650	$+2$	485	457.1
675	$+3$	505	540.9
700	$+4$	585	600.3
725	$+5$	620	625.0
750	$+6$	618	604.8

Der Verlauf der Dichte ist offensichtlich nicht linear; wir passen ein Polynom 3. Grades an, haben also zu $N = 13$ die Grössen ξ_{ji} nach den Formeln (1) zu bestimmen, bzw. Tafel V zu entnehmen.

$$
\begin{array}{llll}
S_{11} = 182 & S_{y1} = 10515 & b_1 = 57.7747 \\
S_{22} = 2002 & S_{y2} = 6325 & b_2 = 3.1593 \\
S_{33} = 572 & S_{y3} = -5864 & b_3 = -10.2517 \\
S_{yy} = SQ(\text{Total}) = 699151.1
\end{array}
$$

Die übrigen S_{jk}-Grössen sind alle gleich null; die Summen der Quadrate zu den Regressoren folgen nach

$$SQ(\beta_j) = S_{yj}^2/S_{jj};$$

man findet damit die folgende Varianzanalyse:

Streuung	Freiheits- grad	Summe der Quadrate	Durchschnitts- quadrat	F
β_1: lineare Komponente	1	607501.2	607501.2	473.3
β_2: quadratische Komponente	1	19982.8	19982.8	15.6
β_3: kubische Komponente	1	60116.3	60116.3	46.8
Regression	3	687600.3	229200.1	178.6
Rest	9	11550.8	$s^2 = 1283.4$	...
Total	12	699151.1	...	...

Der Tafelwert von F bei $\alpha = 0.05$ beträgt 5.12; alle drei Komponenten sind sehr deutlich gesichert. Die Messungen und die nach

$$Y_i = \bar{y}. + b_1\xi_{1i} + b_2\xi_{2i} + b_3\xi_{3i}$$

berechneten Modellwerte sind in Figur 15 eingetragen; es ist auch aus der Figur klar ersichtlich, dass eine Kurve 2. Grades nicht genügt hätte.

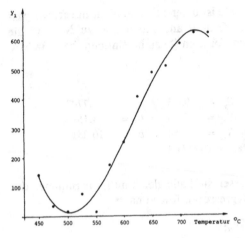

Figur 15. Messwerte und Regressionslinie.

3.43 *Nichtlineare Regression im engeren Sinn*

Von nichtlinearer Regression im engeren Sinn sprechen wir, wenn sich die Beobachtungen nicht linear in den Parametern ausdrücken lassen. Ansätze wie

$$y \approx \Gamma = \alpha \cdot e^{\beta x} \tag{1}$$

werden beim Übergang zum Logarithmus wieder linear in $ln(\alpha)$ und β. Man nimmt dann allerdings an, dass die Abweichungen von der Regression für $ln\ y$ und nicht für y normal verteilt sind.

In vielen biologischen und technischen Problemen zeigen sich obere und untere Grenzen für die Messwerte. So können Düngergaben zwar den Ertrag steigern, aber nicht beliebig; man gelangt asymptotisch zu einer oberen Grenze. *Stevens* (1951) beschreibt ausführlich das Schätzen von Parametern im Modell.

$$y \approx \Gamma = \beta_0 + \beta_1 \cdot e^{\beta_2 x}, \tag{2}$$

das er als *asymptotische Regression* bezeichnet. Bei *Stevens* sind für einfache Fälle auch Tafeln zu finden, doch hat der Fortschritt im automatischen Rechnen diese Hilfsmittel weitgehend überflüssig gemacht.

Nichtlineare Probleme treten ebenfalls mit Anzahlen und Anteilen auf. Im letzteren Falle ist der Wertebereich auf 0 bis 1 eingeengt und man nähert sich den Grenzen üblicherweise nur asymptotisch. Da sich zusätzlich auch die Messgenauigkeit verändert, stellen sich beim Auswerten weitere Probleme. Wir gehen darauf in 3.5 kurz ein, verweisen aber auf die ausführliche Monographie von *Linder* und *Berchtold* (1976).

Wir nehmen an, der Verlauf der Kurve werde durch (2) beschrieben, alle Messungen seien gleich genau und die ε gegenseitig unabhängig. Dann geht man wieder von der *Methode der kleinsten Quadrate* aus und bezeichnet als beste Parameter jene, die

$$\sum_i (y_i - \Gamma_i)^2, \tag{3}$$

$$\Gamma = \text{Funktion der Parameter } \beta_0, \beta_1, \beta_2, \tag{4}$$

zum Minimum machen. Nach dem Vorbild aus der linearen Regression leitet man nach den Parametern ab, setzt die Gleichungen null und löst sie nach den Parametern auf. Die Gleichungen sind nicht mehr linear wie früher und müssen für jede spezielle Funktion Γ neu gesucht werden. Das Auflösen des Gleichungssystems gelingt nur in Schritten (iterativ), wobei man mit günstig gewählten Anfangswerten zu beginnen hat. Wir dürfen davon ausgehen, dass für diese Aufgabe Computerprogramme zur Verfügung stehen und verzichten deshalb darauf, den Lösungsvorgang ausführlich zu beschreiben.

Zum Beurteilen der Regression wenden wir die Varianzanalyse an. Wie üblich folgt aus

$$SQ(\text{Rest}) = \sum_i (y_i - Y_i)^2 = \sum_i r_i^2, \tag{5}$$

$$\text{mit } Y_i = b_0 + b_1 \cdot e^{b_2 x_i},$$

nach Division durch die Zahl der Parameter ($p = 3$) eine Schätzung für den Versuchsfehler.

$$s^2 = SQ(\text{Rest})/(N - p). \tag{6}$$

$SQ(\text{Total}) = \sum (y_i - \bar{y})^2$ ist jene Summe der Quadrate, die man erhält, wenn man alle Regressionswerte als gleich betrachtet (Γ_i = konstant); die Differenz

$$SQ(\text{Total}) - SQ(\text{Rest})$$

misst die Bedeutung des Regressionsansatzes.

Will man einzelne Parameter prüfen, oder dazu Vertrauensgrenzen angeben, so geht man von der inversen Informationsmatrix aus und nimmt an, es gelte – näherungsweise wenigstens – für die ε die Normalverteilung.

Wir zeigen jetzt an einem Beispiel wie vorzugehen ist.

Beispiel 24. Weizenertrag bei verschiedenen Kalkgaben (*Stevens,* 1951).

In einem lateinischen Quadrat mit 5 Zeilen und Spalten hat man den Einfluss von 5 Dosierungen von Kalk auf den Ertrag einer Weizensorte geprüft. Die Abstufungen betragen 0, 2, 4, 6 und 8 Tonnen je Hektare. Man wird also vorerst die übliche Auswertung des lateinischen Quadrates, wie sie etwa bei *Linder* (1969) beschrieben worden ist, durchführen und dabei die 5 Dosierungen als 5 Behandlungen ansehen. Aus dieser Analyse folgt

$$SQ(\text{Rest}) = 12.640.$$

Sodann gilt es, die Erträge der 5 Stufen mit dem Regressionsmodell

$$\Gamma = \beta_0 + \beta_1 e^{\beta_2 x} \tag{7}$$

zu untersuchen. Die Totale aus je 5 Parzellen lauten:

Dosierung (kg/ha)	0	2	4	6	8
Ertrag (Summe)	44.4	54.6	63.8	65.7	68.9

In Figur 16 sind die Erträge, sowie die nach (7) berechnete Kurve eingetragen. Daraus lässt sich ein ungefährer Wert für β_0 herauslesen; β_0 wird für sehr grosse Gaben asymptotisch erreicht. Man wird also als Anfangswert $\beta_0 \approx 70$ verwenden.

Für β_1 und β_2 erhält man Anfangswerte mit den folgenden Umformungen:

$$y_1 - y_3 = \beta_1(1 - e^{4\beta_2})$$

$$y_2 - y_4 = \beta_1(e^{2\beta_2} - e^{6\beta_2}) = \beta_1 e^{2\beta_2}(1 - e^{4\beta_2}).$$

Daraus folgt

$$\frac{y_1 - y_3}{y_2 - y_4} = e^{-2\beta_2} \quad \text{oder} \quad \tilde{\beta}_2 = \frac{1}{2} \ln \frac{y_2 - y_4}{y_1 - y_3}.$$

Für das obige Beispiel gilt

$$\tilde{\beta}_2 = \frac{1}{2} \ln \frac{54.6 - 65.7}{44.4 - 63.8} = -0.28.$$

Damit findet man für β_1:

$$\tilde{\beta}_1 = \frac{y_1 - y_3}{1 - e^{4\beta_2}} = -28.80.$$

Ausgehend von diesen Startwerten verbessert man die Schätzwerte so lange, bis man

$$\text{Min} \sum_i (y_i - Y_i)^2$$

erhält.

$$b_0 = 72.433, \quad b_1 = -28.252, \quad b_2 = -0.258.$$

Die Regressionsfunktion wird damit

$$Y = 72.433 - 28.252 \cdot e^{-0.258x}.$$

Mess- und Regressionswerte, sowie die Residuen sind in der folgenden Übersicht zusammengestellt.

Dosierung x_i	Ertrag y_i	Regressionswert Y_i	Residuen $r_i = y_i - Y_i$
0	44.4	44.18	+0.22
2	54.6	55.57	−0.97
4	63.8	62.37	+1.43
6	65.7	66.43	−0.73
8	68.9	68.85	+0.05

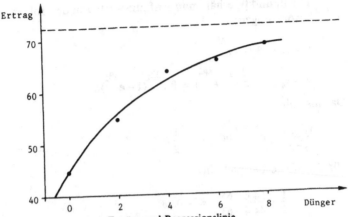

Figur 16. Gemessene Erträge und Regressionslinie.

Zum Beurteilen der Regression berechnen wir die Summen der Quadrate für die Dosierungen

$$SQ(\text{Dosierungen}) = \frac{1}{5}[44.4^2 + 54.6^2 + \ldots + 68.9^2$$
$$- (297.4)^2/5] = 79.462$$

und nach Formel (5)

$$SQ(\text{Rest}) = \frac{1}{5}\sum r_i^2 = 0.714,$$

was hier aber als Abweichung der Totale von der Regressionslinie zu interpretieren ist. $SQ(\text{Regression})$ folgt als Differenz.

Die für uns wichtigen Teile der Varianzanalyse stellen wir in der bekannten Art zusammen.

Streuung	Freiheits-grad	Summe der Quadrate	Durchschnitts-quadrat
Regression	2	78.748	39.374
Abweichung von der Regression	2	0.714	0.357
Zwischen Dosierungen	4	79.462	...
Rest	12	12.640	$s^2 = 1.053$

Die Testgrösse

$$F = 39.374/1.053 = 37.38$$

übersteigt $F_{0.05} = 3.88$ bei $n_1 = 2$ und $n_2 = 12$ sehr deutlich; die Regressionsparameter in ihrer Gesamtheit sind gesichert. Es zeigen sich keine Abweichungen vom gewählten Modell, denn

$$F = 0.357/1.053 = 0.34$$

liegt weit unterhalb des entsprechenden Tafelwertes zu $\alpha = 0.05$. Daraus schliessen wir, dass der gewählte Ansatz – die asymptotische Regression – eine gute Beschreibung der Daten liefert; es folgt aber keinesfalls, dass dieses Modell das allein richtige ist. Man darf annehmen, dass auch ein Polynom im selben Bereich die Daten gut beschrieben hätte. Die Unterschiede zwischen den Modellen zeigen sich erst dann deutlich, wenn über den beobachteten Bereich hinaus extrapoliert wird. Massgebend für die Wahl des Modelles sollte aber vor allem die Einsicht in biologische oder technische Sachverhalte sein.

Die asymptotische Regression ist nur ein Spezialfall der nichtlinearen Regression. Gelegentlich führen Vorstellungen über den Ablauf des Geschehens zum Typ der Regressionskurve; wir zeigen dies an einfachen Beispielen und verweisen im übrigen auf *Batschelet* (1973).

Geht man auf der x-Achse um $\triangle x$ weiter, so verändert sich y und $\triangle y$. Ist diese Veränderung proportional zu y, also

$$\frac{\triangle y}{\triangle x} \sim y, \tag{8}$$

so erhalten wir beim Grenzübergang $\triangle x$ gegen null die Differentialgleichung

$$\frac{dy}{dx} = cy \tag{9}$$

mit der Lösung

$$y = \beta_1 \cdot e^{\beta_2 x}. \tag{10}$$

171

Der Zusammenhang zwischen x und y ist also eine Exponentialfunktion. Steigt die Variabilität mit y an, so ist es gerechtfertigt, Gleichung (10) zu logarithmieren (logarithmische Transformation) und mit $(x_i, \ln y_i)$ lineare Regression zu betreiben.

Ist die Veränderung $\triangle y$ proportional zu $K - y$, also zur Differenz zwischen einer Konstanten und y,

$$\frac{\triangle y}{\triangle x} \sim (K - y), \tag{11}$$

so erhält man als Regressionsmodell

$$y = \beta_0 - \beta_1 \cdot e^{\beta_2 x}; \tag{12}$$

dies ist genau der Ansatz von *Stevens*. (11) heisst auch Gleichung der *chemischen Reaktion erster Ordnung*.

Bei Wachstumsproblemen sind die zulässigen Werte sowohl nach unten wie nach oben beschränkt und die Veränderungen werden um so kleiner, je stärker man sich diesen Grenzen nähert. Nimmt man die Veränderung als proportional sowohl zu y wie zu $(K - y)$ an, so erhält man den Ansatz

$$\frac{\triangle y}{\triangle x} \sim y(K - y) \tag{13}$$

mit der Lösung

$$y = \frac{\beta_0}{1 + \beta_1 \cdot e^{\beta_2 x}}. \tag{14}$$

Dies ist die *logistische* Wachstumsfunktion.

Sind keine grundlegenden Mechanismen bekannt und geht es allein darum, an die Punkte eine Kurve anzupassen, dann wird man sich auf Polynome beschränken und die einfacheren Methoden der linearen Regression verwenden.

3.5 Spezialfälle

3.51 Periodische Regression

Ändert sich die Zielgrösse *periodisch*, etwa im Verlauf eines Tages oder einer Woche, so erweist es sich gelegentlich als zweckmässig, den Verlauf mit Hilfe einer Sinus- oder Cosinusfunktion zu beschreiben.

$$y_i = \alpha + \beta \sin(\frac{2\pi}{T} t_i + \delta) + \varepsilon_i. \tag{1}$$

Dabei ist T die Länge der Periode und δ die Phasenverschiebung; mit der Abkürzung $\omega = 2\pi/T$ und den trigonometrischen Theoremen entsteht die zu (1) gleichwertige Form

$$y_i = \Gamma_i + \varepsilon_i = \alpha + \beta_1 \cos(\omega t_i) + \beta_2 \sin(\omega t_i) + \varepsilon_i. \tag{2}$$

In (2) stehen zwei Winkelfunktionen, dafür haben wir die Phasenverschiebung vermieden. In dieser Form ist leicht zu sehen, dass man mit $x_{1i} = \cos(\omega t_i)$ und $x_{2i} = \sin(\omega t_i)$ wieder zur mehrfachen linearen Regression gelangt. Von den ε_i verlangen wir wie üblich Unabhängigkeit, Homoskedastizität und Normalität; die Parameter folgen nach der Methode der kleinsten Quadrate durch Ableiten und Nullsetzen von

$$f = \sum_i (y_i - \Gamma_i)^2. \tag{3}$$

Wir behandeln hier nur den einfachen Fall, dass in *gleichen Abständen* über eine *ganze Periode* beobachtet worden ist. Kompliziertere Fälle, bei denen auch höhere Frequenzen, also $\cos(2\omega t)$ usw., zu berücksichtigen sind, hat *Bliss* (1970) besprochen.

Leiten wir (3) nach α ab, so folgt:

$$\frac{\partial f}{\partial \alpha} = -2 \sum_i [y_i - \alpha - \beta_1 \cos(\omega t_i) - \beta_2 \sin(\omega t_i)]. \tag{4}$$

Nach Voraussetzung wird über eine ganze Periode gemessen; (4) lässt sich in diesem Falle wegen

$$\sum_i \cos(\omega t_i) = \sum_i \sin(\omega t_i) = 0$$

stark vereinfachen

$$\hat{\alpha} = a = \bar{y}. \tag{5}$$

173

Man findet weiter:

$$b_1 = \hat{\beta}_1 = \frac{\sum_i (y_i - \bar{y}) \cdot cos(\omega t_i)}{\sum cos^2(\omega t_i)} = S_{y1}/S_{11};$$ (6a)

$$b_2 = \hat{\beta}_2 = \frac{\sum_i (y_i - \bar{y}) \cdot sin(\omega t_i)}{\sum sin^2(\omega t_i)} = S_{y2}/S_{22}.$$ (6b)

Aus der Trigonometrie folgt zudem

$$S_{12} = \sum_i cos(\omega t_i) \cdot sin(\omega t_i) = 0$$ (7)

und

$$\sum_i cos^2(\omega t_i) = \sum_i sin^2(\omega t_i) = T/2,$$ (8)

womit die Summe der Quadrate für die Regression als

$$SQ(\text{Regression}) = (b_1^2 + b_2^2) \cdot T/2$$ (9)

mit zwei Freiheitsgraden berechnet werden kann.

Beispiel 25. Monatliche Niederschlagsmengen in mm von Bever (Graubünden) in den Jahren 1919 bis 1948.
Die Niederschlagsmengen werden vorerst mit der doppelten Varianzanalyse untersucht, um die jährlichen und jahreszeitlichen Veränderungen zu prüfen; man findet:

Streuung	Freiheits-grad	Summe der Quadrate	Durchschnitts-quadrat
Monate	11	161 826.9	14 711.5
Jahre	29	54 348.7	1 874.1
Rest	319	543 903.3	1 705.0
Total	359	760 078.9	...

Man sieht deutlich, dass die Unterschiede zwischen den Jahren nicht gesichert sind, dass aber mit

$$F = \frac{14 711.5}{1 705.0} = 8.63$$

bei $n_1 = 11$ und $n_2 = 319$, $F_{0.05} = 1.82$, die Niederschlagsmengen über die Monate hin stark variieren.

Nehmen wir an, die Veränderungen über das ganze
Jahr seien periodisch, so beschreiben wir die Monatsdurch-
schnitte m_j mit dem Modell

$$m_j = \mu + \beta_1 cos(\omega t_j) + \beta_2 sin(\omega t_j) + \varepsilon_j,$$

wobei t_j den Monat angibt und $\omega = 2\pi/12 = \pi/6$ wird.

Die Totale und Durchschnitte, sowie die nach (1) berechneten Werte sind unten zusammengestellt.

Monat	Niederschlagsmengen in mm		
	Total gemessen	Durchschnitt gemessen	berechnet
Januar	1210	40.33	42.63
Februar	1213	40.43	41.50
März	1452	48.40	48.15
April	1809	60.30	60.81
Mai	2411	80.37	76.07
Juni	2518	83.93	89.86
Juli	3025	100.83	98.48
August	3114	103.80	99.61
September	2659	88.63	92.96
Oktober	2299	76.63	80.31
November	2107	70.23	65.04
Dezember	1583	52.77	51.25

Die zweifache lineare Regression mit $x_1 = cos(\omega t)$ und $x_2 = sin(\omega t)$ gibt die folgenden Schätzwerte und Summen von
Quadraten.

$$b_1 = -19.30893; \quad S_{11} = 30 \cdot \frac{T}{2} = 180; \quad SQ(\beta_1) = 67110.26$$

$$b_2 = -22.40648; \quad S_{22} = 30 \cdot \frac{T}{2} = 180; \quad \underline{SQ(\beta_2) = 90369.06}$$

$$SQ(\text{Regression}) = 157479.32$$

Die noch verbleibende Differenz von $SQ(\text{Regression})$ zu
$SQ(\text{Monate})$ misst die Abweichung der Durchschnitte von
den geschätzten Werten auf der Kurve. Die gesamte Varianzanalyse lautet jetzt:

Streuung	Freiheits-grad	Summe der Quadrate	Durchschnitts-quadrat
Periodische Regression	2	157479.3	78739.7
Abweichung von der Regression	9	4347.6	483.1
Monate	11	161826.9	...
Jahre	29	54348.7	...
Rest	319	543903.3	$s^2 = 1705.0$
Total	359	760078.9	...

Der Quotient

$$F = \frac{78739.7}{1705.0} = 46.18$$

übersteigt $F_{0.05} = 3.03$ bei $n_1 = 2$ und $n_2 = 319$ sehr deutlich; die jahreszeitliche Veränderung ist damit gesichert. Da anderseits der F-Wert für die Abweichung der Durchschnitte von der berechneten Kurve (lack of fit) unter eins liegt, darf diese Form der periodischen Regression als zweckmässiger Ansatz zum Beschreiben der Niederschlagsmengen angesehen werden. Figur 17 zeigt die gute Übereinstimmung von Daten und Modell.

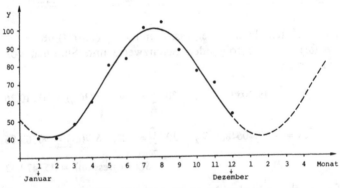

Figur 17. Gemessene und berechnete Niederschlagsmengen.

Wir suchen weiter die Zeit des Minimums und Maximums der Niederschlagsmenge. Dazu leiten wir

176

$$y = \alpha - 19.30893 \, cos(\omega t) - 22.40648 \, sin(\omega t)$$

nach t ab; aus

$$\frac{\partial y}{\partial t} = [19.30893 \, sin(\omega t) - 22.40648 \, cos(\omega t)] = 0$$

folgt

$$tan(\omega t) = 22.40648/19.30893 = 1.1604$$

oder

$$t = arc \, tan(\omega t)/\omega = 0.8595/(\pi/6)$$
$$= 1.642 \text{ Monate} = 49.93 \text{ Tage.}$$

Setzen wir $t = 1$ dem 15. Januar gleich, so haben wir ungefähr 19 Tage weiterzugehen; das Minimum liegt damit am 3. Februar und das Maximum entsprechend ein halbes Jahr später am 3. Juli.

Auch in diesem Beispiel wäre es möglich gewesen, ein Polynom an die Daten anzupassen, doch wäre die Interpretation der Koeffizienten und Testgrössen schwierig gewesen. Eine Winkelfunktion scheint uns in diesem Falle der natürlichere Ansatz zu sein.

3.52 Mehrfaches Messen am selben Objekt

Wird dieselbe Grösse, etwa das Gewicht eines Versuchstieres, mehrmals nacheinander bestimmt, so sind diese Messungen kaum gegenseitig unabhängig. Es ist jedoch sehr schwierig, die Korrelation zu bestimmen und in den Berechnungen zu berücksichtigen. Eine befriedigende theoretische Lösung dieser Probleme ist uns nicht bekannt; wir gehen hier auf zwei einfache, aber oft zweckmässige Verfahren ein.

Verändert sich die Zielgrösse linear im Verlaufe der Untersuchungszeit, so wird für jedes Individuum eine separate Regressionsgerade nach der üblichen Art bestimmt. Die Veränderung – lineare Zu- oder Abnahme – wird dann mit Hilfe der Regressionskoeffizienten untersucht. Gilt es zu prüfen, ob diese Steigungen von null oder einem theoretischen Wert β_0 abweichen, so wird man bei normal verteilten Steigungen den t-Test, sonst aber den Vorzeichenrangtest nach *Wilcoxon* mit schwächeren Voraussetzungen verwenden. Beim Vergleich zweier Stichproben stehen der t-Test bzw. der Rangtest nach *Mann-Whitney* zur Verfügung; für Einzelheiten und Formeln verweisen wir auf Band I.

Als Masszahl für ein mittleres Niveau wird man bei gleichen Abständen zwischen den Messungen deren Durchschnitt, bei ungleichen Abständen auch die Fläche unter der Kurve heranziehen. Zum Vergleich zweier Gruppen stehen, wie oben erwähnt, der t-Test oder der Mann-Whitney-Test zur Verfügung.

Ist die Zunahme nicht linear, so werden gelegentlich orthogonale Polynome an die Messungen jedes Individuums angepasst. Linearen, quadratischen und kubischen Trend prüft man einzeln mit den schon erwähnten Verfahren.

Beispiel 26. Mittlere Verweilzeit von Mastochsen in Ruheposition (*Graf*, 1981).

Im Rahmen einer grösseren Studie über Vor- und Nachteile zweier Haltungssysteme bei Mastochsen hat *Graf* verschiedene Liegepositionen auf Vollspaltenboden (*VS*) und im Tiefstreu (*TS*) untersucht.

Wir betrachten hier die mittlere Verweilzeit (sogenannte Periodendauer) in einer genau festgelegten Liegeposition; diese Zeit ist zwischen dem 8. und 14. Lebensmonat 10 mal bei jedem Tier aus Beobachtungen über 48 Stunden ermittelt worden.

In Figur 18 sind die *Verlaufskurven* für die beiden Gruppen eingetragen. Es handelt sich um die mittleren Verläufe von 24 Tieren auf Vollspaltenboden und 16 Tieren im Tiefstreu. Die Verschiedenartigkeit der einzelnen Verläufe ist in der Figur nicht mehr zu sehen.

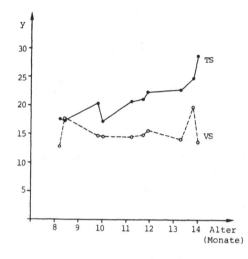

Figur 18. Zeitlicher Verlauf der mittleren Verweilzeit (*y*) für Vollspaltenboden (*VS*) und Tiefstreu (*TS*).

Wir wollen prüfen, ob die Zunahme der Verweilzeit in beiden Gruppen dieselbe sei und ob sich die mittleren Verweilzeiten (Durchschnitte) unterscheiden. Da uns statt der Einzelwerte nur die Anordnungen nach Figur 19 zur Verfügung stehen, liegt es nahe, für die statistische Auswertung die nichtparametrischen Verfahren heranzuziehen.

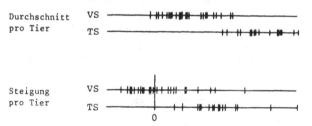

Figur 19. Durchschnitt und Steigung.

Bereits von Auge ist zu erkennen, dass die Masszahlen in den beiden Gruppen verschieden sind. Zählen wir etwa aus, wieviele Werte unter ($<m$) und über ($>m$) dem Median m aller 40 Tiere liegen, so finden wir die folgenden Vierfeldertafeln:

179

	Durchschnitt			Steigung	
	$< m$	$> m$		$< m$	$> m$
VS	18	6	VS	20	4
TS	2	14	TS	0	16

$$\chi^2 = \frac{(18 \cdot 14 - 2 \cdot 6)^2 \cdot 40}{20 \cdot 20 \cdot 24 \cdot 16} = 15.0 \qquad \chi^2 = \frac{(20 \cdot 16 - 0 \cdot 4)^2 \cdot 40}{20 \cdot 20 \cdot 24 \cdot 16} = 26.7$$

Bei 5% Irrtumswahrscheinlichkeit wird $\chi^2 = 3.841$, $FG = 1$; die Gruppen sind sehr deutlich verschieden.

Zählt man weiter die Zahl der negativen und positiven Steigungen b pro Gruppe aus, so findet man:

	$b < 0$	$b > 0$
VS	12	12
TS	0	16

Beim Vollspaltenboden halten sich die Zahl der positiven und die der negativen Steigungen die Waage; beim Tiefstreu gibt es nur positive Steigungen. Unter der Hypothese $\beta = 0$ hat dieses Resultat die Wahrscheinlichkeit $P = (0.5)^{16} = 0.00001$, ist also äusserst unwahrscheinlich. Die Zunahme der Verweilzeit bei TS ist gesichert.

Die Analyse der Rangzahlen nach *Mann* und *Whitney* gibt einen wirkungsvolleren Test; man setzt allerdings voraus, dass in beiden Gruppen die untersuchten Masse bis auf eine Verschiebung in gleicher Art verteilt sind.

Für die Steigung finden wir in der Gruppe *VS* die Rangsumme

$$S = 1 + 2 + \ldots + 22 + 25 + 26 = 304.$$

Unter der Nullhypothese sind

$$E(S) = N_1(N_1 + N_2 + 1)/2 = 24 \cdot 41/2 = 492$$

zu erwarten und für die Varianz von S gilt

$$V(S) = N_1 N_2 (N_1 + N_2 + 1)/12 = 1312.$$

Damit findet man für die genähert normal verteilte Testgrösse

$$u = [S - E(S)]/\sqrt{V(S)} = (304 - 492)/36.222 = -5.190.$$

Die Grenze $u_{0.05} = 1.96$ wird von $|u|$ deutlich überschritten, die Unterschiede sind – wie schon vorher – klar gesichert. Die mittlere Verweilzeit in der betrachteten Liegeposition steigt bei Tieren auf Tiefstreu stärker an als bei jenen auf Vollspaltenboden. Man stellt erneut fest, dass die Tiere auf Tiefstreu durchschnittlich länger in der Liegeposition verweilen als jene auf dem Vollspaltenboden. Für die Verkürzung der Verweilzeit auf Vollspaltenboden lassen sich zwei Begründungen angeben: Erstens kann sich die Liegeunterlage nicht verformen und zweitens gibt es einen allseitigen, störend wirkenden Luftzug.

In pharmakologischen Problemen, etwa bei Ausscheidungsprozessen, ist y gelegentlich die Konzentration. Die Fläche unter der durch (x_i, y_i) festgelegten Kurve entspricht dann der gesamthaft ausgeschiedenen Substanz. Betrachtet man diese (und nicht den speziellen Verlauf pro Individuum) als charakteristische Grösse, so wird man die Flächen analysieren. Wird in gleichen Abständen gemessen, so sind sie proportional zum arithmetischen Mittel der Einzelmessungen. Auf die Masszahl «Fläche» wendet man wieder den t-Test oder die schon erwähnten nichtparametrischen Methoden an. Die Flächenmethode hat sich nicht nur in pharmakologischen Problemen bewährt.

3.53 Regression mit Anteilen

Liegen in einer Regressionsaufgabe die Werte der abhängigen Variablen als M Anteile $p_i = a_i/N_i$, entstanden aus N_i Teilergebnissen mit a_i «Erfolgen» vor, so dürfen die üblichen Formeln nicht verwendet werden. Aus der Binomialverteilung ist bekannt, dass die Varianz von p_i als $p_i(1 - p_i)/N_i$ zu schätzen ist; die Resultate sind also um so genauer, je grösser N_i und je kleiner $p_i(1 - p_i)$ ist. Im weitern ist der Anteil p auf den Bereich von 0 bis 1 eingeschränkt; dieselbe Veränderung $\triangle p$ bei 0 oder 1 ist anders zu beurteilen als im mittleren Bereich bei 0.5. Aus diesem Grunde ist kein linearer Zusammenhang zwischen Anteilen und einem Regressor zu erwarten. Verändert sich der Anteil wenig und bleibt man zwischen etwa 0.3 und 0.7, so darf für die *einfache lineare Regression* das in Band I beschriebene Verfahren verwendet werden. In den übrigen Fällen nehmen wir an, der theoretische Anteil π_i, für den p_i als Schätzwert vorliegt, sei über eine Transformation linear mit den Regressionsparametern verbunden, also

$$\Gamma_i = \Gamma(\pi_i) = \text{Funktion von } \pi_i = \gamma + \beta(x_i - \bar{x}). \tag{1}$$

Im *log-linearen Modell* betrachtet man den Logarithmus des relativen Risikos

$$r_i = \frac{\text{Anteil der Erfolge}}{\text{Anteil der Misserfolge}} = \frac{\pi_i}{1 - \pi_i} \tag{2}$$

als linear von den Parametern abhängig; $\ln r_i = \ln[\pi_i/(1 - \pi_i)]$ heisst der *Logitwert* von π_i.

Zum Schätzen der Parameter verwenden wir die Methode des *Maximum Likelihood;* die Einzelheiten sind in 5.16 beschrieben. In der Praxis geht man so vor, dass zu plausiblen Anfangswerten c und b die Grössen

$$\Gamma_i = c + b(x - \bar{x}),$$

die *Rechenwerte*

$$z_i = \Gamma_i + (p_i - \pi_i) / \left(\frac{\partial \pi_i}{\partial \Gamma_i}\right), \qquad i = 1, \ldots, g, \tag{3}$$

sowie die *Gewichte*

$$W_i = \frac{N_i}{\pi_i(1 - \pi_i)} \left(\frac{\partial \pi_i}{\partial \Gamma_i}\right)^2, \qquad i = 1, \ldots, g, \tag{4}$$

bestimmt und nach der Methode der gewichteten Regression verbesserte Schätzwerte von Γ und β ermittelt werden; mit den Definitionen

$$\bar{x} = \sum W_i x_i / (\sum W_i), \qquad \bar{z} = \sum W_i z_i / (\sum W_i) \tag{5}$$

$$S_{xx} = \sum_i W_i (x_i - \bar{x})^2, \qquad S_{xz} = \sum_i W_i (x_i - \bar{x})(z_i - \bar{z}) \tag{6}$$

findet man

$$c = \bar{z} \quad \text{und} \quad b = S_{xz}/S_{xx}.$$ (7)

Über die geschätzten Grössen $\hat{\Gamma}_i = c + b(x_i - \bar{x})$ ergeben sich durch Rücktransformation die Anteile $\hat{\pi}_i$; die Testgrösse

$$\chi^2 = \sum_i \frac{(a_i - N_i\hat{\pi}_i)^2}{N_i\hat{\pi}_i(1 - \hat{\pi}_i)}, \quad FG = M - 2$$ (8)

misst die Übereinstimmung von gemessenem und berechnetem Anteil. Bleibt χ^2 unter χ^2_a, wobei in den meisten Fällen die 5%-Grenze $\alpha = 0.05$ verwendet wird, so betrachtet man das gewählte Modell als zulässig. Die Testgrösse

$$\chi^2 = b^2 S_{xx}, \quad FG = 1,$$ (9)

prüft die Hypothese $\beta = 0$.

Beispiel 27. Sterblichkeit von Ferkeln durch Ödemkrankheit. (*H. Pfirter* und *H. Halter,* persönliche Mitteilung).

Um die Sterblichkeit von Ferkeln durch die Ödemkrankheit niedrig zu halten, ist während 5 bis 13 Tagen ein Diätfutter gegeben worden.

Tage mit Diät x_i	Anzahl Ferkel total N_i	gestorben a_i	Anteil gestorbene $(100p_i)$%	Logit von p_i	Gewicht W_i
0	97	30	30.9	-0.803	20.722
5	53	8	15.1	-1.727	6.792
7	95	6	6.3	-2.697	5.621
9	149	9	6.0	-2.744	8.456
11	78	2	2.6	-3.638	1.949
13	122	3	2.5	-3.681	2.926

Die Reduktion der Sterblichkeit ist gross für kurze Diätdauer, sie wird kleiner bei längerer Dauer der Diät; ein linearer Zusammenhang zwischen p_i und x_i ist nicht anzunehmen. Wir gehen zu den Logits über und werden später prüfen, ob dieses Vorgehen zulässig ist. In der Übersicht sind in den beiden letzten Spalten

$$\text{Logit}(p_i) = ln\left(\frac{p_i}{1 - p_i}\right)$$

sowie die vorläufigen Gewichte

$$W_i = N_i p_i (1 - p_i) \tag{10}$$

eingetragen. Formel (10) folgt aus (4) bei Logittransformation.

Anfangswerte c, b und damit Γ_i findet man, indem die z_i durch die Logits ersetzt und mit den vorläufigen Gewichten W_i in die Formeln (5) bis (7) eingesetzt werden.

$$\sum W_i = 46.466, \quad \sum W_i x_i = 208.888, \quad \sum W_i z_i = -84.594$$
$$\sum W_i x_i^2 = 1860.488, \quad \sum W_i x_i z_i = -591.610.$$

Damit erhält man

$$\bar{x} = 4.496, \quad \bar{z} = -1.821,$$
$$S_{xx} = \sum W_i x_i^2 - (\sum W_i x_i)^2 / (\sum W_i) = 921.432,$$
$$S_{xz} = \sum W_i x_i z_i - (\sum W_i x_i)(\sum W_i z_i)/(\sum W_i) = -211.317$$

und daraus die vorläufigen Schätzwerte

$$c = \bar{z} = -1.821 \text{ und } b = S_{xz}/S_{xx} = -0.229.$$

Mit $\Gamma_i = -1.821 - 0.229(x_i - 4.496)$ berechnet man neue Rechenwerte und Gewichte; nach zwei solchen Schritten ändern sich die Parameter nicht mehr. Die Schätzwerte sind

$$c = \bar{z} = -1.834, \quad b = -0.231, \quad \bar{x} = 4.507.$$

Die Übereinstimmung zwischen den p_i und den geschätzten Anteilen $\hat{\pi}_i$ ist recht gut.

x_i	0	5	7	9	11	13
$(100\,p_i)\%$	30.9	15.1	6.3	6.0	2.6	2.5
$(100\,\hat{\pi}_i)\%$	31.2	12.5	8.2	5.4	3.4	2.2

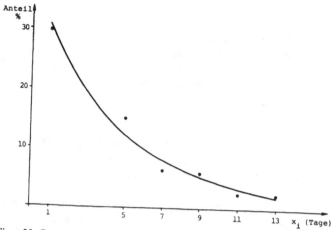

Figur 20. Gemessene und berechnete Sterberaten gegen Dauer der Diät aufgetragen.

Figur 20 zeigt die gemessenen Anteile, sowie die berechnete Regression; der lineare Zusammenhang zwischen den Logits und der Dauer der Diät gibt bei den Prozenten ein asymptotisches Annähern gegen null.

Der χ^2-Anpassungstest führt zu $\chi^2 = 1.159$ bei 4 Freiheitsgraden; dieser Wert liegt deutlich unter $\chi^2_{0.05} = 9.488$, sodass der lineare Zusammenhang zwischen den Logits und der Dauer der Diät als zulässiges Modell zum Beschreiben des Versuches angesehen werden darf. Die Regression ist mit

$$\chi^2_{\text{Regression}} = b^2 S_{xx} = (-0.231)^2 \cdot 919.320 = 49.056, \; FG = 1$$

klar gesichert.

Nach dem bei *Linder* und *Berchtold* (1976) angegebenen Verfahren lassen sich zu gegebener Sterberate die benötigte Dauer der Diät, sowie die zugehörigen Vertrauensgrenzen berechnen. Nehmen wir hier $\pi = 0.03$ oder 3% als vertretbar an, so ist die Diät während 11.6 Tagen durchzuführen; die 95%-Vertrauensgrenzen dazu ergeben sich als 9.7 und 14.7 Tage.

3.54 Regression mit Anzahlen

Sind anstelle der Messwerte y_i Anzahlen a_i auszuwerten, so ist dies bei der Modellbildung zu berücksichtigen. Bei grossen Anzahlen kann man annehmen, sie seien normal verteilt; nicht so bei kleinen Anzahlen, wo man vermutet, sie seien nach *Poisson* verteilt, mit

$$E(a_i) = \lambda_i \text{ und } V(a_i) = \lambda_i. \tag{1}$$

Für die Eigenschaften der Poissonverteilung verweisen wir auf Band I; für die Auswertung von Anzahlen, die nach Poisson verteilt sind, auf *Linder* und *Berchtold* (1976), insbesondere 1.47.

Bei kleinerer Anzahl a_i ist eine Veränderung $\triangle a_i$ wegen der kleineren Varianz von grösserer Bedeutung, als dieselbe Veränderung bei grösseren Anzahlen; aus diesem Grunde ist es angebracht, eher mit multiplikativen als mit additiven Modellen zu arbeiten. Im Falle der einfachen linearen Regression wählen wir also

$$ln\,\lambda_i = \Gamma_i = \mu + \beta x_i, \tag{2}$$

was zu

$$\lambda_i = e^{\Gamma_i} = (e^{\mu})(e^{\beta x_i}), \tag{3}$$

das heisst zum multiplikativen Modell führt. Die Schätzwerte für die Parameter folgen nach der Methode des Maximum Likelihood, wie dies in 5.16 beschrieben wird. Man kann aber auch von vorläufigen Werten für λ_i ausgehen und daraus die *Rechenwerte*

$$z_i = ln\,\lambda_i + (a_i - \lambda_i) / \left(\frac{\partial \lambda_i}{\partial \Gamma_i} \right) \tag{4}$$

und *Gewichte*

$$W_i = \frac{1}{\lambda_i} \left(\frac{\partial \lambda_i}{\partial \Gamma_i} \right)^2 \tag{5}$$

bestimmen. Dann folgen die Schätzungen der Parameter nach der *Methode der kleinsten Quadrate* als Lösung von

$$Min \sum_i W_i(z_i - \Gamma_i)^2. \tag{6}$$

Die Übereinstimmung zwischen Messung und Modell prüfen wir mit

$$\chi^2 = \sum_i \frac{(a_i - \hat{\lambda}_i)^2}{\hat{\lambda}_i}, \tag{7}$$

wobei die $\hat{\lambda}_i$ die geschätzten Modellwerte bedeuten. Die Zahl der Freiheitsgrade ist gleich der Zahl der Messungen weniger der Zahl der geschätzten Parameter.

Zum Prüfen der Regressionsparameter berechnen wir den Wert der Likelihood im vollen wie im reduzierten Modell; das Doppelte der Differenz von $ln L$ ist wie χ^2 verteilt. Die Zahl der Freiheitsgrade entspricht der Zahl der eingesparten Parameter.

Beispiel 28. Steinijans (1976) macht Angaben über die Seegfrörne (vollständige Vereisung) des Bodensees seit dem Jahre 875. Er beschreibt die jährlichen Werte als stochastischen Prozess. Wir wählen eine einfachere Auswertung, indem wir bloss die Zahl der Ereignisse in jedem Jahrhundert betrachten und diese als nach Poisson verteilt voraussetzen. Die Aufzeichnungen beginnen mit einer Gfrörne im Jahre 875; dieses Ereignis bildet einen willkürlich gewählten Anfangspunkt, das wir deshalb weglassen.

Jahrhundert	x_i	a_i	Jahrhundert	x_i	a_i
875 – 974	– 5	2	1475 – 1574	1	9
975 – 1074	– 4	1	1575 – 1674	2	0
1075 – 1174	– 3	2	1675 – 1774	3	3
1175 – 1274	– 2	2	1775 – 1874	4	4
1275 – 1374	– 1	3	1875 – 1974	5	2
1375 – 1474	0	9			
			Total a =		37

Die Jahrhunderte numerieren wir gemäss

$$x = (Jahr - 1425)/100.$$

Auffallend sind die hohen Anzahlen für die beiden Jahrhunderte zwischen 1375 und 1574. Es ist nicht anzunehmen, dass das Modell mit konstanter Anzahl von Ereignissen passt. Wir prüfen dies, indem wir für λ_i den Durchschnitt $\bar{\lambda}$ = 37/11 = 3.364 einsetzen; aus (7) wird

$$\chi^2 = \sum_i \frac{(a_i - \bar{\lambda})^2}{\bar{\lambda}} = 26.324$$

bei 10 Freiheitsgraden. Die 5%-Grenze von 18.307 wird deutlich überschritten; das Modell $\lambda_i = \mu$ = konstant ist zu verwerfen.

Angesichts der hohen Werte für $x_i = 0$ und $x_i = 1$ wird man kaum das lineare Modell (2) annehmen dürfen; wir wählen vielmehr die quadratische Regression

$$ln\ \lambda_i = \mu + \beta_1 x + \beta_2 x^2. \tag{8}$$

Man hat zuerst nach (4) und (5) Rechenwerte und Gewichte zu bestimmen; als grobe Startwerte bieten sich

$$\mu = ln(37/11) = ln\ 3.364 = 1.213, \quad \beta_1 = 0, \quad \beta_2 = 0$$

an. Man findet damit verbesserte Schätzwerte, mit denen man weiterfährt, bis sich die Parameter nicht mehr wesentlich ändern. Das Ergebnis lautet

$$\hat{\mu} = +\ 1.631212, \quad \hat{\beta}_1 = +\ 0.071087, \quad \hat{\beta}_2 = -\ 0.053453.$$

Für den Anpassungstest (7) hat man

$$\chi^2 = 13.897$$

mit 8 Freiheitsgraden; die 5%-Grenze beträgt 15.507; die Unterschiede zwischen Beobachtung und Modell sind demnach nicht gesichert.

Wir berechnen weiter zu reduzierten Modellen die Anpassung und den Wert der Likelihood.

Modell	χ^2-Anpassung	FG	Likelihood (ln L)
$\mu + \beta_1 x + \beta_2 x^2$	13.897	8	11.467
$\mu + \beta_1 x$	25.288	9	8.273
$\mu \qquad + \beta_2 x^2$	26.352	9	7.937
μ	26.324	10	7.882

Man sieht, dass nur die quadratische Regression genügend ist. Aus der Übersicht folgen mit dem Likelihoodkriterium Testgrössen für die Hypothesen $\beta_1 = 0$, $\beta_2 = 0$ und $\beta_1 = \beta_2 = 0$.

Streuung	Freiheitsgrad	Summe der Quadrate		$\chi^2_{0.05}$
β_1	1	$2(11.467 - 7.937) =$	7.060	3.841
β_2	1	$2(11.467 - 8.273) =$	6.388	3.841
Regression	2	$2(11.467 - 7.882) =$	7.170	5.991
Anpassung	8		13.897	15.507

Die Regressionskoeffizienten sind sowohl einzeln, als auch gemeinsam gesichert; man kann die Zahl der Seegfrörnen über die Jahrhunderte beschreiben durch

$$\lambda = exp(1.631212 + 0.071087x - 0.053453x^2)$$
$$= (5.110064)(e^{0.071087x})(e - 0.053453x^2).$$

Die beobachteten Anzahlen a_i und die nach dieser Formel berechneten $\hat{\lambda}_i$ sind nachstehend zusammengestellt

x_i:		−5	−4	−3	−2	−1	0	1	2	3	4	5
a_i:		2	1	2	2	3	9	9	0	3	4	2
$\hat{\lambda}_i$:		0.9	1.6	2.6	3.6	4.5	5.1	5.2	4.8	3.9	2.9	1.9

4 Kovarianzanalyse

Unter dem Titel Kovarianzanalyse betrachten wir in 4.1 Beziehungen zwischen zwei und mehr Regressionsgeraden. Bei zwei Geraden geht es vorerst darum, zu prüfen, ob sich die beiden Steigungen nur zufällig unterscheiden; wenn diese Annahme zutrifft, bestimmt man eine gemeinsame Steigung. Bei den beiden – jetzt parallelen – Geraden wird man sodann den Abstand prüfen. Probleme dieser Art kommen in der Toxikologie und in biologischen Gehaltsbestimmungen vor. Das entsprechende Problem mit Anteilen ist bei *Linder* und *Berchtold* (1976) beschrieben worden. Sind die beiden Geraden nicht parallel, so sind der Schnittpunkt und dessen Vertrauensgrenzen zu berechnen.

Bei mehr als zwei Geraden geht es wieder um Parallelität und Abstand. Die mathematischen Formeln sind etwas komplizierter als bei zwei Geraden; dies ist der Grund weshalb wir den gut überschaubaren Fall zweier Geraden für sich behandelt haben.

In 4.2 gehen wir von der Varianzanalyse aus; diese wird erweitert, indem wir eine zusätzliche Grösse, z.B. das Anfangsgewicht bei Versuchstieren, als Regressor berücksichtigen. Dies führt prinzipiell zum selben Modell wie beim Prüfen des Abstandes mehrerer Gruppen. Beim Ausgangspunkt Varianzanalyse bewirkt die Kovariable eine Korrektur der Ergebnisse, das Hauptinteresse liegt an den Unterschieden zwischen den Gruppen. Die Art der Korrektur, bestimmt durch den Regressionskoeffizienten, darf in vielen Fällen für alle Gruppen als gleich angesehen werden. Bei Dosis-Wirkungsbeziehungen interessiert primär die Änderung der Wirkung über grosse Bereiche der Dosierung; Parallelität ist hier weniger häufig anzutreffen.

In 4.3 zeigen wir an zwei Beispielen zur zweifachen Varianzanalyse mit je einem Regressor den Anwendungsbereich der Kovarianzanalyse.

4.1 Vergleich von Regressionsgeraden

In diesem ersten Abschnitt zur Kovarianzanalyse betrachten wir Beziehungen zwischen mehreren Regressionsgeraden. Dabei untersuchen wir zunächst in 4.11 bis 4.13 den einfacheren und übersichtlicheren Fall mit nur zwei Geraden.

Ausgehend von den einzelnen Regressionen zeigen wir, wie der Unterschied im Steigungsmass geprüft, und gegebenenfalls eine gemeinsame Steigung bestimmt werden kann. Bei diesem «aufbauenden» Weg lassen sich die benötigten Verfahren auf einfache und einleuchtende Art darlegen.

Wenn ein Programm für die mehrfache lineare Regression zur Verfügung steht, geht man indessen anders vor: Von einem Modell, das sämtliche Parameter für zwei nichtparallele Geraden enthält, geht man schrittweise zu einfacheren Strukturen über. Die weggelassenen Parameter entsprechen den vereinfachenden Annahmen (parallele Geraden, zusammenfallende Geraden) und aus den zugehörigen Summen von Quadraten kann man auf die Bedeutung dieser Parameter schliessen.

In 4.14 und 4.15 verallgemeinern wir das Prüfen auf Parallelität und Abstand von zwei auf mehr Geraden, was zu einer Verbindung von Regression und einfacher Varianzanalyse führt.

4.11 Zwei Geraden: Parallelität

Sind zwei Regressionsgeraden miteinander zu vergleichen, so interessiert in erster Linie die *Parallelität,* d.h., man möchte wissen, ob in beiden Teilen dieselbe Art der Abhängigkeit, etwa von der Dosierung, besteht. Um die Idee klarer darlegen zu können, gehen wir von den folgenden Daten aus:

Beispiel 29. Wirkung des Gonadotropingehaltes zweier Harnextrakte auf das Uterusgewicht von Mäusen (*R. Borth,* persönliche Mitteilung).

Die Wirkung ist für jedes der beiden Extrakte bei je 3 Dosen an je 5 Mäusen festgestellt worden. Das Uterusgewicht in mg bezieht sich auf 100 g Körpergewicht.

Dosis in mg	Extrakt 1			Extrakt 2		
	0.5	1.0	2.0	1.0	2.0	4.0
	83	560	710	164	150	487
	84	268	516	255	350	525
Wirkung y	90	372	620	64	275	585
	84	247	510	95	122	600
	75	185	650	154	410	715
Total	416	1632	3006	732	1307	2912
Durchschnitt	83.2	326.4	601.2	146.4	261.4	582.4

Die Erfahrung hat gezeigt, dass in derartigen Versuchen die Wirkung linear mit dem Logarithmus der Dosis ansteigt. Die Stufen 0.5, 1, 2 und 4 legen es nahe, den Logarithmus zur Basis 2 zu wählen.

Extrakt 1: Dosis d 0.5   1   2
            $x = {}^2log\, d$ -1 0   1

Extrakt 2: Dosis d 1   2   4
            $x = {}^2log\, d$ 0   1   2

Mit den Beziehungen

$$x = {}^2log\, d = \frac{log\, d}{log\, 2} = \frac{ln\, d}{ln\, 2} \tag{1}$$

und

$$d = 2^x = 10^{x\, log\, 2} = e^{x\, ln\, 2} \tag{2}$$

gelangt man von der Dosis zum transformierten Wert und wieder zurück.

Die Wirkung von Extrakt 2 ist – wie der Übersicht entnommen wird – deutlich niedriger als jene von Extrakt 1. *Parallelität* der beiden Regressionsgeraden würde bedeuten, dass beide Extrakte in derselben Weise von der Dosis abhängen. Der *Abstand* zwischen den Geraden deutet hier an, dass Extrakt 1 bei gleicher Dosis wirksamer ist als Extrakt 2.

Vorerst betrachten wir jedes Extrakt für sich in bekannter Art.

Extrakt 1: $y_{1i} = \gamma_1 + \beta_1\, (x_{1i} - \bar{x}_1.) + \varepsilon_{1i}$,

Extrakt 2: $y_{2i} = \gamma_2 + \beta_2\, (x_{2i} - \bar{x}_2.) + \varepsilon_{2i}$.

Die zufälligen Grössen seien gegenseitig unabhängig und in beiden Teilen des Versuches normal verteilt mit Erwartungswert null und Varianz σ^2. Wir haben die Summen von Quadraten und Produkten zu bestimmen:

Extrakt 1: $S_{xx}^{(1)}, \quad S_{xy}^{(1)}, \quad S_{yy}^{(1)}, \quad b_1 = S_{xy}^{(1)}/S_{xx}^{(1)}$;

Extrakt 2: $S_{xx}^{(2)}, \quad S_{xy}^{(2)}, \quad S_{yy}^{(2)}, \quad b_2 = S_{xy}^{(2)}/S_{xx}^{(2)}$.

Extrakt 1		
N_1	$= 15$	
$x_{1.}$	$= 5(-1) + 5(0) + 5(1) = 0$	
$\bar{x}_{1.}$	$= 0$	
$y_{1.}$	$= 416 + 1632 + 3006 = 5054$	
$\bar{y}_{1.}$	$= 336.933$	
$S_{xx}^{(1)}$	$= 5(-1)^2 + 5(0)^2 + 5(1)^2 = 10$	
$S_{xy}^{(1)}$	$= 416(-1) + 1632(0) + 3006(1) = 2590$	
$S_{yy}^{(1)}$	$= (83)^2 + \ldots + (650)^2 - (5054)^2/15 = 788\,263$	
b_1	$= S_{xy}^{(1)}/S_{xx}^{(1)} = 2590/10 = 259$	

Extrakt 2	
N_2	$= 15$
$x_{2.}$	$= 15$
$\bar{x}_{2.}$	$= 1$
$y_{2.}$	$= 4951$
$\bar{y}_{2.}$	$= 330.067$
$S_{xx}^{(2)}$	$= 10$
$S_{xy}^{(2)}$	$= 2180$
$S_{yy}^{(2)}$	$= 624451$
b_2	$= 218$

Damit kann für jede Regression die Varianzanalyse angegeben werden; weil mehrere Werte pro Dosis vorliegen, wird der Anteil «Um die Regression» mit 13 Freiheitsgraden in die beiden Teile «Linearität» und «Rest» mit einem und 12 Freiheitsgraden zerlegt, wie dies in Band I, Absatz 6.24 gezeigt wird.

Streuung	Freiheits-grad	Summe der Quadrate	
		Extrakt 1	Extrakt 2
Regression $(\beta_j = 0)$	1	670810	475240
Abweichung von der Linearität	1	832	35363
Zwischen Dosen	2	671642	510603
Rest = innerhalb Dosen	12	116621	113848
Total	14	788263	624451

Für die erste Probe darf die Regression ohne weiteres als linear angesehen werden; bei der zweiten Probe ergibt sich

$$F = 35363/(113848/12) = 3.728,$$

was mit $F_{0.05} = 4.75$ bei $n_1 = 1$ und $n_2 = 12$ zu vergleichen ist. Wir nehmen deshalb auch in Probe 2 Linearität an und fassen die beiden Teile «Abweichung von der Linearität» und «Innerhalb Dosen» zum «Rest» mit 13 Freiheitsgraden zusammen.

Extrakt 1: $SQ(\text{Rest}) = S_{yy}^{(1)} - [S_{xy}^{(1)}]^2/S_{xx}^{(1)}$
$$= 788263 - 670810$$
$$= 117453, \quad FG = 13,$$
$$s_1^2 = SQ(\text{Rest})/13 = 9035.$$

Extrakt 2: $SQ(\text{Rest}) = 624451 - 475240 = 149211,$
$$s_2^2 = 11478.$$

Man rechnet nach, dass in beiden Regressionen die Steigung deutlich von null abweicht.

Wir verlassen jetzt für eine Weile das Beispiel und suchen Methoden um die Parallelität der Geraden zu prüfen. Dabei werden wir eine Schätzung für die Varianz σ^2 benötigen. Aus den Teilregressionen stehen uns s_1^2 und s_2^2 zur Verfügung. Wir vereinigen diese beiden Streuungen zu einer einzigen und genaueren Schätzung, indem wir, wie schon in der einfachen Varianzanalyse, den mit den Freiheitsgraden gewichteten Durchschnitt der beiden nehmen.

$$s^2 = \frac{1}{N_1 + N_2 - 2} [(N_1 - 1)s_1^2 + (N_2 - 1)s_2^2]$$

$$= \frac{1}{N_1 + N_2 - 2} [SQ(\text{Rest}, 1) + SQ(\text{Rest}, 2)]. \tag{3}$$

Zu s^2 gehören $(N_1 + N_2 - 2)$ Freiheitsgrade.

Die Steigungen b_1 und b_2 werden wir als gleich ansehen, wenn die Differenz $b_1 - b_2$ nicht gesichert von null abweicht; um dies zu prüfen, verwenden wir den t-Test. Unter der *Hypothese* $\beta_1 = \beta_2 = \beta$ ist $b_1 - b_2$ gleich null zu erwarten. Die Varianz der Differenz wird als Summe der Einzelvarianzen berechnet, denn b_1 und b_2 sind gegenseitig unabhängig.

$$E(b_1 - b_2) = 0, \quad V(b_1 - b_2) = \sigma^2/S_{xx}^{(1)} + \sigma^2/S_{xx}^{(2)}$$

$$= \sigma^2 \frac{S_{xx}^{(1)} + S_{xx}^{(2)}}{S_{xx}^{(1)} S_{xx}^{(2)}}. \tag{4}$$

Ersetzen wir σ^2 durch s^2 so ist der Ausdruck

$$t = \frac{(b_1 - b_2)}{s\sqrt{S_{xx}^{(1)} + S_{xx}^{(2)}}} \sqrt{S_{xx}^{(1)} S_{xx}^{(2)}} \tag{5}$$

wie t verteilt mit $(N_1 + N_2 - 2)$ Freiheitsgraden. Übersteigt $|t|$ den Tafelwert t_α, so werden wir die Parallelität verwerfen, im andern Falle aber b_1 und b_2 durch eine *gemeinsame Steigung* b ersetzen. Man kann zeigen, dass die beste lineare Kombination von b_1 und b_2 die mit den Genauigkeiten von b_1 bzw. b_2 gewichtete Steigung ist; in Formeln:

$$b = \frac{1}{S_{xx}^{(1)} + S_{xx}^{(2)}} [S_{xx}^{(1)} b_1 + S_{xx}^{(2)} b_2]. \tag{6}$$

Schreiben wir b_j als $S_{xy}^{(j)} / S_{xx}^{(j)}$ so wird aus (6)

$$b = \frac{1}{S_{xx}^{(1)} + S_{xx}^{(2)}} [S_{xy}^{(1)} + S_{xy}^{(2)}]. \tag{7}$$

Es ist naheliegend, für die Summe der beiden S-Grössen eine Abkürzung einzuführen. Da wir die einzelnen Teile *innerhalb* der einzelnen Regressionen berechnet haben, wählen wir

$$S_{xx}^{I} = S_{xx}^{(1)} + S_{xx}^{(2)}, \quad S_{xy}^{I} = S_{xy}^{(1)} + S_{xy}^{(2)}, \quad S_{yy}^{I} = S_{yy}^{(1)} + S_{yy}^{(2)}. \tag{8}$$

Damit wird b wiederum als Quotient von S_{xy} und S_{xx},

$$b = S_{xy}^{I} / S_{xx}^{I}, \tag{9}$$

geschrieben; b ist normal verteilt mit

$$E(b) = \beta \quad \text{und} \quad V(b) = \sigma^2 / S_{xx}^{I}. \tag{10}$$

Will man prüfen, ob die gemeinsame Steigung von einem Wert β_0 abweicht, so berechnet man

$$t = \frac{b - \beta_0}{\sqrt{s^2 / S_{xx}^{I}}}. \tag{11}$$

Das Prüfen des Unterschiedes zwischen den Steigungen und der gemeinsamen Steigung kann auch im Schema der *Varianzanalyse* durchgeführt werden; wir beachten dabei, dass $t^2 = F$ mit $n_1 = 1$ und $n_2 = N_1 + N_2 - 2$. Für $\beta_0 = 0$ wird aus (11)

$$F = b^2 S_{xx}^I/s^2 = SQ(\text{Regression, } \beta)/s^2. \tag{12}$$

Zu jeder Regression kennen wir $SQ(\text{Regression})$; wir bilden die Differenz

$$D = b_1^2 S_{xx}^{(1)} + b_2^2 S_{xx}^{(2)} - b^2 S_{xx}^I$$

$$= b_1^2 S_{xx}^{(1)} + b_2^2 S_{xx}^{(2)} - (b_1 S_{xx}^{(1)} + b_2 S_{xx}^{(2)})^2/(S_{xx}^{(1)} + S_{xx}^{(2)}). \tag{13}$$

Multipliziert man aus und fasst zusammen, so folgt

$$D = (b_1 - b_2)^2 S_{xx}^{(1)} S_{xx}^{(2)}/[S_{xx}^{(1)} + S_{xx}^{(2)}] \tag{14}$$

und dies ist gerade $t^2 \cdot s^2$ nach Formel (5), also die Summe der Quadrate des Unterschiedes zwischen b_1 und b_2. Damit ergibt sich die folgende Zerlegung:

$$b_1^2 S_{xx}^{(1)} + b_2^2 S_{xx}^{(2)} = b^2 S_{xx}^I + (b_1 - b_2)^2 S_{xx}^{(1)} S_{xx}^{(2)}/S_{xx}^I, \tag{15}$$

was sich als Varianzanalyse darstellen lässt.

Streuung	Freiheitsgrad	Summe der Quadrate
Gemeinsame Regression	1	$b^2 S_{xx}^I = (S_{xy}^I)^2/S_{xx}^I$
Unterschied zwischen b_1 und b_2	1	Differenz
Regressionen	2	$b_1^2 S_{xx}^{(1)} + b_2^2 S_{xx}^{(2)}$
Um die Einzelregressionen	$N_1 + N_2 - 4$	$SQ(\text{Rest,1}) + SQ(\text{Rest,2})$
Total	$N_1 + N_2 - 2$	$S_{yy}^I = S_{yy}^{(1)} + S_{yy}^{(2)}$

Beispiel 30. Wirkung zweier Harnextrakte (Fortsetzung von Beispiel 29, Seite 191). Wir berechnen die *Varianzanalyse* für die beiden Gonadotropinpräparate; dazu haben wir zu bestimmen:

Grösse	Extrakt 1	Extrakt 2	Summe
S_{xx}	10	10	20
S_{xy}	2590	2180	4770
S_{yy}	788263	624451	1412714
$SQ(\text{Rest})$	117453	149211	266664
$FG(\text{Rest})$	13	13	26
$SQ(\text{Regression})$	670810	475240	1146050
$FG(\text{Regression})$	1	1	2

Für die gemeinsame Steigung und deren Summe der Quadrate folgen

$$b = S^I_{xy}/S^I_{xx} = 4770/20 = 238.5,$$
$$SQ(\text{Regression}) = (S^I_{xy})^2/S^I_{xx} = 1\,137\,645.$$

Für den Unterschied zwischen den Steigungen bleibt also

$$1\,146\,050 - 1\,137\,645 = 8405.$$

Die Varianzanalyse sieht folgendermassen aus:

Streuung	Freiheits-grad	Summe der Quadrate	Durchschnitts-quadrat
Gemeinsame Regression	1	1 137 645	1 137 645
Unterschied zwischen b_1 und b_2	1	8405	8405
Regressionen	2	1 146 050	...
Rest um die Einzelregressionen	26	266 664	10 256
Total	28	1 412 714	...

Der Unterschied zwischen den Steigungen ist nicht gesichert, das entsprechende Durchschnittsquadrat liegt tiefer als $DQ(\text{Rest})$. Dagegen weicht mit

$$F = 1\,137\,645/10\,256 = 110.9$$

bei $n_1 = 1$ und $n_2 = 26$ die gemeinsame Steigung deutlich von null ab.

4.12 Zwei Geraden: Abstand und relative Wirksamkeit

Dürfen zwei Regressionsgeraden als parallel angesehen werden, wie dies etwa im letzten Beispiel der Fall gewesen ist, so wird man weiter prüfen, ob sie sich in ihrem Abstand unterscheiden.

Der Abstand d in *vertikaler* Richtung gibt im Beispiel des Uterusgewichtes den Gewichtsunterschied zwischen den Extrakten bei festem Gehalt an. Im untersuchten Beispiel wird aber mehr die Frage interessieren, wie verschieden die Dosen für ein festes Uterusgewicht sein müssen. Wir suchen also den Abstand M in *horizontaler* Richtung. Dieser Differenz entspricht, da wir zu Logarithmen übergegangen sind, ein Verhältnis R der Dosen; $R = 1$ bedeutet dabei, dass die Präparate gleichwertig sind, bei $R \neq 1$ ist eines wirksamer als das andere.

Zum Berechnen des Abstandes gehen wir von Figur 21 aus; für beide Extrakte ist dieselbe Steigung b verwendet worden.

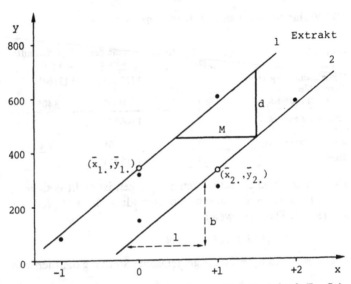

Figur 21. Regressionsgeraden mit gemeinsamer Steigung b durch $(\bar{x}_{1.}, \bar{y}_{1.})$, $(\bar{x}_{2.}, \bar{y}_{2.})$ sowie Abstände in horizontaler und vertikaler Richtung.

$$d = Y_1 - Y_2 = (\bar{y}_{1.} - \bar{y}_{2.}) - b(\bar{x}_{1.} - \bar{x}_{2.}). \tag{1}$$

Die Varianz von d wird aus den Varianzen von $\bar{y}_{1.}$, $\bar{y}_{2.}$ und von b berechnet; diese drei Grössen sind gegenseitig unabhängig, sodass gilt

$$V(d) = V(\bar{y}_{1.}) + V(\bar{y}_{2.}) + (\bar{x}_{1.} - \bar{x}_{2.})^2 V(b)$$

$$= \sigma^2 \left(1/N_1 + 1/N_2 + \frac{(\bar{x}_{1.} - \bar{x}_{2.})^2}{S_{xx}^I} \right) = \sigma^2 \cdot g. \tag{2}$$

198

Ersetzen wir die Varianz σ^2 durch die Schätzung s^2, so lässt sich der Abstand zweier paralleler Regressionsgeraden mit dem t-Test prüfen.

$$t = \frac{d}{s\sqrt{g}}, \quad n = N_1 + N_2 - 4. \tag{3}$$

Beispiel 31. Wirkung zweier Harnextrakte. Wir berechnen den *vertikalen Abstand* der beiden Geraden aus Beispiel 29 (Seite 191).

$$\bar{x}_{1.} = 0, \quad \bar{x}_{2.} = 1, \quad n = 26,$$
$$\bar{y}_{1.} = 336.933, \quad \bar{y}_{2.} = 330.067,$$
$$b = 238.5, \quad S_{xx}^I = 20, \quad s^2 = 10256.$$

Für den Abstand findet man

$$d = (336.933 - 330.067) - 238.5(0 - 1) = 245.366.$$

$$g = 1/15 + 1/15 + \frac{1}{20} = 0.183, \quad \sqrt{g} = 0.428.$$

Damit wird

$$t = \frac{245.366}{\sqrt{10256 \cdot 0.428}} = 5.66.$$

Der Tafelwert bei $\alpha = 0.05$ und $n = 26$ beträgt 2.056; der Abstand ist sehr deutlich gesichert.

Wichtiger ist hier der *horizontale Abstand M*; er folgt aus dem vertikalen Abstand d gemäss der Beziehung

$$M : d = 1 : b \tag{4}$$

als

$$M = d/b = [(\bar{y}_{1.} - \bar{y}_{2.}) - b(\bar{x}_{1.} - \bar{x}_{2.})]/b = \frac{\bar{y}_{1.} - \bar{y}_{2.}}{b} - (\bar{x}_{1.} - \bar{x}_{2.}). \tag{5}$$

Im Beispiel finden wir

$$M = 245.366/238.5 = 1.0288.$$

In Figur 21 ist $M = x_2 - x_1$ der Abstand der Schnittpunkte der beiden Regressionsgeraden für die Extrakte mit einer Parallelen zur x-Achse. Führen wir noch die ursprünglichen Dosen ein, so wird

$$M = {}^2log\, d_2 - {}^2log\, d_1 = {}^2log(d_2/d_1) = {}^2log\, R, \qquad (6)$$

wobei wir mit $R = d_2/d_1$ das Verhältnis der Dosierung bei gleicher Wirkung Y bezeichnet haben; diese *relative Wirksamkeit R* folgt aus (6) durch Auflösen als

$$R = 2^M = 2^{1.0288} = 2.04. \qquad (7)$$

Extrakt 1 ist doppelt so wirksam wie Extrakt 2; für gleiches Uterusgewicht wird im zweiten Extrakt die 2.04fache Konzentration des ersten benötigt.

Wir fragen weiter nach dem *Vertrauensintervall* der relativen Wirksamkeit R. Die Aufgabe für M wird mit der Methode von *Fieller* (1944) gelöst; man betrachtet M als gegeben und geht von (5) zu

$$z = (\bar{y}_{1.} - \bar{y}_{2.}) - b(\bar{x}_{1.} - \bar{x}_{2.}) - bM \qquad (8)$$

über, wobei z normal verteilt ist mit Erwartungswert 0 und Varianz

$$\sigma^2[1/N_1 + 1/N_2 + (M + \bar{x}_{1.} - \bar{x}_{2.})^2/S_{xx}^I] = \sigma^2 \cdot g. \qquad (9)$$

Wir ersetzen σ^2 durch s^2 und untersuchen die wie F mit $n_1 = 1$ und $n_2 = N_1 + N_2 - 4$ verteilte Grösse

$$F = z^2/(s^2 g). \qquad (10)$$

Setzen wir in (10) $F = F_\alpha$, und lösen nach M auf, so erhalten wir die Vertrauensgrenzen von M. Die Formeln werden einfacher, wenn zuerst die Lösungen für $(M + \bar{x}_{1.} - \bar{x}_{2.}) = a$ gesucht werden.

$$z^2 = F_\alpha s^2 g;$$
$$[(\bar{y}_{1.} - \bar{y}_{2.}) - b \cdot a]^2 = F_\alpha \cdot s^2(1/N_1 + 1/N_2 + a^2/S_{xx}^I);$$
$$(b^2 - F_\alpha s^2/S_{xx}^I)a^2 - 2(\bar{y}_{1.} - \bar{y}_{2.})ba$$
$$+ [(\bar{y}_{1.} - \bar{y}_{2.})^2 - F_\alpha s^2(1/N_1 + 1/N_2)] = 0. \qquad (11)$$

Aus den Wurzeln a_1 und a_2 dieser quadratischen Gleichung folgen die Grenzen gemäss $M = a - (\bar{x}_{1.} - \bar{x}_{2.})$.

Beispiel 31 (Fortsetzung). Wir bestimmen die Vertrauensgrenzen des horizontalen Abstandes M und der relativen Wirksamkeit $R = 2.04$ aus Beispiel 31 (Seite 199). Für Formel (11) benötigen wir:

$$b = 238.5, \quad N_1 = 15, \quad N_2 = 15,$$
$$s^2 = 10256, \quad F_\alpha = t_\alpha^2 = 4.227, \quad n_1 = 1, \quad n_2 = 26,$$
$$\bar{y}_{1.} - \bar{y}_{2.} = 336.933 - 330.067 = 6.866, \quad S'_{xx} = 20.$$

Damit folgt für die quadratische Gleichung (11)

$$54715\, a^2 - 2(1637.5)\, a - 5733.1 = 0.$$

Die Wurzeln dieser Gleichung sind

$$a_1 = -0.295, \quad a_2 = 0.355.$$

Für M findet man aus $M = a - (\bar{x}_{1.} - \bar{x}_{2.}) = a + 1$

$$M_1 = 0.705 \text{ und } M_2 = 1.355.$$

Die 95%-Vertrauensgrenzen der relativen Wirksamkeit $R = 2.04$ werden also

$$R_u = 2^{0.705} = 1.63 \quad \text{und} \quad R_0 = 2^{1.355} = 2.56.$$

4.13 Nicht-parallele Geraden

Sind zwei Regressionsgeraden nicht parallel, so gewinnen zwei Probleme an Bedeutung. Schneiden sie sich im untersuchten Intervall, so wird man die x-Koordinate des Schnittpunktes und deren Vertrauensgrenzen bestimmen. Liegt der Schnittpunkt ausserhalb des untersuchten Intervalles, mag es von Interesse sein zu entscheiden, ob die eine Regressionsgerade wesentlich höher liegt als die andere.

Die beiden Geraden sind gegeben durch

$$Y_1 = \bar{y}_{1.} + b_1(x - \bar{x}_{1.}) \tag{1a}$$

und

$$Y_2 = \bar{y}_{2.} + b_2(x - \bar{x}_{2.}).\tag{1b}$$

Beim *Schnittpunkt* ist $Y_1 = Y_2$, also

$$\bar{y}_{1.} + b_1(x - \bar{x}_{1.}) = \bar{y}_{2.} + b_2(x - \bar{x}_{2.}),\tag{2}$$

woraus

$$x = -(\bar{y}_{1.} - \bar{y}_{2.} - b_1\bar{x}_{1.} + b_2\bar{x}_{2.})/(b_1 - b_2)\tag{3}$$

folgt.

Um die Vertrauensgrenzen von x zu finden, wenden wir – wie schon in 4.12 bei der relativen Wirksamkeit – das Verfahren von *Fieller* an. Die Differenz zwischen dem linken und dem rechten Teil in (2) setzen wir

$$z = (\bar{y}_{1.} - \bar{y}_{2.}) + b_1(x - \bar{x}_{1.}) - b_2(x - \bar{x}_{2.}).\tag{4}$$

Für die Varianz von z findet man nach den üblichen Regeln

$$\begin{aligned}V(z) &= \sigma^2[1/N_1 + 1/N_2 + (x - \bar{x}_{1.})^2/S_{xx}^{(1)} + (x - \bar{x}_{2.})^2/S_{xx}^{(2)}]\\ &= \sigma^2 \cdot g.\end{aligned}\tag{5}$$

Ersetzen wir darin die Varianz σ^2 durch ihre Schätzung s^2, so ist $z^2/(s^2 g)$ wie F verteilt mit $n_1 = 1$ und n_2 gleich der Zahl der Freiheitsgrade von s^2. Die gesuchten Grenzen sind Lösungen der aus obigem Ansatz entstehenden quadratischen Gleichung.

$$\begin{aligned}&x^2[(b_1 - b_2)^2 - s^2F_\alpha(1/S_{xx}^{(1)} + 1/S_{xx}^{(2)})]\\ &\quad + 2x[(b_1 - b_2)(\bar{y}_{1.} - \bar{y}_{2.} - b_1\bar{x}_{1.} + b_2\bar{x}_{2.})\\ &\quad + s^2F_\alpha(\bar{x}_{1.}/S_{xx}^{(1)} + \bar{x}_{2.}/S_{xx}^{(2)})]\\ &\quad + [(\bar{y}_{1.} - \bar{y}_{2.} - b_1\bar{x}_{1.} + b_2\bar{x}_{2.})^2\\ &\quad - s^2F_\alpha(1/N_1 + 1/N_2 + \bar{x}_1^2/S_{xx}^{(1)} + \bar{x}_2^2/S_{xx}^{(2)})] = 0.\end{aligned}\tag{6}$$

Beispiel 32. Bestimmung des Alters, in dem die Mädchen schwerer werden als die Knaben (*Mülly*, 1933).

Für die Kinder zwischen 7 und 13 Jahren erhält man lineare Regressionen, wenn man statt der Gewichte deren Logarithmen in Abhängigkeit vom Alter betrachtet. Die Messungen erstrecken sich auf 4021 Knaben und 4054 Mädchen, für welche die Regressionsgeraden durch folgende Angaben berechnet werden können:

Geschlecht	Anzahl N	Durchschnitte Alter (Jahre) $\bar{x}$	Log Gewicht $\bar{y}$	Regressions- koeffizient b	Summe der Quadrate, Alter S_{xx}
Knaben	4021	9.934220	0.475915	0.038394	11447.851
Mädchen	4054	9.924766	0.480231	0.045824	11818.554

Die Streuung um die Regressionsgeraden beträgt $s^2 = 0.003825$ mit 8071 Freiheitsgraden. Zu diesem Freiheitsgrad erhält man für F

$$F_{0.05} = 3.841 \quad \text{und} \quad F_{0.05} \cdot s^2 = 0.014695.$$

Die für Gleichung (6) benötigten Werte lauten:

$$
\begin{aligned}
b_1 - b_2 &= -0.007430, \\
\bar{y}_1 - \bar{y}_2 - b_1\bar{x}_1 + b_2\bar{x}_2 &= 0.069858, \\
1/S_{xx}^{(1)} + 1/S_{xx}^{(2)} &= 0.000171965, \\
\bar{x}_1/S_{xx}^{(1)} + \bar{x}_2/S_{xx}^{(2)} &= 0.001707542, \\
1/N_1 + 1/N_2 + \bar{x}_1^2/S_{xx}^{(1)} + \bar{x}_2^2/S_{xx}^{(2)} &= 0.017450520.
\end{aligned}
$$

Damit folgt für (6)

$$0.000052678x^2 - 2(0.000493953)x + 0.004623705 = 0.$$

Die Wurzeln dieser Gleichung ergeben sich aus

$$x = (0.000493953 \pm \sqrt{0.000000000422034})/0.000052678$$

als

$$x_1 = 8.987 \quad \text{und} \quad x_2 = 9.767.$$

Nach (3) findet man für das gesuchte Alter den Wert

$$x = -(\bar{y}_1 - \bar{y}_2 - b_1\bar{x}_1 + b_2\bar{x}_2)/(b_1 - b_2) = 9.402.$$

Das Ergebnis der Berechnungen kann wie folgt angegeben werden: Das Alter, bei dem die Mädchen schwerer werden als die Knaben, liegt bei 9.4 Jahren, mit Vertrauensgrenzen von 9.0 und 9.8 Jahren.

Liegt die erste Regressionsgerade im untersuchten Intervall durchwegs höher als die zweite und sind die Geraden nicht parallel, so möchte man wissen, ob die erste Gerade gesichert höher liegt als die zweite. Eine Aussage dieser Art gilt nur für ein gegebenes Intervall, begrenzt durch a_u nach unten und a_o nach oben; die beiden Grenzen dürfen nicht ausserhalb des Beobachtungsintervalles liegen, da dort die Form der Regressionsbeziehung nicht bekannt ist. Wir verweisen für dieses Problem auf *Tsutakawa* und *Hewett* (1978); in der Arbeit sind Hinweise auf verschiedene Ansätze und Lösungsversuche zu finden.

4.14 Mehr als zwei Geraden: Parallelität

Bei mehr als zwei Geraden hat man zu prüfen, ob die einzelnen Steigungen von einer gemeinsamen Steigung abweichen. Ein ähnliches Problem haben wir auch bei der einfachen Varianzanalyse angetroffen. Man hat dort nachgeprüft, ob sich die einzelnen Durchschnitte vom gemeinsamen Durchschnitt unterscheiden.

Aus den M einzelnen Regressionsproblemen stellen wir folgende Grössen zusammen:

j-te Regression: $S_{xx}^{(j)}$, $S_{xy}^{(j)}$, $S_{yy}^{(j)}$, $b_j = S_{xy}^{(j)}/S_{xx}^{(j)}$,
$SQ(\text{Rest}, j)$, N_j.

Weiter seien die zufälligen Grössen ε_{ji} alle normal verteilt mit gleicher Varianz σ^2 und gegenseitig unabhängig. Für die Varianz σ^2 stehen uns dann in

$$s_j^2 = SQ(\text{Rest}, j)/(N_j - 2) \tag{1}$$

M verschiedene Schätzungen zur Verfügung.
Da mit

$$\chi_j^2 = \frac{(N_j - 2)s_j^2}{\sigma^2} \tag{2}$$

gemäss den Ausführungen in 1.44

$$\chi^2 = \sum_j \chi_j^2 = \frac{1}{\sigma^2} \sum_j (N_j - 2)s_j^2 \tag{3}$$

wie χ^2 mit $\sum (N_j - 2) = N - 2M$ Freiheitsgraden verteilt ist, verwenden wir als gemeinsame Schätzung für σ^2

$$s^2 = \frac{1}{N-2M} \sum_j (N_j - 2)s_j^2 = \frac{1}{N-2M} \sum_j SQ(\text{Rest}, j)$$

$$= \frac{1}{N-2M} SQ(\text{Rest}). \tag{4}$$

Für die weiteren Ausführungen schreiben wir abkürzend, wie in (8) von 4.11:

$$S_{xx}^I = \sum_{j=1}^{M} S_{xx}^{(j)}, \quad S_{xy}^I = \sum_{j=1}^{M} S_{xy}^{(j)}, \quad S_{yy}^I = \sum_{j=1}^{M} S_{yy}^{(j)}. \tag{5}$$

$SQ(\text{Rest})$ wird damit

$$SQ(\text{Rest}) = S_{yy}^I - \sum_j b_j S_{xy}^{(j)} = S_{yy}^I - SQ(\text{Regressionen}). \tag{6}$$

Unter der Annahme, dass alle Steigungen b_1 bis b_M, abgesehen von zufälligen Abweichungen, gleich seien, wird man sie durch eine *gemeinsame Steigung b* ersetzen. Eine zweckmässige Schätzung ist die mit $S_{xx}^{(j)}/S_{xx}^I$ gewichtete Summe der einzelnen Steigungen b_j; $\sigma^2/S_{xx}^{(j)}$ ist die Varianz von b_j, also $S_{xx}^{(j)}/\sigma^2$ die Genauigkeit.

$$b = \frac{1}{S_{xx}^I}(S_{xx}^{(1)}b_1 + S_{xx}^{(2)}b_2 + \ldots + S_{xx}^{(M)}b_M). \tag{7}$$

Mit den bei (5) definierten Abkürzungen wird (7) in die einfache Form

$$b = S_{xy}^I / S_{xx}^I \tag{8}$$

gebracht. Die Varianz von b beträgt

$$V(b) = \sigma^2 / S_{xx}^I, \tag{9}$$

sodass wir für die Summe der Quadrate zu b finden:

$$SQ \text{(Gemeinsame Regression)} = b^2 S_{xx}^I = b \cdot S_{xy}^I. \tag{10}$$

Man beachte, dass sich die Formeln (8) bis (10) bis auf die Markierung I mit den entsprechenden Formeln aus der einfachen linearen Regression decken.

Um zu prüfen, ob b von einem gegebenen Wert β_0 gesichert abweicht, berechnen wir

$$t = (b - \beta_0)\sqrt{S_{xx}^I}/s. \tag{11}$$

Übersteigt $|t|$ den Tafelwert t_α bei $n = \sum(N_j - 2)$ Freiheitsgraden, so verwirft man die Annahme $\beta = \beta_0$; im Spezialfall $\beta_0 = 0$ wird statt t

$$\begin{aligned} F = t^2 &= b^2 S_{xx}^I/s^2 \\ &= SQ\text{(Gemeinsame Steigung)}/DQ\text{(Rest)} \end{aligned} \tag{12}$$

mit $n_1 = 1$ und $n_2 = n$ verwendet; Formel (12) vermittelt uns den Zusammenhang zur Varianzanalyse.

Es ist nur sinnvoll von einer gemeinsamen Steigung zu sprechen, wenn die Abweichungen $(b_j - b)$ der einzelnen Steigungen von ihrem Durchschnitt nicht von Bedeutung sind; wir suchen deshalb einen Test zum Prüfen der *Homogenität* der Steigungen b_j.

Zu den M individuellen Steigungen b_j gehört gesamthaft die folgende Summe von Quadraten:

$$SQ\text{(Einzelregressionen)} = \sum_j SQ\text{(Regression},j) = \sum_j b_j^2 S_{xx}^{(j)} \tag{13}$$

mit M Freiheitsgraden. Setzen wir alle Steigungen gleich b, so reduziert sich dieser Ausdruck auf

$$SQ\text{(Gemeinsame Steigung)} = b^2 S_{xx}^I. \tag{14}$$

Die Differenz zwischen (13) und (14) entspricht der Abweichung der b_j von der gemeinsamen Steigung b, also

$$SQ\binom{\text{Abweichungen von der}}{\text{gemeinsamen Regression}} = \sum_j b_j^2 S_{xx}^{(j)} - b^2 S_{xx}^I. \tag{15}$$

Wir formen (15) um und zeigen, dass tatsächlich die Differenzen $(b_j - b)$ in die gesuchte Testgrösse eingehen.

$$\sum_j b_j^2 S_{xx}^{(j)} - b^2 S_{xx}^I = \sum_j (b_j^2 - b^2) S_{xx}^{(j)}$$
$$= \sum_j (b_j - b)^2 S_{xx}^{(j)} + 2b \sum_j b_j S_{xx}^{(j)} - 2b^2 S_{xx}^I. \quad (16)$$

Da $b_j = S_{xy}^{(j)} / S_{xx}^{(j)}$, wird

$$2b \sum_j b_j S_{xx}^{(j)} = 2b \sum_j S_{xy}^{(j)} = 2b S_{xy}^I = 2b^2 S_{xx}^I,$$

was sich mit dem letzten Summanden weghebt; es bleibt zurück

$$SQ(\text{Abweichungen von } b) = \sum_j S_{xx}^{(j)}(b_j - b)^2. \quad (17)$$

Dies entspricht in der einfachen Varianzanalyse dem Anteil «Zwischen den Gruppen»; an die Stelle des Gewichtes N_j tritt hier $S_{xx}^{(j)}$.

Die Zerlegung (15) kann jetzt geschrieben werden als

$$\sum_j b_j^2 S_{xx}^{(j)} = b^2 S_{xx}^I + \sum_j (b_j - b)^2 S_{xx}^{(j)} \quad (18)$$

oder

$SQ(\text{Einzelregressionen}) = SQ(\text{Gemeinsame Regression})$
$\qquad\qquad\qquad\qquad\quad + SQ(\text{Abweichungen von } b)$

mit den Freiheitsgraden

$$M = 1 + (M - 1). \quad (19)$$

Das Ergebnis lässt sich übersichtlich als Tafel der Varianzanalyse angeben:

Streuung	Freiheits-grad	Summe der Quadrate
Gemeinsame Steigung	1	$b^2 S_{xx}^I = b S_{xy}^I$
Abweichungen von der gemeinsamen Steigung	$M - 1$	$\sum_j (b_j - b)^2 S_{xx}^{(j)}$
Einzelregressionen	M	$\sum_j b_j^2 S_{xx}^{(j)} = \sum_j b_j S_{xy}^{(j)}$
Um die Einzel-regressionen = Rest	$\sum_j (N_j - 2)$	$SQ(Rest,j) = S_{yy}^I - \sum_j b_j^2 S_{xx}^{(j)}$
Total innerhalb Regressionen	$\sum_j (N_j - 1)$	$S_{yy}^I = \sum_j \sum_i (y_{ji} - \bar{y}_{j.})^2$

Die Hypothesen werden mit dem F-Test geprüft. Wir verdeutlichen das Vorgehen an einem Beispiel.

Beispiel 33. Abhängigkeit der Länge von Lärchenzweigen vom Zweiggewicht (*C. Auer,* persönliche Mitteilung).

Länge und Gewicht der Lärchenzweige sind zwei gleichwertige Veränderliche. Das Gewicht lässt sich sehr viel rascher bestimmen, so dass die Frage berechtigt ist, wie man vom Gewicht auf die Länge schliessen kann. Wir betrachten daher das Gewicht als die unabhängige, die Länge als die abhängige Veränderliche. Für 154 Proben liegen die Gewichte x in g und die Zweiglängen y in cm vor, und zwar gegliedert nach 5 Gebieten.

Gemeinde	Anzahl Proben	$\bar{x}_{j.}$	$\bar{y}_{j.}$	$S_{xx}^{(j)}$	$S_{xy}^{(j)}$	b_j
Sils	18	901.667	3 621.389	3 378 550	8 587 883	2.542
St. Moritz	43	1 041.279	4 030.116	7 297 405	23 525 284	3.224
Celerina	30	1 227.167	4 609.267	6 157 634	21 101 828	3.427
Zuoz A	21	1 024.048	4 218.952	4 299 381	17 771 394	4.133
Zuoz B	42	469.643	2 284.833	1 802 570	6 644 092	3.686
Zusammen	154	...	...	22 935 540	77 630 481	...

Aus dieser ersten Zusammenstellung findet man die Summen der Quadrate und Produkte

$$S_{xx}^{I} = 22\,935\,540 \text{ und } S_{xy}^{I} = 77\,630\,481$$

und daraus die gemeinsame Steigung

$$b = S_{xy}^{I}/S_{xx}^{I} = 3.385$$

sowie

$$SQ(\text{Gemeinsame Steigung}) = b^2 S_{xx}^{I} = 262\,757\,780.$$

Nebenbei stellt man fest, dass die Verhältnisse $\bar{y}_{j.}/\bar{x}_{j.}$ mit den Werten

$$4.016, \quad 3.870, \quad 3.756, \quad 4.120, \quad 4.865$$

ein unrichtiges Bild der Abhängigkeit der Zweiglänge vom Zweiggewicht ergeben.

Um die gemeinsame Streuung, die Summe der Quadrate zu b_j und zu den Abweichungen $(b_j - b)$ zu erhalten, setzen wir die Übersicht fort.

Gemeinde	$S_{yy}^{(j)}$	FG von $S_{yy}^{(j)}$	$(S_{xy}^{(j)})^2/S_{xx}$ $= b_j S_{xy}^{(j)}$	$SQ(\text{Rest},j) =$ $S_{yy}^{(j)} - b_j S_{xy}^{(j)}$	FG von $SQ(\text{Rest},j)$
Sils	25 501 912	17	21 829 404	3 672 508	16
St. Moritz	91 206 606	42	77 787 125	13 419 481	41
Celerina	98 304 476	29	72 314 649	25 989 827	28
Zuoz A	85 316 083	20	73 457 654	11 858 429	19
Zuoz B	27 773 312	41	24 489 455	3 283 857	40
Zusammen	328 102 389	149	269 878 287	58 224 102	144

Daraus folgen

$$S_{yy}^I = 328\,102\,389, \quad SQ(\text{Einzelregressionen}) = 269\,878\,287$$

und $SQ(\text{Rest}) = 58\,224\,102$; alle Ergebnisse in einer Tafel zusammengestellt, geben die Varianzanalyse innerhalb der Orte.

Streuung	Freiheitsgrad	Summe der Quadrate	Durchschnittsquadrat
Gemeinsame Steigung	1	262 757 780	262 757 780
Abweichung von der gemeinsamen Steigung	4	7 120 507	1 780 127
Einzelregressionen	5	269 878 287	...
Um die Einzelregressionen = Rest	144	58 224 102	$s^2 = 404\,334$
Total innerhalb Orte	149	328 102 389	...

Die Abweichungen der einzelnen Steigungen von b prüfen wir mit

$$F = \frac{1\,780\,127}{404\,334} = 4.403.$$

Dazu finden wir mit $n_1 = 4$ und $n_2 = 144$ einen Tafelwert $F_{0.01} \approx 3.4$. Wir schliessen daraus, dass die Regressionskoeffizienten in den verschiedenen Gebieten wesentlich voneinander abweichen. Aufgrund dieses Resultates wird es sich nicht empfehlen, die gemeinsame Steigung b zu verwenden.

Anhand zweier Figuren wollen wir nochmals zeigen, wie sich unsere Methode auswirkt und was geschehen kann, wenn auf die Aufteilung in Gruppen nicht Rücksicht genommen wird.

In einem ersten Schritt haben wir die Parallelität der Regressionsgeraden geprüft. Bei nicht gesicherten Differenzen berechnen wir weiter eine gemeinsame Steigung b, die die einzelnen b_j ersetzt; die neuen, jetzt parallelen Geraden, gehen durch die Schwerpunkte $(\bar{x}_{j.}, \bar{y}_{j.})$ jeder Gruppe. Figur 22 zeigt links schematisch drei parallele Geraden; im Bild rechts hat man die Zugehörigkeit zu einer der drei Gruppen unterschlagen und durch alle 9 Punkte eine Regressionsgerade $b_T = S_{xy}^T / S_{xx}^T$ gelegt. Diese letzte Regression ergibt eine Abnahme von y mit x, obwohl in jedem der drei Teile der Aufgabe y mit x zunimmt.

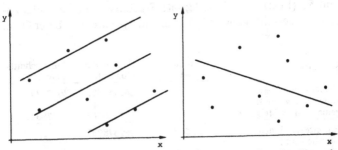

Figur 22. Links: Drei Gruppen mit gemeinsamer Steigung b; rechts: Vernachlässigen der Aufteilung in drei Gruppen.

Fehlinterpretationen der eben geschilderten Art treten etwa in medizinischen Problemen auf, wenn die Messungen nicht nach dem Geschlecht aufgeteilt werden.

Das Prüfen der Parallelität und der gemeinsamen Steigung kann auch nach der *Methode des Modellabbaues* ausgeführt werden. Die Zunahme der Summe der Quadrate beim Rest entspricht dann der Summe der Quadrate der weggelassenen Parameter.

Wir haben zu betrachten: Volles Modell, entsprechend M unabhängigen Regressionen

$$y_{ji} = \alpha_j + \beta_j x_{ji} + \varepsilon_{ji}. \tag{20}$$

Im Beispiel 33 gehört dazu

$$SQ(\text{Rest} \mid \alpha_j, \beta_j) = 58\,224\,102, \quad FG = 144.$$

Im nächsten Modell verlangt man gleiche Steigungen $\beta_j = \beta$ in allen Gruppen, also

$$y_{ji} = \alpha_j + \beta x_{ji} + \varepsilon_{ji}. \tag{21}$$

Die restliche Summe von Quadraten wird

$$SQ(\text{Rest} \mid \alpha_j, \beta) = 65\,344\,609, \quad FG = 148,$$

und die Differenz zur ersten Summe von Quadraten ist umso grösser, je stärker die einzelnen Steigungen von der gemeinsamen Steigung abweichen.

$$SQ\begin{pmatrix}\text{Abweichungen von der} \\ \text{gemeinsamen Regression}\end{pmatrix} = 65\,344\,609 - 58\,224\,102$$
$$= 7\,120\,507,$$
$$FG = 148 - 144 = 4.$$

Zum Prüfen der Hypothese $\beta = 0$ vereinfacht man (21) zu

$$y_{ji} = \alpha_j + \varepsilon_{ji} \tag{22}$$

und findet $SQ(\text{Rest} \mid \alpha_j)$ aus der einfachen Varianzanalyse.

$$SQ(\text{Rest} \mid \alpha_j) = 328\,102\,389.$$

Der Anstieg ist dem Regressionskoeffizienten zuzuschreiben, also

$$SQ(\text{Regression}) = 328\,102\,389 - 65\,344\,609$$
$$= 262\,757\,780.$$

Da in diesem Beispiel die Geraden nicht als parallel zu betrachten sind, scheint es wenig sinnvoll, den Abstand zwischen den Geraden zu prüfen, das heisst, vom Modell (21) zu

$$y_{ji} = \mu + \beta x_{ji} + \varepsilon_{ji} \tag{23}$$

überzugehen.

Das Prüfen des Abstandes bei parallelen Geraden beschreiben wir im nächsten Abschnitt.

Sind die Geraden nicht parallel, so kann es vorkommen, dass sie so divergieren, als ob sie aus einem gemeinsamen Zentrum kämen, oder dann alle zum selben Punkt hin konvergierten. Solche Fälle beschreibt *Crowden* (1978).

4.15 Mehr als zwei Geraden: Abstand

In Problemen der biologischen Gehaltsbestimmung und in der Toxikologie sind gelegentlich mehr als zwei Geraden miteinander zu vergleichen. Dabei prüfen wir vorerst mit den in 4.14 dargelegten Methoden die Parallelität; wird $\beta_j = \beta$ nicht verworfen, so kann man die Abstände untersuchen.

Die M parallelen Geraden seien dargestellt durch

$$Y = \bar{y}_{j.} + b(x - \bar{x}_{j.}). \tag{1}$$

Den Abstand messen wir als Abweichung der Geraden von einer gemeinsamen Regressionslinie mit Steigung b durch den Schwerpunkt $(\bar{x}_{..}, \bar{y}_{..})$ aller Messungen;

$$d_j = \bar{y}_{j.} - \bar{y}_{..} - b(\bar{x}_{j.} - \bar{x}_{..}). \tag{2}$$

In allen d_j wird dieselbe Steigung b verwendet, weshalb die Abstände d_j miteinander korreliert sind; beim Berechnen der zugehörigen Summe von Quadraten sind deshalb die Varianzen und Kovarianzen der d_j zu beachten. Wir verfolgen hier diesen Weg nicht weiter, sondern gehen wieder zur Reduktion des Modelles über, schliessen also an das in 4.14 Gesagte an.

Zum Modell

$$y_{ji} = \alpha_j + \beta x_{ji} + \varepsilon_{ji} \tag{3}$$

gehört

$$SQ(\text{Rest}|\alpha_j, \beta) = S_{yy}^I - (S_{xy}^I)^2 / S_{xx}^I \tag{4}$$

mit $(N - M - 1)$ Freiheitsgraden. Setzt man jetzt alle $\alpha_j = \alpha$, so wird aus (3)

$$y_{ji} = \alpha + \beta x_{ji} + \varepsilon_{ji}, \tag{5}$$

eine einfache lineare Regression, die keinen Bezug auf die Einteilung in Gruppen mehr hat. Für die Summe der Quadrate zum Rest findet man

212

$$SQ(\text{Rest}|\alpha, \beta) = S_{yy}^T - (S_{xy}^T)^2/S_{xx}^T \qquad (6)$$

mit

$$S_{yy}^T = \sum_j \sum_i (y_{ji} - \bar{y}_{..})^2 \qquad (7)$$

und entsprechenden Definitionen für S_{xy}^T und S_{xx}^T. Die Differenz von (6) und (4) ist die Summe der Quadrate für den Abstand der Geraden.

Wir verzichten darauf, hier ein Beispiel anzugeben, denn wir werden in 4.2 wieder zum selben Modell geführt. Dort gehen wir von der einfachen Varianzanalyse aus und berücksichtigen einen weiteren Einfluss, etwa das unterschiedliche Anfangsgewicht von Versuchstieren, als zusätzliche Regression im Modell $\mu + \alpha_j$. Dies führt zu $\mu + \alpha_j + \beta x$, also zum gleichen Modell wie beim Prüfen des Abstandes.

Bei *Linder* (1969) ist ein Beispiel zur biologischen Gehaltsbestimmung mit parallelen Geraden zu finden.

4.2 Einfache Varianzanalyse mit einer Kovariablen

Die Kovarianzanalyse erläutern wir anhand eines einfachen Fütterungsversuches: Vier Futterarten sind an jeweils 8 Ferkeln erprobt worden um festzustellen, ob die Gewichtszunahme vom Futter abhängig sei oder nicht. Die Tiere unterscheiden sich in ihrem Anfangsgewicht; dieses kann auf zwei Arten in den Berechnungen berücksichtigt werden. Man kann z.B. den Quotienten der Zunahme zum Anfangsgewicht $q = y/x$ betrachten und mit den Werten q eine einfache Varianzanalyse nach den üblichen Regeln und Voraussetzungen durchführen.

$$q_{ji} = \mu + \alpha_j + \varepsilon_{ji}. \qquad (1)$$

Die Anfangsgewichte sind feste Grössen; multiplizieren wir (1) mit x_{ji}, *so finden wir*

$$y_{ji} = (\mu + \alpha_j)x_{ji} + \varepsilon_{ji}x_{ji}, \qquad (2)$$

also eine *Regression durch den Nullpunkt* mit Steigung ($\mu + \alpha_j$), wobei die Varianz mit x_{ji} zunimmt. Unterschiede im Futter führen zu stärkerer oder schwächerer Abhängigkeit vom Anfangsgewicht.

Wirkt sich das Anfangsgewicht jedoch in allen Gruppen gleich aus und sind die Messungen auch gleich genau, so ist Modell (1) nicht zweckmässig; statt dessen geht man von der einfachen Varianzanalyse aus und fügt mit βx_{ji} oder besser mit $\beta(x_{ji} - \bar{x}_{..})$ eine Korrektur für unterschiedliche Anfangsgewichte ein. Die *Kovarianzanalyse* wird so eine Verbindung von Varianzanalyse und Regressionsrechnung.

$$y_{ji} = \mu + \alpha_j + \beta(x_{ji} - \bar{x}_{..}) + \varepsilon_{ji}. \tag{3}$$

Formel (3) lässt sich auch deuten als M Geraden mit gleicher Steigung β aber unterschiedlichem Niveau; die damit verbundenen Fragen haben wir in 4.14 und 4.15 unter dem Titel «Vergleich von Regressionsgeraden» bereits untersucht. Es ist also nicht mehr nötig, alle Formeln neu zu entwickeln. Hier soll deshalb die früher schon erwähnte Methode des *Modellabbaues* verwendet werden. Die Theorie zur Kovarianzanalyse ist in 5.4 dargelegt.

Um die Parameter α_j und β zu prüfen, sind zu den folgenden Modellen die Summe der Quadrate für den Rest zu berechnen:

Modell I : $y_{ji} = \mu + \alpha_j + \beta(x_{ji} - \bar{x}_{..}) + \varepsilon_{ji}$ mit $SQ(\text{Rest}|\alpha_j, \beta)$,
Modell II : $y_{ji} = \mu + \alpha_j + \varepsilon_{ji}$ mit $SQ(\text{Rest}|\alpha_j)$,
Modell III: $y_{ji} = \mu + \beta(x_{ji} - \bar{x}_{..}) + \varepsilon_{ji}$ mit $SQ(\text{Rest}|\beta)$.

Modell II ist die übliche einfache Varianzanalyse, also gilt:

$$SQ(\text{Rest}|\alpha_j) = \sum_j \sum_i (y_{ji} - \bar{y}_{j.})^2 = S_{yy}^I. \tag{4}$$

Im Modell III lässt man die Einteilung in die M Gruppen fallen, zurück bleibt eine einfache lineare Regression mit

$$SQ(\text{Rest}|\beta) = S_{yy}^T - b_T^2 S_{xx}^T = S_{yy}^T - (S_{xy}^T)^2 / S_{xx}^T. \tag{5}$$

Schätzwerte zu Modell I finden wir nach der Methode der kleinsten Quadrate als das Minimum von

$$f = \sum_j \sum_i [y_{ji} - \mu - \alpha_j - \beta(x_{ji} - \bar{x}_{..})]^2. \tag{6}$$

Die Einzelheiten sind in 5.4 angegeben. Setzt man

$$\hat{\mu} = \bar{y}_{..},$$
$$\hat{\alpha}_j = (\bar{y}_{j.} - \bar{y}_{..}) - b_I(\bar{x}_{j.} - \bar{x}_{..}), \tag{7}$$
$$b_I = S_{xy}^I/S_{xx}^I$$

in (6) ein, so folgt SQ(Rest) als

$$SQ(\text{Rest}|\alpha_j, \beta) = S_{yy}^I - b_I^2 S_{xx}^I = S_{yy}^I - (S_{xy}^I)^2/S_{xx}^I$$
$$= SQ(\text{Rest}|\alpha_j) - b_I^2 S_{xx}^I. \tag{8}$$

Die Summen der Quadrate zu α_j und β finden wir als Differenzen:

$$SQ(\beta) = SQ(\text{Rest}|\alpha_j) - SQ(\text{Rest}|\alpha_j, \beta)$$
$$= b_I^2 S_{xx}^I, \quad FG = 1 \tag{9}$$

und

$$SQ(\alpha_j) = SQ(\text{Rest}|\beta) - SQ(\text{Rest}|\alpha_j, \beta)$$
$$= [S_{yy}^T - (S_{xy}^T)^2/S_{xx}^T] - [S_{yy}^I - (S_{xy}^I)^2/S_{xx}^I], \tag{10}$$
$$FG = M - 1.$$

Zum Prüfen verwenden wir den F-Test in der üblichen Art.

Beispiel 34. Gewichtszunahme von Ferkeln (*H. Pfirter,* Interner Bericht des Instituts für Tierproduktion, Gruppe Ernährung, ETH Zürich, 1980).

Um die Wirkung von vier Futterarten zu prüfen, sind bei je acht Tieren die durchschnittliche Gewichtszunahme (y) in Gramm pro Tag und als Kovariable das Anfangsgewicht (x) in kg bestimmt worden.

Futter	A		B		C		D	
	y_{1i}	x_{1i}	y_{2i}	x_{2i}	y_{3i}	x_{3i}	y_{4i}	x_{4i}
	437	7.850	415	7.863	455	7.850	433	7.863
	340	6.463	376	6.488	410	6.475	410	6.475
	382	8.971	435	8.300	457	8.300	456	8.313
	349	5.600	339	5.600	380	5.600	379	5.600
	413	7.750	458	7.763	444	7.750	465	7.750
	407	6.013	388	5.929	422	6.000	396	6.000
	382	8.138	403	8.125	449	8.138	468	8.125
	323	5.550	389	5.550	412	5.550	414	5.550
y_{ji}, x_{ji}	3033	56.335	3203	55.618	3429	55.663	3421	55.676
$\bar{y}_{j.}, \bar{x}_{j.}$	379.1	7.042	400.4	6.952	428.6	6.958	427.6	6.959
b_j	17.034		23.902		21.118		25.365	

Wir haben weiter folgende Grössen zu berechnen:

$$\bar{y}_{..} = 408.938, \quad \bar{x}_{..} = 6.978$$
$$S_{yy}^I = 33168.500, \quad S_{xy}^I = 879.9655, \quad S_{xx}^I = 40.7277,$$
$$S_{yy}^T = 46759.875, \quad S_{xy}^T = 860.5597, \quad S_{xx}^T = 40.7717.$$

Damit finden wir

$$b_1 = S_{xy}^I / S_{xx}^I = 879.9655/40.7277 = 21.606$$

und

$$SQ(\beta) = (S_{xy}^I)^2 / S_{xx}^I = (879.9655)^2/40.7277 = 19012.6, \; FG = 1,$$
$$SQ(\text{Rest}|\alpha_j) = S_{yy}^I = 33168.5, \; FG = 28,$$
$$SQ(\text{Rest}|\alpha_j, \beta) = SQ(\text{Rest}|\alpha_j) - SQ(\beta) = 14155.9, \; FG = 27,$$
$$SQ(\text{Rest}|\beta) = S_{yy}^T - (S_{xy}^T)^2 / S_{xx}^T$$
$$= 46759.875 - (860.5597)^2/40.7717$$
$$= 28596.2, \quad FG = 30.$$

Die Summe der Quadrate der α_j (bereinigte Summe der Quadrate) lässt sich berechnen als

$$SQ(\alpha_j) = SQ(\text{Rest}|\beta) - SQ(\text{Rest}|\alpha_j, \beta)$$
$$= 28596.2 - 14155.9 = 14440.3, \; FG = 3,$$

sodass wir jetzt alle Teile im Schema der Varianzanalyse zusammenstellen können; die Teile α_j und β sind nicht gegenseitig unabhängig, was sich darin äussert, dass die entsprechenden SQ-Grössen zusammen nicht $SQ(\alpha_j, \beta) = 46759.9 - 14155.9 = 32604.0$ ergeben.

Streuung	Frei-heits-grad	Summe der Quadrate	Durch-schnitts-quadrat	F
Zwischen Futterarten	3	14440.3	4813.4	9.2
Anfangsgewicht	1	19012.6	19012.6	36.3
Rest	27	14155.9	$s^2 = 524.3$	...
Total	31	46759.9	...	...

Beide F-Werte sind sehr hoch, sodass sowohl die Wirkung des Anfangsgewichtes, wie die Unterschiede zwischen den Futterarten gesichert sind.

Hätten wir auf die Kovariable verzichtet, so wäre der Restfehler s^2 als

216

$$s^2 = S_{yy}^I/(N-g) = 33\,168.5/28 = 1184.6$$

geschätzt worden; mit der Kovariablen reduziert er sich auf 524.3. Das Einbeziehen des Anfangsgewichtes bringt eine Erhöhung der Genauigkeit um das $1184.6/524.3 = 2.26$fache mit sich. Wir stellen aber fest, dass sich die Kovariable, da die 4 Durchschnitte $\bar{x}_{j.}$ etwa gleich gross sind, nur wenig auf die Schätzwerte $\hat{\mu} + \hat{\alpha}_j + b_I(\bar{x}_{j.} - \bar{x}_{..})$ auswirkt. Hingegen sind alle vier Werte genauer bestimmt.

Futter	A	B	C	D
Zunahme in g				
– ohne Kovariable	379.1	400.4	428.6	427.6
– mit Kovariable	377.7	400.9	429.1	428.0

Bei Vergleichen zwischen zwei Verfahren, etwa $\hat{\alpha}_1 - \hat{\alpha}_2$, hat man zu beachten, dass die Schätzwerte korreliert sind; es gilt

$$\hat{\alpha}_1 - \hat{\alpha}_2 = \bar{y}_{1.} - \bar{y}_{2.} - b_I(\bar{x}_{1.} - \bar{x}_{2.}),$$
$$V(\hat{\alpha}_1 - \hat{\alpha}_2) = V(\bar{y}_{1.}) + V(\bar{y}_{2.}) + V(b_I)(\bar{x}_{1.} - \bar{x}_{2.})^2$$
$$= \sigma^2[1/N_1 + 1/N_2 + (\bar{x}_{1.} - \bar{x}_{2.})^2/S_{xx}^I],$$

wobei σ^2 durch die Schätzung s^2 ersetzt wird. In unserem Beispiel wird

$$\hat{\alpha}_1 - \hat{\alpha}_2 = 377.7 - 400.9 = 23.2,$$
$$s_{\hat{\alpha}_1 - \hat{\alpha}_2}^2 = 524.3(1/8 + 1/8 + 0.0002) = 131.180,$$
$$t = 23.2/\sqrt{131.180} = 2.026.$$

Der entsprechende Tafelwert ist 2.052; der Unterschied ist gerade nicht gesichert.

Es bleibt noch die Annahme zu prüfen, wonach in allen 4 Gruppen die Steigung, d.h. die Abhängigkeit vom Anfangsgewicht, dieselbe sei. Gerade in Fütterungsversuchen geschieht es leicht, dass bei freier Fütterung der Anstieg beim bevorzugten Futter steiler ausfällt; in einem solchen Falle wäre unser Modell nicht zulässig. Um die Annahme zu prüfen, haben wir die Summe der Quadrate zum Rest für die Modelle

$$y_{ji} = \mu + \alpha_j + \beta_j(x_{ji} - \bar{x}_{..}) + \varepsilon_{ji}$$

und

$$y_{ji} = \mu + \alpha_j + \beta(x_{ji} - \bar{x}_{..}) + \varepsilon_{ji}$$

zu vergleichen. Im ersten Modell mit M Regressionslinien findet man nach 4.14 (Seite 205):

$$SQ(\text{Rest}|\alpha_j, \beta_j) = \sum_j S_{yy}^{(j)} - \sum_j b_j^2 S_{xx}^{(j)}$$
$$= S_{yy}^I - \sum_j (S_{xy}^{(j)})^2 / S_{xx}^{(j)} = 13720.3, \quad FG = 24.$$

Die Differenz aus der Modellreduktion

$$SQ(\text{Rest}|\alpha_j, \beta) - SQ(\text{Rest}|\alpha_j, \beta_j) = 14155.9 - 13720.3 = 435.6$$

mit 3 Freiheitsgraden misst den Unterschied zwischen den 4 Steigungen; die Testgrösse

$$F = \frac{435.6/3}{13720.3/24} = \frac{145.233}{571.679} = 0.254$$

zeigt deutlich, dass sich das Anfangsgewicht in allen 4 Gruppen gleich auswirkt und unser Modell somit gerechtfertigt ist.

Die einfache Varianzanalyse kann auch mit zwei oder mehr Kovariablen zu einer Kovarianzanalyse erweitert werden; prinzipiell ist in derselben Weise wie oben vorzugehen.

In gewissen Programmen zur Kovarianzanalyse wird der Vergleich der Steigungen in den einzelnen Gruppen nicht durchgeführt; leider gibt man sich dann mit dem Gebotenen zufrieden und nimmt Fehler bei der Interpretation des Versuches in Kauf. Wir raten dringend vom Gebrauch solch ungenügender Programme ab.

Für weiterführende Arbeiten zur Kovarianzanalyse sei auf die Spezialliteratur verwiesen. *Cochran* (1969) beschreibt an einem Beispiel sehr anschaulich die Wahl des geeigneten Modelles und geht dabei auch auf den Fall ungleicher Varianzen bei 2 Gruppen ein. Weitere nützliche Hinweise sind bei *Abt* (1960) und im Heft 3 von *Biometrics, 13* (1957) zu finden; wir erwähnen speziell die Arbeiten von *Cochran, Finney* und *Smith*.

4.3 Zweifache Varianzanalyse mit einer Kovariablen

Die zweifache Varianzanalyse mit einer Kovariablen erläutern wir an zwei Beispielen. Im ersten geht es darum, bei Schnittzeiten von Sägen Unterschiede zwischen verschiedenen Typen und dem Zustand der Sägen zu prüfen; der unterschiedliche Brusthöhendurchmesser wird als Kovariable in die Berechnungen einbezogen. Im zweiten Beispiel wird gezeigt, wie eine im Grunde zu einfache Auswertung nach dem Modell der zweifachen Varianzanalyse durch Einführen einer Kovariablen – die einem nachträglich erfassten Faktor entspricht – erheblich verbessert werden kann.

Für die Theorie verweisen wir auf 5.4. Das hier zugrundegelegte Modell lässt sich schreiben als

$$y_{jki} = \mu + \alpha_j + \gamma_k + (\alpha\gamma)_{jk} + \beta(x_{jki} - \bar{x}_{...}) + \varepsilon_{jki}, \qquad (1)$$

wobei α_j und γ_k die Stufen zweier Faktoren, $(\alpha\gamma)_{jk}$ die Wechselwirkung und β die Steigung der Regressionsgeraden von y gegenüber der Kovariablen x bedeutet. Zum Prüfen von $\beta_{jk} = \beta$, also der Gleichheit der Steigungen in allen Untergruppen, geht man zu den unter 4.2 beschriebenen Verfahren zurück. Wir halten uns hier an die Regel, wonach von der Analyse ohne Kovariable auszugehen ist und zu allen benötigten S_{yy}-Werten zusätzlich die entsprechenden S_{xy} und S_{xx}-Grössen zu bestimmen sind. Mit * markieren wir die Summen von Quadraten und Produkten der zweifachen Varianzanalyse ohne Kovariable; die bereinigten Grössen, etwa für den ersten Faktor α, findet man nach dem Schema

$$SQ(\alpha) = SQ(\alpha^*) + SQ(\text{Rest}^*) - \frac{(S_{xy}^{(\alpha)} + S_{xy}^{R})^2}{(S_{xx}^{(\alpha)} + S_{xx}^{R})} - SQ(\text{Rest}), \qquad (2)$$

wobei die mit R bezeichneten S_{xy} und S_{xx} der Zeile mit dem Rest zu entnehmen sind.

Beispiel 35. Einfluss von drei Sägetypen und des Sägezustandes auf die Einschneidezeit im Holzfällversuch bei Berücksichtigung des Brusthöhendurchmessers (*Zehnder, Soom* und *Auer*, 1951).

Die 180 im Versuch benutzten Bäume sind nach dem Brusthöhendurchmesser in Klassen eingeteilt worden. Aus jeder dieser Klassen sind je 30 Bäume den sechs Verfahren (Sägetyp und Sägezustand) zufällig zugeteilt worden. Als Einschneidezeit bezeichnet man die Zeit, die benötigt wird, um den gefällten Stamm einmal zu durchsägen. Die Sägetypen S_1 und S_2 sind schmal, S_3 breit. Sägezustand Z_1 bedeutet eine frisch gefeilte Säge, Z_2 eine längere Zeit gebrauchte und von den Arbeitern als stumpf betrachtete Säge. Totale und Durchschnitte sind nachstehend zusammengestellt, wobei

x = Brusthöhendurchmesser in cm,
y = Einschneidezeit in Minuten

bedeutet.

| | | | x | | | y | |
	Sägetyp	Z_1	Z_2	Total	Z_1	Z_2	Total
Summen:	S_1	739	742	1481	102	116	218
	S_2	745	800	1545	95	131	226
	S_3	723	700	1423	60	64	124
	Total	2207	2242	4449	257	311	568
Durchschnitte:	S_1	24.63	24.73	24.68	3.400	3.867	3.633
	S_2	24.83	26.67	25.75	3.167	4.367	3.767
	S_3	24.10	23.33	23.72	2.000	2.133	2.067
	Total	24.52	24.91	24.72	2.856	3.456	3.156

Zu jeder Zeile der üblichen zweifachen Varianzanalyse sind neben den S_{yy}-Grössen auch die entsprechenden S_{xy} und S_{xx} zu berechnen. Um zu bereinigten Summen von Quadraten zu gelangen, wird Formel (2) beim Sägetyp, Sägezustand und der Wechselwirkung verwendet. Wie bei Handrechnung vorzugehen ist, kann dem folgenden Schema entnommen werden. Einige der Spalten werden wiederholt um das Schema übersichtlicher zu gestalten.

Streuung	FG	S_{xx}	S_{xy}	S_{yy}
Sägetyp	2	124.133	102.267	107.244
Sägezustand	1	6.806	10.500	16.200
Wechselwirkung SZ	2	52.578	21.666	8.934
Rest	174	16287.033	4190.500	1523.266
Total	179	16470.550	4324.933	1655.644
Sägetypen + Rest	176	16411.166	4292.767	1630.510
Sägezustand + Rest	175	16293.839	4201.000	1539.466
SZ + Rest	176	16339.611	4212.166	1532.200

Streuung	FG	S_{yy}	S_{xy}^2/S_{xx}	$S_{yy} - S_{xy}^2/S_{xx}$	FG
Sägetyp + Rest	176	1 630.510	1 122.885	507.625	175
Sägezustand + Rest	175	1 539.466	1 083.133	456.333	174
SZ + Rest	176	1 532.200	1 085.849	446.351	175
Rest	174	1 523.266	1 078.176	445.090	173

Streuung	FG	$S_{yy} - S_{xy}^2/S_{xx}$	Rest	$\dfrac{S_{yy} - S_{xy}^2/S_{xx}}{- \text{Rest}}$	FG
Sägetyp	175	507.625	445.090	62.535	2
Sägezustand	174	456.333	445.090	11.243	1
SZ	176	446.351	445.090	1.261	2
Rest	176	445.090	...	445.090	176

In der obersten Zusammenstellung liefert die Spalte S_{yy} die benötigten Werte zur zweifachen Varianzanalyse; die Reststreuung wird

$$s^2 = 1 523.266/174 = 8.754$$

und man stellt fest, dass sich allein bei den Sägetypen Unterschiede zeigen.

Beziehen wir den Brusthöhendurchmesser als Kovariable in die Berechnungen ein, so wird $SQ(\text{Rest})$ stark verkleinert.

$$
\begin{aligned}
SQ(\text{Rest}) &= SQ(\text{Rest*}) - SQ(\text{Kovariable}) \\
&= S_{yy}^R - (S_{xy}^R)^2/S_{xx}^R \\
&= 1 523.266 - (4 190.500)^2/16 287.033 \\
&= 1 523.266 - 1 078.176 = 445.090.
\end{aligned}
$$

Alle S-Grössen sind der Zeile «Rest» entnommen. Die restliche Streuung beträgt nur noch

$$s^2 = 445.090/173 = 2.573.$$

Das Verhältnis $8.754/2.573 = 3.4$ kann folgendermassen gedeutet werden: Um gleich genaue Aussagen bezüglich der Einschneidezeit zu erhalten, wären ohne den Brusthöhendurchmesser als Kovariable statt 180 Bäumen deren $(3.4) \cdot (180) = 612$ zu fällen gewesen.

Die Resultate der Berechnungen werden im Schema der Varianzanalyse übersichtlich zusammengestellt.

Streuung	Frei-heits-grad	Summe der Quadrate	Durch-schnitts-quadrat	F
Sägetyp S	2	62.535	31.268	12.15
Sägezustand Z	1	11.243	11.243	4.37
Wechselwirkung SZ	2	1.261	0.630	0.25
Brusthöhendurchmesser ($\beta = 0$)	1	1078.176	1078.176	419.04
Rest	173	445.090	$s^2 = 2.573$	...

Die 5%-Grenze von F beträgt bei $n_1 = 1$ und $n_2 = 173$ ungefähr 3.9; damit ist neben dem schon vorher festgestellten Unterschied zwischen den Sägetypen auch der Sägezustand gesichert. Der Regressionskoeffizient $b_I = 4190.500/16287.033 = 0.25729$ gibt die Zunahme der Einschneidezeit an, wenn der Brusthöhendurchmesser um 1 cm erhöht wird; b_I weicht deutlich von null ab. Der tiefe Wert von F für die Wechselwirkung zeigt, dass Sägetyp und Sägezustand als zwei unabhängige Einflüsse zu betrachten sind.

Aufgrund der Anlage des Versuches sind auch die Vergleiche der gleichwertigen Sägen 1 und 2, sowie von 1 und 2 gemeinsam mit 3 von Interesse. In der Varianzanalyse sprechen wir bekanntlich von einer orthogonalen Aufspaltung; bezieht man aber eine Kovariable in die Berechnungen mit ein, so geht die Orthogonalität verloren. Trotzdem lassen sich die Vergleiche durchführen; es sind aber die Ausführungen zu den mehrfachen Vergleichen zu beachten (siehe Band I, Seite 144).

S_1 vs. S_2:

$$d = \bar{y}_{1..} - \bar{y}_{2..} - b_I(\bar{x}_{1..} - \bar{x}_{2..})$$
$$= [218 - 226 - 0.25729(1481 - 1545)]/60 = 0.1411;$$

$$V(d) = \sigma^2 \left(\frac{1}{bn} + \frac{1}{bn} + \frac{(\bar{x}_{1..} - \bar{x}_{2..})^2}{S_{xx}^R} \right) = \sigma^2 \cdot f$$

$$= \sigma^2 \left(\frac{1}{60} + \frac{1}{60} + \frac{(1481 - 1545)^2}{60^2 \cdot 16287.033} \right) = \sigma^2 \cdot 0.0334;$$

$$SQ(d) = d^2/f = 0.596.$$

$(S_1 + S_2)$ vs. S_3:

$$d = (\bar{y}_{1..} + \bar{y}_{2..})/2 - \bar{y}_{3..} - b_I[(\bar{x}_{1..} + \bar{x}_{2..})/2 - \bar{x}_{3..}] = 1.2474;$$

$$V(d) = \sigma^2\left(\frac{1}{2bn} + \frac{1}{bn} + \frac{[(\bar{x}_{1..} + \bar{x}_{2..})/2 - \bar{x}_{3..}]^2}{S_{xx}^R}\right) = \sigma^2 \cdot 0.02514;$$

$$SQ(d) = d^2/f = 61.894.$$

Die beiden gleichartigen Sägen unterscheiden sich nicht, dagegen findet man mit $F = 61.894/2.573 = 24.055$ deutliche Differenzen zwischen den schmalen und den breiten Sägen.

Figur 23 zeigt graphisch den Einfluss der Kovariablen; die Einschneidezeit von Säge 2 wird nach folgender Formel auf den frei gewählten Brusthöhendurchmesser $m = 25$ reduziert:

$$\bar{y}_{2..} - b_I(\bar{x}_{2..} - m) = 3.767 - 0.25729(25.75 - 25) = 3.574;$$

entsprechend geht man bei den andern Durchschnitten vor.

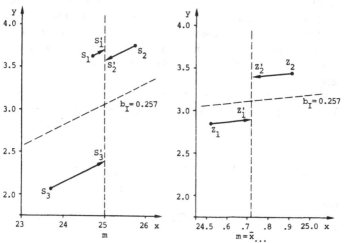

Figur 23. Einfluss des Brusthöhendurchmessers (Kovariable) auf Sägetyp und Sägezustand; S_j', Z_j' sind die auf einen einheitlichen Wert ($m = 25$ links bzw. $m = \bar{x}_{...}$ rechts) des Brusthöhendurchmessers korrigierten Durchschnitte.

Im zweiten Beispiel wird eine Kovariable eingeführt, um eine im Grunde genommen nicht zulässige Art der Auswertung eines Versuches zu verbessern.

Beispiel 36. Berücksichtigung von Trockenschäden bei der Auswertung eines Versuches von 49 Weizensorten in drei Blöcken (*Berchtold,* 1977).

Auf drei Parzellen (= Blöcke) sind je 49 verschiedene Weizensorten angebaut worden. Als Versuchsplan ist ein *Gitter* gewählt worden (siehe *Linder,* 1969). Anstelle der richtigen Auswertung nach dem Gitterplan wird gelegentlich eine vereinfachte Auswertung nach dem Schema der zweifachen Varianzanalyse durchgeführt. Nach beiden Methoden findet man in der Regel Schätzwerte und Reststreuungen von vergleichbarer Grössenordnung. Hier jedoch beträgt $s^2 = 14.86$ bei der Auswertung als Gitterversuch und 84.17 bei der Auswertung als einfacher Blockversuch; die Schätzwerte für die Erträge sind ebenfalls krass verschieden. Da im Verlaufe des Versuches auf gewissen Teilparzellen Trockenschäden aufgetreten sind, darf angezweifelt werden, ob die Auswertung als Blockversuch überhaupt zulässig gewesen ist. Dabei setzt man nämlich voraus, dass innerhalb der drei Blöcke die Teilparzellen gleichwertig seien, eine Annahme, die durch das stellenweise Auftreten von Trockenschäden ohne Zweifel verletzt ist.

Wir führen trotzdem vorerst die Auswertung nach dem Schema der zweifachen Varianzanalyse durch und erhalten:

Streuung	Freiheits-grad	Summe der Quadrate	Durchschnitts-quadrat	F
Blöcke	2	3 674.19	1 837.10	...
Sorten	48	5 836.27	121.59	1.44
Rest	96	8 080.71	84.17	...
Total	146	17 591.18	...	...

Der Tafelwert von *F* beträgt 1.49 bei $\alpha = 0.05$; die Unterschiede zwischen den Sorten sind gerade nicht gesichert.

Ob die soeben benützte vereinfachte Analyse zulässig ist oder nicht beurteilen wir hier anhand der *Residuen*. Tragen wir diese als Ordinate gegen die Erträge als Abszisse auf, so sollten entlang der x-Achse positive und negative Residuen gleichmässig vertreten sein. Figur 24 zeigt jedoch einen klaren Trend; zu Teilparzellen mit Trockenschäden gehören negative Residuen.

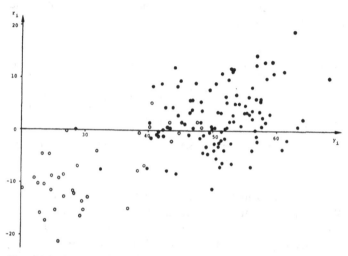

Figur 24. Residuen bei der Auswertung als Blockversuch. (○ = mit Trockenschäden, ● = ohne Trockenschäden).

Zählen wir die positiven und negativen Residuen nach Teilparzellen mit und ohne Schäden aus, so finden wir die folgende Vierfeldertafel:

	$r \geqslant 0$	$r < 0$	Total	Anteil $r \geqslant 0$
Trockenschäden mit	5	30	35	14.3%
ohne	76	36	112	67.9%
Total	81	66	147	55.1%

$$\chi^2 = \frac{(5 \cdot 36 - 76 \cdot 30)^2 \cdot 147}{81 \cdot 66 \cdot 35 \cdot 112} = 30.9; \qquad \chi^2_{0.05} = 3.84.$$

Der Chiquadrattest zeigt deutlich, dass sich die Vorzeichen der Residuen sehr ungleich auf die beiden Klassen verteilen. Die zweifache Varianzanalyse ist deshalb nicht zulässig.

Die Trockenschäden, als deren Ursache später eine Kiesader ausgemacht wurde, sind im Laufe des Versuches bewertet (bonitiert) worden, wobei die Skala von 1 = keine Schädigung über 2 = wenig geschädigt bis zu 5 = sehr stark geschädigt reicht. Figur 25 zeigt schematisch die Noten und damit den Verlauf der Kiesader.

```
1  1  1  1  3  3  3    4  4  4  4  5  5  5    1  1  1  1  1  1  1
5  5  5  5  5  5  5    5  5  5  5  5  5  5    5  3  1  1  1  1  1
5  5  5  5  5  5  5    5  5  1  1  1  1  1    1  1  1  1  1  1  1
1  1  1  1  1  1  1    1  1  1  1  1  1  1    1  1  1  1  1  1  1
1  1  1  1  1  1  1    1  1  1  1  1  1  1    1  1  1  1  1  1  1
1  1  1  1  1  1  1    1  1  1  1  1  1  1    1  1  1  1  1  1  1
1  1  1  1  1  1  1    1  1  1  1  1  1  1    1  1  1  1  1  1  1
```

Figur 25. Lage der Kiesader und Stärke der Trockenschäden; 1 = nicht geschädigt, 5 = sehr stark geschädigt.

Die Trockenschäden stellen einen weiteren Faktor im Versuche dar; nehmen wir an, die Wirkung auf den Ertrag sei proportional zur Note, so werden wir zur zweifachen Varianzanalyse mit einer Kovariablen geführt. Wie man bei der Auswertung vorzugehen hat, ist im letzten Beispiel gezeigt worden; wir begnügen uns deshalb mit den Resultaten.

Streuung	Freiheits-grad	Summe der Quadrate	Durchschnitts-quadrat	F
Blöcke	2	683.75	341.88	...
Sorten (bereinigt)	48	2956.22	61.59	2.64
Trockenschäden (Hypothese $\beta = 0$)	1	5860.78	5860.78	250.81
Rest	95	2219.91	$s^2 = 23.37$	...
Total	146	17591.18	...	...

Die Steigung b der Kovariablen ist sehr deutlich gesichert und die Reststreuung drastisch von 84.17 auf $s^2 = 23.37$ gefallen; der Wirkungsgrad der Kovarianzanalyse beträgt 84.17/23.37

= 3.6. Vor allem stellen wir fest, dass beim Einbeziehen der Trockenschäden die Sorten mit

$$F = 61.59/23.37 = 2.64$$

bei einer 1%-Grenze von $F = 1.75$ sehr deutlich gesichert sind; dies deckt sich mit der feineren Analyse des Gitterversuches.

Wir zeichnen nochmals die Residuen gegen die Erträge auf; die tiefen Werte bei den geschädigten Parzellen sind weitgehend verschwunden und es ist in Figur 26 nur noch ein schwacher Trend zu sehen.

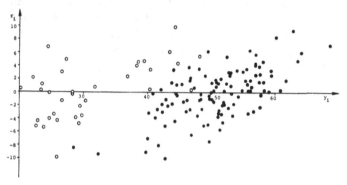

Figur 26. Residuen der Kovarianzanalyse.
($\bigcirc$ = mit Trockenschäden, $\bullet$ = ohne Trockenschäden)

	$r \geqslant 0$	$r < 0$	Total	Anteil $r \geqslant 0$
Trockenschäden mit	19	16	35	54.3%
ohne	59	53	112	52.7%
Total	78	69	147	53.1%

$$\chi^2 = \frac{(19 \cdot 53 - 59 \cdot 16)^2 \cdot 147}{78 \cdot 69 \cdot 35 \cdot 112} = 0.03; \qquad \chi^2_{0.05} = 3.84.$$

Der Test zur Vierfeldertafel gibt keine Signifikanz mehr; die Vorzeichen verteilen sich jetzt gleichmässig auf die Klassen.

Zu diesem Beispiel seien abschliessend noch einige Bemerkungen angebracht. Der Schluss vom Zustand der Parzelle auf den Grad der Trockenheit bringt es mit sich, dass die

Kovariable und die Sorten voneinander abhängig werden: Eine resistente Sorte bekommt auf der Kiesader die Note 1, womit der Ertrag in der Kovarianzanalyse nach unten verschoben wird; am selben Ort erhält eine empfindliche Sorte die Note 5 und der Ertrag wird durch die Kovariable angehoben. In einer einwandfreien Kovarianzanalyse hätte man die Kiesader schon beim Planen beachtet und eine sie charakterisierende Grösse, etwa die verbleibende Humusschicht, als Kovariable berücksichtigt.

Bei *Berchtold* (1977) wird gezeigt, dass mit einer passenderen *nicht-linearen* Skala nur ein unwesentlicher Gewinn an Genauigkeit gegenüber der linearen Skala erzielt werden kann. Dort wird auch angegeben, dass die durch Kovarianz bereinigten Sortenerträge – bei vereinfachter Auswertung – in der Nähe der Erträge liegen, wie man sie bei der einwandfreien Auswertung nach dem Modell des Gitterplanes erhält.

5 Das lineare Modell

Alle in diesem Buche verwendeten Modelle sind Spezialfälle des *linearen Modelles;* wir wollen hier diese Theorie in knapper Weise darstellen, um Unterschiede und Gemeinsamkeiten zwischen Varianzanalyse, Regression und Kovarianzanalyse deutlich hervortreten zu lassen. Für ausführlichere und weitergehende Darstellungen verweisen wir auf die Werke von *Rao* (1965), *Searle* (1971) und *Seber* (1977).

In 5.1 werden die Grundlagen, sowie die Bezüge zur Likelihood behandelt; in den folgenden Abschnitten wird auf die speziellen Probleme der Regression, der Varianz- und der Kovarianzanalyse eingegangen.

5.1 Lineares Modell, kleinste Quadrate und Likelihood

5.11 Formulierung des linearen Modelles

Wir gehen von N Messungen y_i aus; diese lassen sich bis auf einen zufälligen Anteil mit sogenannten unabhängigen Grössen x_{ji}, den *Regressoren,* folgendermassen darstellen:

$$y_i = \beta_o x_{oi} + \beta_1 x_{1i} + \ldots + \beta_p x_{pi} + \varepsilon_i = \Gamma_i + \varepsilon_i. \tag{1}$$

Dabei bedeuten

y_i = Messwert der abhängigen Variablen;

x_{ji} = i-te Messung des j-ten Regressors, im allgemeinen ist
$\quad x_{oi} = 1$, also $\beta_o x_{oi} = \beta_o;$

β_j = Parameter des j-ten Regressors (Regressionskoeffizient);

$\Gamma_i = \sum\limits_{j=o}^{p} \beta_j x_{ji}$ = «fester» Teil des linearen Modelles;

ε_i = sogenannter *Versuchsfehler;* er beschreibt die *Variabilität* der Messung y_i.

Die ε_i sind gegenseitig unabhängig und alle in derselben Weise, etwa normal, verteilt mit

$$E(\varepsilon_i) = 0 \text{ und } V(\varepsilon_i) = \sigma^2.$$

Dieser Ansatz umfasst alle üblichen Modelle; setzen wir zum Beispiel $x_{oi} = 1$ und $x_{1i} = x_i$, so entsteht aus (1) mit

$$y_i = \beta_o + \beta_1 x_i + \varepsilon_i \tag{2}$$

gerade die Modellgleichung der *einfachen linearen Regression;* in derselben Weise zeigt man, dass auch die mehrfache lineare Regression ein Spezialfall von (1) ist.

In der *Varianzanalyse* nehmen die x_{ji} im allgemeinen nur Werte 1 oder 0 an, je nachdem ob das j-te Verfahren bei der i-ten Beobachtung vorkommt oder nicht; x_{ji} ist hier ein Indikator. Im einfachsten Falle kommt in y_i nur gerade eines aus M Verfahren vor; bezeichnet j das Verfahren und $k = 1$, ..., N_j die Wiederholung im j-ten Verfahren, so wird aus (1)

$$y_{jk} = \beta_o + \beta_j + \varepsilon_{jk}, \quad j = 1, ..., M, \quad k = 1, ..., N_j,$$

die Modellgleichung der einfachen Varianzanalyse.

5.12 Formulierung mit Vektoren und Matrizen

Man gewinnt an Übersicht, wenn anstelle der indizierten Einzelwerte Vektoren und Matrizen verwendet werden.

Vektor der Messungen y_i:
$$\vec{y} = \begin{pmatrix} y_1 \\ y_2 \\ \vdots \\ y_N \end{pmatrix} = (y_1, y_2, ..., y_N)'$$

Vektor der Parameter β_j:
$$\vec{\beta} = (\beta_o, \beta_1, ..., \beta_p)'$$

Vektor der zufälligen Grössen ε_i:
$$\vec{\varepsilon} = (\varepsilon_1, \varepsilon_2, ..., \varepsilon_N)'$$

Matrix der Werte der unabhängigen Variablen:
$$X = \begin{pmatrix} x_{o1} & x_{o2} & \cdots & x_{oN} \\ x_{11} & x_{12} & \cdots & x_{1N} \\ \vdots & & & \vdots \\ x_{p1} & x_{p2} & \cdots & x_{pN} \end{pmatrix}$$

Die Matrix X mit $(p + 1)$ Zeilen und N Spalten heisst die *Strukturmatrix* (Designmatrix); ihre Elemente x_{ji} sind durch den Versuchsplan oder die Struktur der Daten festgelegt. Mit X' bezeichnen wir die zu X transponierte Matrix, bei der also Zeilen und Spalten vertauscht worden sind.

Mit den obigen Definitionen wird

$$y_i = \beta_o x_{oi} + \beta_1 x_{1i} + \ldots + \beta_p x_{pi} + \varepsilon_i, \qquad i = 1, \ldots, N \quad (1)$$

in knapper Form als

$$\vec{y} = X' \vec{\beta} + \vec{\varepsilon} \qquad (2)$$

geschrieben.

Bei der *einfachen linearen Regression* besteht X aus zwei Zeilen:

$$X = \begin{pmatrix} 1 & 1 & \ldots 1 \\ x_1 & x_2 & \ldots x_N \end{pmatrix} \qquad (3)$$

In der *einfachen Varianzanalyse* bedeutet «1» das Vorkommen des betreffenden Parameters. Die Matrix X mit $(p + 1)$ Zeilen und N Spalten hat folgende Gestalt $(p = 3)$;

$$X = \begin{pmatrix} 1\,1 \ldots 1 & 1\,1 \ldots 1 & 1\,1 \ldots 1 \\ 1\,1 \ldots 1 & 0\,0 \ldots 0 & 0\,0 \ldots 0 \\ 0\,0 \ldots 0 & 1\,1 \ldots 1 & 0\,0 \ldots 0 \\ 0\,0 \ldots 0 & 0\,0 \ldots 0 & 1\,1 \ldots 1 \end{pmatrix} \qquad (4)$$

$\underbrace{\qquad}_{N_1 \text{ Spalten}}$ $\underbrace{\qquad}_{N_2 \text{ Spalten}}$ $\underbrace{\qquad}_{N_3 \text{ Spalten}}$

Die letzten p Zeilen zusammengezählt ergeben die erste; der Rang von X ist p und nicht $(p + 1)$. Auf die mit der linearen Abhängigkeit der Zeilen verbundenen Schwierigkeiten gehen wir in 5.3 ein.

5.13 Die Methode der kleinsten Quadrate

Um die im linearen Modell eingeführten Parameter zu bestimmen, ist von einem *Schätzprinzip* auszugehen. In 1.5

haben wir bereits die Methode des Maximum Likelihood und jene der kleinsten Quadrate erwähnt.

Die Parameter β_j sind durch Schätzwerte b_j zu ersetzen, sodass die damit bestimmten Werte

$$Y_i = b_o + b_1 x_{1i} + \ldots + b_p x_{pi}$$

so «nahe wie möglich» an die Messwerte y_i herankommen. Mit vielen Parametern ist dies stets besser zu erreichen als mit wenigen; unser Ziel ist es aber, das Datenmaterial mit wenigen Parametern zu charakterisieren.

Die wesentlichen Grössen in unserer Aufgabe sind die *Residuen*

$$r_i = y_i - \Gamma_i, \tag{1}$$

die Differenzen zwischen Messung y_i und Modellwert Γ_i.
Bei der *Methode der kleinsten Quadrate* wird verlangt, dass die Summe der quadrierten Residuen durch Variieren der Parameter so klein wie möglich wird; in Formeln:

$$\begin{aligned} Q = Min\, f &= Min\, \sum (y_i - \Gamma_i)^2 \\ &= Min\, \sum (y_i - \beta_o - \beta_1 x_{1i} - \ldots - \beta_p x_{pi})^2 \\ &= Min\, (\vec{y} - X'\vec{\beta})'(\vec{y} - X'\vec{\beta}). \end{aligned} \tag{2}$$

Das Minimum finden wir, indem wir nach β_o, β_1, $\ldots$, β_p ableiten und die so entstehenden $(p + 1)$ linearen Gleichungen gleich null setzen. In Komponenten gilt

$$\frac{\partial f}{\partial \beta_j} = -2 \sum_i (y_i - \Gamma_i) x_{ji} = 0, \qquad j = 0,1,\ldots,p. \tag{3}$$

Die j-te Gleichung kann auch als

$$\sum_i x_{ji} x_{oi} \beta_o + \sum_i x_{ji} x_{1i} \beta_1 + \ldots + \sum_i x_{ji} x_{pi} \beta_p = \sum_i x_{ji} y_i \tag{4}$$

geschrieben werden. Von dieser Form des linearen Gleichungssystems ausgehend, findet man leicht die gleichwertige Darstellung mit Vektoren und Matrizen

$$(XX')\vec{\beta} = X\vec{y}. \tag{5}$$

Eindeutige Lösungen, Schätzwerte b_j für β_j existieren nur, wenn (XX') den Rang $(p + 1)$ hat, also aus $(p + 1)$ linear unabhängigen Vektoren zusammengesetzt ist; die Matrix heisst dann regulär. Eine andere gleichwertige Formulierung besagt, dass die *Determinante* $|XX'|$ von (XX') nicht null sein darf. Für mathematische Einzelheiten verweisen wir auf die Bücher zur linearen Algebra.

In Regressionsproblemen, $p < N$ vorausgesetzt, ist (XX') regulär und (5) kann nach $\vec{\beta}$ aufgelöst werden; dazu wird die zu (XX') *inverse Matrix* $(XX')^{-1}$ berechnet.

$$\hat{\vec{\beta}} = \vec{b} = (XX')^{-1}X\vec{y}. \tag{6}$$

In der *Varianz-* und *Kovarianz*analyse ist (XX') nicht regulär; gewisse Zeilen von X und damit auch von (XX') sind linear abhängig; in Matrix (4) aus 5.12 etwa haben wir für p Gruppen p Parameter für die Abweichungen vom Durchschnitt eingeführt. Es würden aber bereits $(p - 1)$ Parameter genügen. Eine zu (XX') inverse Matrix gibt es in diesen Fällen nicht und die Lösungen sind nicht eindeutig. Wir zeigen in 5.3 wie man diese Schwierigkeiten überwindet.

5.14 *Ungleiche Genauigkeit der Messwerte*

Die Forderung, wonach alle Messungen y_i gleich genau sein sollen, $V(y_i) = \sigma^2$, ist in biologischen Problemen nicht immer erfüllt. So steigt in Eichproblemen, die sich mit einfacher linearer Regression durch den Nullpunkt behandeln lassen, die Varianz häufig mit x_i^2 gemäss $V(\varepsilon_i) = \sigma_o^2 x_i^2$ an; siehe dazu die Ausführungen in Band I. In solchen und ähnlichen Fällen genügt die in 5.13 dargestellte Form der Methode der kleinsten Quadrate nicht mehr. Man wird sie so abändern, dass genauere Messungen y_i mit grösserem Gewicht W_i in die Summe der Quadrate eingehen als weniger genau bestimmte Messungen. Die Forderung lautet:

$$Q = Min \sum_i W_i(y_i - \Gamma_i)^2. \tag{1}$$

Die Gewichte W_i werden so gewählt, dass $V(y_i)/W_i$ konstant wird, was man mit $W_i = 1/V(y_i) = 1/\sigma_i^2$ erreicht.

Fasst man die Gewichte W_i als Diagonalelemente einer $(N \times N)$-Matrix W auf, so wird (1) mit Vektoren und Matrizen zu

$$Q = Min\,(\vec{y} - X'\,\vec{\beta})'\,W(\vec{y} - X'\,\vec{\beta}). \qquad (2)$$

Die Schätzwerte $\vec{b}$ sind Lösungen von

$$(XWX')\vec{b} = XW\vec{y}. \qquad (3)$$

Wir treffen diese Gleichung in 2.24 und bei Problemen mit *Anteilen* und *Anzahlen* an.

5.15 Kleinste Quadrate und Normalverteilung

Beim Schätzen nach der Methode der kleinsten Quadrate wird die Verteilung der y_i nicht berücksichtigt. Wir zeigen hier, dass man bei Normalverteilung der y_i mit der Methode des Maximum Likelihood zu denselben Schätzungsgleichungen kommt. In der Modellgleichung

$$y_i = \Gamma_i + \varepsilon_i = \beta_o + \sum_{j=1}^{p} \beta_j x_{ji} + \varepsilon_i, \qquad i = 1, \ldots, N, \quad (1)$$

verlangen wir, dass die ε_i zusätzlich zur Unabhängigkeit und $V(\varepsilon_i) = \sigma^2$ normal verteilt seien, also

$$\varepsilon_1 \to N(O, \sigma^2).$$

Die Likelihood ist dann (siehe 1.5) ein Produkt von Dichten φ_i der Normalverteilung

$$L(\beta_o \ldots \beta_p | y_i) = \prod_{i=1}^{N} \frac{1}{\sqrt{2\pi\sigma^2}} e^{-\dfrac{(y_i - \Gamma_i)^2}{2\sigma^2}} \qquad (2)$$

oder bequemer

$$ln\,L = -\frac{N}{2} ln\,\sigma^2 - \sum_i \frac{(y_i - \Gamma_i)^2}{2\sigma^2} - \frac{N}{2} ln\,(2\pi). \qquad (3)$$

In (3) ist nur der mittlere Teil von den Parametern β_j abhängig. Das Maximum von (3) als Funktion der Parameter β_j ist gleich dem Maximum von

$$-\sum_i \frac{(y_i - \Gamma_i)^2}{2\sigma^2} = \frac{-1}{2\sigma^2} \sum_i (y_i - \Gamma_i)^2. \qquad (4)$$

Bis auf das Vorzeichen und dem nicht von β_j abhängigen Nenner ist dies die nach der Methode der kleinsten Quadrate zu minimierende Summe. Damit ist gezeigt, dass die Methode der kleinsten Quadrate bei Normalverteilung zu den Likelihood-Schätzwerten für β_j führt.

Gleichung (3) nach der Varianz σ^2 abgeleitet, gibt mit den aus (4) bestimmten Lösungen eine Schätzung s^2 für σ^2; diese ist im allgemeinen nicht erwartungstreu.

5.16 Anteile und Anzahlen

In diesem Abschnitt gehen wir auf Regression und Varianzanalyse mit Anteilen und Anzahlen ein. Grundlage sind die *Biomial-* und die *Poissonverteilung;* bei beiden ist die Varianz nicht konstant, weshalb die Methode der kleinsten Quadrate nicht direkt verwendet werden kann. Auch besteht ein linearer Zusammenhang erst zwischen einer Funktion des Anteils oder der Anzahl und den Regressoren, so dass Transformationen nötig werden. Wir fassen uns kurz und verweisen für Einzelheiten auf die Monographie von *Linder* und *Berchtold* (1976), für Theorie und Verallgemeinerungen auf *Nelder* und *Wedderburn* (1972).

Ist die abhängige Variable ein *Anteil* $p_i = a_i/N_i$, eine *Prozentzahl,* berechnet aus a_i Erfolgen in N_i Einzelexperimenten oder Beobachtungen, und ist a_i binomisch verteilt gemäss

$$P(a_i) = \binom{N_i}{a_i}\pi_i^{a_i}(1 - \pi_i)^{N_i - a_i} \tag{1}$$

so gilt

$$E(a_i) = \pi_i \text{ und } V(a_i) = \pi_i(1 - \pi_i)N_i. \tag{2}$$

Stellen wir uns beispielsweise π_i als Anteil getöteter Insekten in Abhängigkeit von der Konzentration x_i eines Giftes vor

$$\pi_i \sim \beta_o + \beta_1 x_i$$

dann ist ein linearer Zusammenhang nur in einem begrenzten Bereiche möglich, denn π_i ist auf $0 \leqslant \pi_i \leqslant 1$ eingeengt. Zudem ist eine kleine Veränderung $\triangle \pi_i$ bei $\pi_i = 0.5$ anders zu beurteilen als in den Extremen, etwa bei $\pi_i = 0.1$ oder $\pi_i = 0.9$.

Lineare Zusammenhänge gelten, wie oben erwähnt, bei Anteilen nicht zwischen π_i und den Parametern, sondern erst zwischen einer Funktion $\Gamma_i = f(\pi_i)$ und den Parametern. Im weitern stellt man auch fest, dass die Genauigkeit bei festem N_i gemäss $\pi_i(1 - \pi_i)$ von π_i abhängt. In Regressionsproblemen mit Anteilen hat man deshalb die spezielle Form der Beziehung $f(\pi_i)$ wie auch die ungleiche Genauigkeit der p_i zu berücksichtigen.

In der *biologischen Gehaltsbestimmung* (Bioassay) ist p_i häufig der Anteil der gestorbenen Tiere. Dieser Prozentsatz verbleibt mit wachsender Dosierung längere Zeit bei kleinen Werten, steigt sodann rasch an um bei sehr hohen Dosen langsam gegen 1 zu gehen. Werden die p_i in der Ordinate gegen $x_i = ln$(Dosis) in der Abszisse aufgetragen, so hat die Kurve das Aussehen der kumulativen Normalverteilung; sie wird häufig eine *Sigmoide* genannt. Die Kurve lässt sich in eine Gerade überführen, wenn statt p_i die Grösse u_i, bestimmt nach

$$p_i = \int_{-\infty}^{u_i} \varphi(y)dy \tag{3}$$

mit φ_i als Dichtefunktion der standardisierten Normalverteilung, gegen x_i aufgetragen wird. Der Übergang von p_i zu u_i geschieht in derselben Weise wie beim Wahrscheinlichkeitsnetz (siehe 1.16, Seite 20). $u + 5$ heisst der *Probit*wert von p und die Regressionsaufgabe mit dieser speziellen Transformation wird *Probitanalyse* genannt.

Neben dem Übergang zum Probit sind auch andere Transformationen von Bedeutung. Im Zusammenhang mit *multiplikativen Modellen* betrachtet man das *relative Risiko*

$$r = \frac{\pi}{1 - \pi} = \frac{\text{Anteil der Erfolge}}{\text{Anteil der Misserfolge}} \tag{4}$$

als charakteristische Grösse. Untersucht man

$$ln \frac{\pi_i}{1 - \pi_i} = \text{Logit } (\pi_i) = \beta_o + \beta_1 x_{1i} + \ldots + \beta_p x_{pi}, \qquad (5)$$

so spricht man von einer *Logitanalyse* (Log-lineares Modell). Die Eigenschaft, multiplikativ in den einzelnen Teilen zu sein, sieht man deutlich, wenn zu r_i übergegangen wird.

$$r_i = e^{\beta_o} \cdot e^{\beta_1 x_{1i}} \cdot e^{\beta_2 x_{2i}} \cdot \ldots = r_o \cdot e^{\beta_1 x_{1i}} \cdot e^{\beta_2 x_{2i}} \cdot \ldots \quad (6)$$

Logit- und Probitanalysen liefern nahezu gleiche Schätzwerte.

Häufig wird auch die *Winkeltransformation*

$$arc \ sin \sqrt{\pi} \qquad (7)$$

verwendet. Bei den neuen Grössen *arc sin* $\sqrt{p_i}$ findet man als Gewichtsfaktoren $W_i = \text{const} \cdot N_i$, was die Berechnungen erleichtert. Auf der andern Seite sind uns keine Modellvorstellungen bekannt, die gerade diesen Zusammenhang mit den Parametern verlangen.

Schätzwerte bestimmt man nach der Methode des Maximum Likelihood aus

$$L = \sum_{i=1}^{M} \binom{N_i}{a_i} \pi_i{}^{a_i} (1 - \pi_i)^{N_i - a_i}, \qquad (8)$$

wobei L über $\Gamma_i = f(\pi_i) = \beta_o + \beta_1 x_{1i} + \ldots + \beta_p x_{pi}$ von den Parametern abhängt. Die besten Schätzwerte maximieren L oder einfacher $ln \ L$.

$$ln \ L = \sum_i a_i \ ln \ \pi_i + \sum_i (N_i - a_i) \ ln(1 - \pi_i) + \sum_i ln \binom{N_i}{a_i}. \qquad (9)$$

Man findet beim Ableiten

$$\frac{\partial ln \ L}{\partial \beta_j} = \sum_i \frac{a_i}{\pi_i} \left(\frac{\partial \pi_i}{\partial \beta_j} \right) - \sum_i \frac{N_i - a_i}{1 - \pi_i} \left(\frac{\partial \pi_i}{\partial \beta_j} \right) = 0, \ j = 0, \ldots, p, \quad (10)$$

und mit

$$\left(\frac{\partial \pi_i}{\partial \beta_j}\right) = \left(\frac{\partial \pi_i}{\partial \Gamma_i}\right) \quad \left(\frac{\partial \Gamma_i}{\partial \beta_j}\right) = \left(\frac{\partial \pi_i}{\partial \Gamma_i}\right) x_{ji} \tag{11}$$

die Gleichungen

$$\sum_i \frac{(a_i - N_i \pi_i)}{\pi_i (1 - \pi_i)} \left(\frac{\partial \pi_i}{\partial \Gamma_i}\right) x_{ji} = 0, \quad j = 0, \ldots, p. \tag{12}$$

Dieses nichtlineare Gleichungssystem lässt sich in Schritten (iterativ) beliebig genau lösen. Definiert man jedoch *Gewichtsfaktoren*

$$W_i = \frac{N_i}{\pi_i (1 - \pi_i)} \left(\frac{\partial \pi_i}{\partial \Gamma_i}\right)^2 \tag{13}$$

und *Rechenwerte*

$$z_i = \Gamma_i + \left(\frac{a_i}{N_i} - \pi_i\right) \bigg/ \left(\frac{\partial \pi_i}{\partial \Gamma_i}\right), \tag{14}$$

so folgen die gesuchten Schätzwerte b_j nach der *Methode der kleinsten Quadrate* aus

$$Min \sum_i W_i (z_i - \beta_o - \beta_1 x_{1i} - \ldots - \beta_p x_{pi})^2. \tag{15}$$

Die Formeln (12) und (15) sind gleichwertig. (15) hat aber den Vorteil, dass man mit bekannten Programmen rechnen kann und für jede weitere Näherung nach (13) und (14) in einfacher Weise Gewichte und Rechenwerte zu bestimmen hat; die Schätzwerte folgen durch wiederholtes Lösen von

$$(XWX')\vec{\beta} = XW\vec{z}. \tag{16}$$

Das Minimum nach (15) ist die gewichtete Summe der Quadrate $\sum W_i r_i^2$ der Residuen

$$r_i = z_i - b_o - b_1 x_{1i} - \ldots - b_p x_{pi}. \tag{17}$$

Sie ist wie χ^2 verteilt mit $M - p - 1$ Freiheitsgraden; dieses $\chi^2 = SQ$(Anpassung) misst die Übereinstimmung zwischen den Mess- und den Modellwerten. Liegt χ^2 unter der Schranke χ_α^2, α z.B. 0.05, so betrachten wir das gewählte Modell als zulässig; es ist in der Lage, die Daten mit den im Modell definierten Grössen, den Parametern, zu beschreiben. Übersteigt die Anpassung die Schranke χ_α^2, so lehnen wir die Analyse ab; entweder ist die Transformation nicht zweckmässig oder es sind nicht alle Einflüsse erfasst worden.

Um die Bedeutung der Parameter zu beurteilen, geht man zum reduzierten Modell $f(\pi_i) = \beta_o$ über; die Summe der Quadrate für die Anpassung entspricht hier der gesamten Summe der Quadrate

$$SQ(\text{Total}) = \sum_i W_i(z_i - \bar{z})^2 \quad \text{mit } \bar{z} = (\sum W_i z_i)/(\sum W_i). \quad (18)$$

Die Reduktion

$$SQ(\text{Total}) - SQ(\text{Anpassung})$$

ist ein Mass für die Bedeutung der Parameter β_1 bis β_p; sie ist wie χ^2 verteilt mit p Freiheitsgraden. Es lassen sich auch einzelne Regressoren prüfen.

Nach 1.5 kann statt dessen die Veränderung der Likelihood zum Testen von Parametern verwendet werden. Bestimmt man L im gesamten wie auch im reduzierten Modell, so prüft man die Wirkung der weggelassenen Parameter mit

$$\chi^2 = 2 \cdot [ln\, L(\text{volles Modell}) - ln\, L(\text{reduziertes Modell})]. \quad (19)$$

(19) ist näherungsweise wie χ^2 verteilt; die Zahl der Freiheitsgrade entspricht der Zahl der eingesparten Parameter. Ein Beispiel ist in 3.53 zu finden.

In ähnlicher Weise geht man bei *Anzahlen* a_i vor. Für den Parameter λ_i der *Poissonverteilung* gilt

$$E(a_i) = V(a_i) = \lambda_i. \quad (20)$$

Im *additiven* Modell ist

$$\lambda_i = \Gamma_i = \beta_o + \beta_1 x_{1i} + \beta_2 x_{2i} + \dots + \beta_p x_{pi} \quad (21)$$

im *multiplikativen* dagegen

$$ln\, \lambda_i = \Gamma_i = \beta_o + \beta_1 x_{1i} + \beta_2 x_{2i} + \dots + \beta_p x_{pi} \quad (22)$$

oder

$$\lambda_i = \lambda_o \, e^{\beta_1 x_{1i}} \cdot e^{\beta_2 x_{2i}} \cdot \ldots \cdot e^{\beta_p x_{pi}}. \tag{23}$$

Die einzelnen Einflüsse treten hier als Multiplikatoren auf. Wegen (22) spricht man von *logarithmischer* Transformation der Daten.

Schätzwerte folgen aus der Likelihood

$$L = \prod_{i=1}^{M} \frac{e^{-\lambda_i} \lambda_i^{a_i}}{a_i!} \tag{24}$$

oder besser aus

$$\ln L = -\sum_i \lambda_i + \sum_i a_i \ln \lambda_i - \sum_i \ln(a_i!). \tag{25}$$

Statt ein nichtlineares Gleichungssystem ähnlich zu (12) aufzulösen, definiert man wieder *Gewichte*

$$W_i = \frac{1}{\lambda_i} \left(\frac{\partial \lambda_i}{\partial \Gamma_i} \right)^2 \tag{26}$$

sowie *Rechenwerte*

$$z_i = \Gamma_i + (a_i - \lambda_i) / \left(\frac{\partial \lambda_i}{\partial \Gamma_i} \right) \tag{27}$$

und findet die Lösung schrittweise nach der Methode der kleinsten Quadrate aus

$$Min \sum_i W_i (z_i - \beta_o - \beta_1 x_{1i} - \ldots - \beta_p x_{pi})^2. \tag{28}$$

Dieses Minimum ist wieder wie χ^2 mit $M - p - 1$ Freiheitsgraden verteilt und misst die *Anpassung*, d.h. die Übereinstimmung zwischen Mess- und Modellwerten. Die Wirkung der Parameter β_1 bis β_p prüft man mit

$$\sum_i W_i (z_i - \bar{z})^2 - SQ(\text{Anpassung})$$
$$= SQ(\text{Total}) - SQ(\text{Anpassung}), \tag{29}$$

wobei der gesamte Durchschnitt als $\bar{z} = (\sum W_i z_i)/(\sum W_i)$ berechnet wird; die Differenz ist wie χ^2 verteilt mit p Freiheitsgraden.

5.2 Regression

5.21 Schätzen der Parameter

In der Regressionsrechnung bedeuten die Parameter β_1 bis β_p die *Steigungen;* β_j ist die Veränderung in y wenn in x_j um eins weitergegangen wird und die übrigen Regressoren festgehalten werden. Die Schätzwerte $\vec{b} = (b_o, b_1, \ldots, b_p)'$ sind die Lösungen des linearen Gleichungssystems

$$(XX')\vec{b} = X\vec{y}. \tag{1}$$

Die Matrix $C = (XX')$ ist regulär, sofern die Zeilen von X nicht linear abhängig sind. In *geplanten Studien* sollte dies nie vorkommen; lineare Abhängigkeit zweier Zeilen etwa würde heissen, dass zwei Regressoren immer in derselben Art verändert würden. Statt die Veränderung von y in einem *Gebiet* der durch die beiden Regressoren bestimmten Ebene zu untersuchen, bewegt man sich entlang einer Geraden; es ist nicht möglich die beiden Einflüsse auseinanderzuhalten.

Hat man es mit *Beobachtungen* und nicht mehr mit geplanten Versuchen zu tun, so wird der Fall der abhängigen oder fast abhängigen Regressoren um so eher auftreten, je mehr Regressoren in den Berechnungen berücksichtigt werden. Um sich abzusichern, berechnet man zu je zwei Regressoren den Korrelationskoeffizienten; da die Regressoren feste Grössen sind, handelt es sich nicht um eine Korrelation im statistischen Sinne. Wir betrachten sie nur als Masszahl für die lineare Abhängigkeit der Zeilen von X; Werte r_{jk} in der Nähe von $+1$ oder -1 deuten an, dass X singulär oder fast singulär ist und dass beim Invertieren von (XX') Vorsicht geboten ist. Im folgenden setzen wir immer invertierbare Matrizen voraus und erhalten damit aus (1) die Lösung

$$\vec{b} = \hat{\vec{\beta}} = C^{-1}X\vec{y}. \tag{2}$$

Die Elemente von C sind die Summen der Quadrate und der Produkte der x_{ji}.

$$C = (\{c_{jk}\}) = \begin{pmatrix} \sum x_{1i}^2 & \sum x_{1i}x_{2i} \dots \\ \sum x_{2i}x_{1i} & \sum x_{2i}^2 \\ \vdots \\ \vdots \end{pmatrix}. \tag{3}$$

Für grosse Werte von x_{ji} erhält man gelegentlich extrem grosse Summen, was zu Schwierigkeiten beim Berechnen führen kann. Besser wird es sein, von x_{ji} jeweils den Durchschnitt $\bar{x}_{j.}$ zu subtrahieren; dafür sprechen – wie wir bald sehen werden – auch andere Gründe.

Wir berechnen jetzt den Erwartungswert sowie die Kovarianzmatrix des Vektors $\vec{b}$.

$$\begin{aligned} E(\vec{b}) &= E(C^{-1}X\vec{y}) = C^{-1}XE(\vec{y}) \\ &= C^{-1}(XX')\vec{\beta} + C^{-1}XE(\vec{\varepsilon}) = C^{-1}C\vec{\beta} = \vec{\beta}. \end{aligned} \tag{4}$$

Die Schätzungen b_j weisen keinen systematischen Fehler auf; sie sind – sofern das Regressionsmodell richtig ist – erwartungstreue Schätzungen für die β_j. Nach dem Satz von *Gauss-Markoff* ist $\vec{b}$ die beste Schätzung für $\vec{\beta}$, die sich als Linearkombination der y_i angeben lässt. Den Beweis findet man bei *Rao* (1965).

In ähnlicher Art haben wir die Varianzen $V(b_j) = \sigma_j^2$ der b_j, sowie die Kovarianzen $Cov(b_j, b_k) = \sigma_{jk}$ zwischen je zwei Regressoren zu berechnen. Diese Grössen fassen wir zur symetrischen $(p+1)(p+1)$-Kovarianzmatrix $\sum_{\vec{b}}$ zusammen; die Einzelheiten der Berechnungen lassen wir weg.

$$\sum_{\vec{b}} = E[(\vec{b}-\vec{\beta})(\vec{b}-\vec{\beta})'] = \sigma^2(XX')^{-1} = \sigma^2 C^{-1}. \tag{5}$$

Die Information über die Genauigkeit der Regressionskoeffizienten und die Kovarianzen zwischen ihnen sind bis auf den Faktor σ^2 in der Strukturmatrix X enthalten.

Sind die ε_i zudem normal verteilt, so gehört zu $\vec{b}$ eine mehrfache (multivariate) Normalverteilung.

In den meisten Regressionsproblemen nimmt β_o mit $x_{o1} = 1$ eine Sonderstellung ein. Echte Regressionskoeffizienten sind allein β_1 bis β_p; den zu ihnen gehörenden Teil der Kovarianzmatrix bezeichnen wir mit $\sum_p = (C^{-1})_{pxp}$. Mit Hilfe der

Sätze aus der linearen Algebra über aufgeteilte Matrizen können wir $\sum_p$ direkt berechnen.

$$XX' = \begin{pmatrix} N & x_1. \cdots \cdots \cdots x_p. \\ x_1. & \sum x_{2i}^2 \cdots \cdots \cdots \sum x_{2i}x_{pi} \\ \vdots & \vdots \qquad\qquad \vdots \\ \vdots & \vdots \qquad\qquad \vdots \\ x_p. & \sum x_{pi}x_{2i} \cdots \cdots \sum x_{pi}^2 \end{pmatrix} = \begin{pmatrix} N & x_1. \cdots x_p. \\ \overline{x_1}. & \\ \vdots & X_p X_p' \\ \vdots & \\ x_p. & \end{pmatrix} \quad (6)$$

Es gilt

$$\sum_p = \sigma^2(C^{-1})_{pxp} = \sigma^2[X_p X_p' - \frac{1}{N} \begin{pmatrix} x_1. \\ \vdots \\ \vdots \\ x_p. \end{pmatrix}(x_1., \ldots, x_p.)]^{-1}. \quad (7)$$

Betrachten wir das Element in der j-ten Zeile und der k-ten Spalte, so finden wir

$$\sum_i x_{ji}x_{ki} - \frac{1}{N} x_j. x_k. = \sum_i (x_{ji} - \bar{x}_j.)(x_{ki} - \bar{x}_k.), \quad (8)$$

also gerade jene Grössen, die wir als Summe von Quadraten und Produkten bezeichnet haben. Mit

$$S_{jk} = \sum_i z_{ji}z_{ki} = \sum_i (x_{ji} - \bar{x}_j.)(x_{ki} - \bar{x}_k.), \quad j, k = 1, \ldots, p, \quad (9)$$

zusammengefasst zur (pxp)-Matrix S wird

$$\sum_p = \sigma^2(C^{-1})_{pxp} = \sigma^2 S^{-1}. \quad (10)$$

Zur Matrix S wird man auch geführt, wenn vom Modell

$$y_i = \beta_o^* + \sum_{j=1}^p \beta_j(x_{ji} - \bar{x}_j.) = \beta_o^* + \sum_{j=1}^p \beta_j z_{ji} \quad (11)$$

ausgegangen wird; β_o^* steht für

$$\beta_o + \sum_{j=1}^p \beta_j \bar{x}_j.$$

Die Parameter folgen aus

$$ZZ' \begin{pmatrix} \beta_o^* \\ \beta_1 \\ \vdots \\ \vdots \\ \beta_p \end{pmatrix} = Z\vec{y} = \vec{S}_{y.} \tag{12}$$

Dabei weist ZZ' die einfache Struktur

$$ZZ' = \begin{pmatrix} N \ldots\ldots 0 \\ 0 \\ \vdots \quad S \\ \vdots \\ 0 \end{pmatrix} \tag{13}$$

auf; ihre Inverse ist also

$$(ZZ')^{-1} = \begin{pmatrix} 1/N \; 0 \ldots\ldots 0 \\ 0 \\ \vdots \quad S^{-1} \\ \vdots \\ 0 \end{pmatrix} \tag{14}$$

Für die Schätzwerte findet man, wenn $\vec{b}_p$ den Vektor der echten Regressionskoeffizienten b_1 bis b_p bezeichnet:

$$b_o^* = \bar{y}, \quad \vec{b}_p = S^{-1}\vec{S}_{y.} \tag{15}$$

Da (14) bis auf den Faktor σ^2 die Matrix der Varianzen und Kovarianzen darstellt, wird ersichtlich, dass b_1 bis b_p nicht mit b_o^* korreliert sind, also $Cov(b_o^*, b_j) = 0$ für $j = 1, \ldots, p$ gilt.

5.22 Schätzen von σ^2 und Varianzanalyse

In 5.21 haben wir die Kovarianzmatrix der Parameter bis auf die Varianz σ^2 angeben können. Wir suchen jetzt σ^2 zu schätzen und gehen dabei von den Residuen

$$r_i = y_i - \bar{y} - \sum b_j(x_{ji} - \bar{x}_{j.}) = y_i - \bar{y} - \sum_{j=1}^{p} b_j z_{ji} \tag{1}$$

aus. Da mit den Parametern alle festen Teile des Regressions-
modelles bestimmt sind, wird r_i im Mittel null, $E(r_i) = 0$. Die
r_i enthalten also nur noch Information über die Varianz σ^2.
Wir gehen von der minimalen Summe von Quadraten Q aus.

$$Q = \sum_i r_i^2 = \vec{r}\,'\vec{r}.\tag{2}$$

Der Erwartungswert $E(Q)$ ist nach den obigen Ausführungen
ein Vielfaches von σ^2. Um $E(Q)$ zu berechnen, betrachten wir
allein die zufälligen Anteile.

$$E(Q) = E[(\vec{\varepsilon} - X'C^{-1}X\vec{\varepsilon})'(\vec{\varepsilon} - X'C^{-1}X\vec{\varepsilon})]$$
$$= E(\vec{\varepsilon}\,'\vec{\varepsilon}) - E(\vec{\varepsilon}\,'X'C^{-1}X\vec{\varepsilon}).\tag{3}$$

Wegen der Unabhängigkeit der ε_i werden alle Ausdrücke
$E(\varepsilon_i\varepsilon_l)$, $i \neq l$, gleich null und es bleibt mit $A = X'C^{-1}X$

$$E(Q) = N\sigma^2 - E(\vec{\varepsilon}\,'A\vec{\varepsilon}) = N\sigma^2 - \sigma^2 \sum_i a_{ii}\tag{4}$$

zurück.

Aus der linearen Algebra ist bekannt, dass sich die Spur $\sum a_{ii}$
von A nicht ändert, wenn $X'C^{-1}X$ durch Umstellen in
$XX'C^{-1} = XX'(XX')^{-1} = I$ abgeändert wird; die Spur der
$(p+1)$ $(p+1)$-Einheitsmatrix I beträgt $\sum_{i=0}^{p} 1 = p+1 = \sum a_{ii}$,
sodass für $E(Q)$ folgt:

$$E(Q) = (N - p - 1)\sigma^2.\tag{5}$$

Als Schätzung s^2 für σ^2 verwendet man deshalb

$$s^2 = Q/(N - p - 1).\tag{6}$$

Wir bezeichnen Q als die *restliche Summe der Quadrate*
SQ(Rest) mit $N - p - 1$ Freiheitsgraden.

Q kann auf verschiedene Weise berechnet werden; $Q = \sum r_i^2$ haben wir bereits angegeben, wir suchen jetzt eine weitere Darstellung. Aus

$$Q = (\vec{y} - Z'\vec{b})'(\vec{y} - Z'\vec{b}) = \vec{y}\,'\vec{y} - 2\vec{y}\,'Z'\vec{b} - \vec{b}\,'ZZ'\vec{b}\tag{7}$$

wird mit

245

$$(ZZ')\vec{b} = Z\vec{y} = \vec{S_y}$$
$$Q = \vec{y}'\vec{y} - \vec{b}'ZZ'\vec{b} = \vec{y}'\vec{y} - N\bar{y}^2 - \vec{b_p}'S\vec{b_p}$$
$$= \sum_i (y_i - \bar{y})^2 - \vec{b_p}'S\vec{b_p}$$
$$= SQ(\text{Total}) - \vec{b}'\vec{S_y}. \tag{8}$$

SQ(Total) ist jene Summe der Quadrate, die man erhält, wenn keine Regressoren berücksichtigt werden. Wir können sie als Summe der Quadrate für den Rest im Modell

$$y_i = \beta_o + \varepsilon_i \tag{9}$$

ansehen. Berücksichtigt man die p Regressoren, so wird die restliche Quadratsumme von

$$SQ(\text{Total}) = \sum_i (y_i - \bar{y})^2$$

auf Q verkleinert; die Differenz bezeichnen wir als SQ(Regression); sie misst die Bedeutung oder den Einfluss der p Regressoren. In Formeln:

$$SQ(\text{Regression}) = SQ(\text{Total}) - SQ(\text{Rest})$$
$$= \vec{b_p}'S\vec{b_p} = \vec{b_p}'\vec{S_y} = \sum_{j=1}^{p} b_j S_{yj} \tag{10}$$

mit

$$S_{yj} = \sum_i (y_i - \bar{y})(x_{ji} - \bar{x}_{j.}).$$

Gleichung (8) wird in übersichtlicher Weise als Varianzanalyse dargestellt.

Streuung	Freiheits-grad	Summe der Quadrate	Durchschnitts-quadrat
Regression	p	$\vec{b_p}'\vec{S_y}$	$\vec{b_p}'\vec{S_y}/p$
Um die Regression (= Rest)	$N-p-1$	$Q = \sum_i r_i^2 = S_{yy} - \vec{b_p}'\vec{S_y}$	$s^2 = Q/(N-p-1)$
Total	$N-1$	$S_{yy} = \sum (y_i - \bar{y})^2$	...

Sind die ε_i normalverteilt, so ist unter der Hypothese $\beta_1 = \beta_2 = \ldots = \beta_p$ die Summe der Quadrate S_{yy}/σ^2 wie χ^2 mit $(N-1)$

Freiheitsgraden verteilt (siehe 1.32, Seite 29). Die additive Zerlegung in SQ(Regression) und SQ(Rest) führt zur Zerlegung in zwei gegenseitig unabhängige, ebenfalls wie χ^2 verteilte Grössen mit p und $(N-p-1)$ Freiheitsgraden.

$$\vec{b_p}\vec{S_y}/\sigma^2 \to \chi^2, \qquad FG = p$$
$$Q/\sigma^2 \to \chi^2, \qquad FG = N-p-1.$$

Der letzte Ausdruck bleibt wie χ^2 verteilt, auch wenn die β_j von null verschieden sind. Der Quotient zweier unabhängiger χ^2-Grössen folgt einer F-Verteilung. Wir prüfen also die Hypothese $\beta_1 = \beta_2 = \ldots = \beta_p$ mit

$$F = \frac{DQ(\text{Regression})}{DQ(\text{Rest})} = \frac{\vec{b_p}\vec{S_y}}{p \cdot s^2}, \tag{11}$$

mit $n_1 = p$ und $n_2 = N-p-1$ Freiheitsgraden.

5.23 Testen von Hypothesen für Gruppen von Regressionskoeffizienten

Wir haben gezeigt, wie man alle p Regressoren gemeinsam prüfen kann. Daneben interessiert man sich auch für die einzelne Steigung b_j oder Gruppen davon.

Die Steigung b_j wird berechnet als

$$b_j = \sum_k c^{jk} S_{yk} \tag{1}$$

und ist damit eine lineare Kombination der y_i, also auch normal verteilt;

$$b_j \to N(\beta_j, \sigma^2 c^{jj}). \tag{2}$$

Ersetzen wir σ^2 durch die Schätzung s^2, so lässt sich die Hypothese $\beta_j = \beta_j^{(o)}$ mit dem *t-Test* prüfen.

$$t = \frac{b_j - \beta_j^{(o)}}{s\sqrt{c^{jj}}}, \qquad FG = N-p-1. \tag{3}$$

Die Beziehung $t^2 = F$ führt zu

$$F = \frac{[b_j - \beta_j^{(o)}]^2}{s^2 c^{jj}} = [b_j - \beta_j^{(o)}]\frac{1}{c^{jj}}[b_j - \beta_j^{(o)}]/s^2, \tag{4}$$

was sich für zwei Steigungen, etwa b_1 und b_2, wie folgt verallgemeinern lässt:

$$F = \begin{pmatrix} b_1 - \beta_1^{(o)} \\ b_2 - \beta_2^{(o)} \end{pmatrix}' \begin{pmatrix} c^{11} c^{12} \\ c^{12} c^{22} \end{pmatrix}^{-1} \begin{pmatrix} b_1 - \beta_1^{(o)} \\ b_2 - \beta_2^{(o)} \end{pmatrix} / s^2. \tag{5}$$

Dazu gehören $n_1 = 2$ und $n_2 = N - p - 1$ Freiheitsgrade.

Von besonderem Interesse sind die Fälle $\beta_j^{(o)} = 0$. Hier gibt es zwei Möglichkeiten, die Summe der Quadrate einer Gruppe von Regressoren zu bestimmen. Zu prüfen sei $\beta_1 = \beta_2 = \ldots = \beta_q = 0$, $q < p$. Dann gilt

$$SQ(\beta_1, \beta_2, \ldots, \beta_q) = \begin{pmatrix} b_1 \\ \vdots \\ \vdots \\ b_q \end{pmatrix}' \begin{pmatrix} c^{11} c^{12} \ldots c^{1q} \\ \vdots \\ \vdots \\ c^{q1} \ldots \ldots c^{qq} \end{pmatrix}^{-1} \begin{pmatrix} b_1 \\ \vdots \\ \vdots \\ b_q \end{pmatrix} \tag{6}$$

Man kann aber auch anders vorgehen. In 5.22 haben wir eine Modellreduktion von

$$y_i = \beta_o + \sum_j \beta_j x_{ji} + \varepsilon_i \tag{7}$$

auf $y_i = \beta_o + \varepsilon_i$ vorgenommen und

$$SQ(\text{Regression}) = SQ(\text{Rest im reduzierten Modell}) \\ - SQ(\text{Rest im vollen Modell}) \tag{8}$$

gefunden. Dieses Prinzip gilt allgemein; wir beweisen es hier nicht, sondern verweisen auf *Seber* (1977). Zum Prüfen der ersten q Regressoren betrachten wir die beiden Regressionen

$$y_i = \beta_o + \sum_{j=1}^{p} \beta_j x_{ji} + \varepsilon_i \tag{9}$$

sowie

$$y_i = \beta_o^* + \sum_{j=1}^{q} \beta_j^* x_{ji} + \varepsilon_i. \tag{10}$$

Wir berechnen für beide die restliche Summe von Quadraten.

Zu (9): $SQ(\text{Rest}|\beta_1, \ldots, \beta_q, \ldots, \beta_p)$
$$= S_{yy} - SQ(\text{Regression}|\beta_1, \ldots, \beta_q, \ldots, \beta_p), \quad (11)$$
Zu (10): $SQ(\text{Rest}|\beta_1, \ldots, \beta_q)$
$$= S_{yy} - SQ(\text{Regression}|\beta_1, \ldots, \beta_q). \quad (12)$$

Für die zu β_{q+1} bis β_p gehörende Summe der Quadrate findet man

$$SQ(\beta_{q+1}, \ldots, \beta_p)$$
$$= SQ(\text{Rest}|\beta_1, \ldots, \beta_q) - SQ(\text{Rest}|\beta_1, \ldots, \beta_q, \ldots, \beta_p)$$
$$= SQ(\text{Regression}|\beta_1, \ldots, \beta_q, \ldots, \beta_p)$$
$$\qquad - SQ(\text{Regression}|\beta_1, \ldots, \beta_q), \quad (13)$$

wozu $(p - q)$ Freiheitsgrade gehören. Mit

$$F = \frac{SQ(\beta_{q+1}, \ldots, \beta_p)}{(p-q) \cdot s^2}, \quad n_1 = p - q, \quad n_2 = N - p - 1 \quad (14)$$

prüft man die Hypothese $\beta_{q+1} = \beta_{q+2} = \ldots = \beta_p = 0$.

Die nach (13) berechnete Summe der Quadrate heisst die zu den letzten $(p - q)$ Steigungen gehörende *bereinigte* Summe der Quadrate. Die aus Modell (10) berechnete $SQ(\text{Regression}|\beta_1, \ldots, \beta_q)$ darf nicht zum Prüfen der Steigungen β_1 bis β_q verwendet werden; vielmehr hat man auch hier eine bereinigte Summe von Quadraten nach

$$SQ(\beta_1, \ldots, \beta_q) = SQ(\text{Rest}|\beta_{q+1}, \ldots, \beta_p)$$
$$\qquad - SQ(\text{Rest}|\beta_1, \ldots, \beta_q, \beta_{q+1}, \ldots, \beta_p) \quad (15)$$

zu bestimmen. Da die einzelnen Steigungen üblicherweise miteinander korreliert sind, findet man

$$SQ(\beta_1, \ldots, \beta_q) + SQ(\beta_{q+1}, \ldots, \beta_p) \neq SQ(\text{Regression}).$$

Die Methode der Modellreduktion hat gegenüber andern Verfahren den Vorteil, dass man immer mit demselben Programm arbeiten und die wesentlichen Grössen aus mehreren Durchläufen ermitteln kann.

5.24 Orthogonale Polynome

Regressionen, bei denen ein Regressor in verschiedenen Potenzen x, x^2, x^3 usw. vorkommt, lassen sich stark vereinfachen, wenn man zu orthogonalen Polynomen übergeht. Die weiteren Vorteile haben wir in 3.42 (Seite 160) dargelegt. Hier geht es allein um das Prinzip und die Regeln zum Berechnen dieser Polynome.

Aus den Werten x_i, $i = 1, \ldots, N$, sind Werte ξ_{ji} des orthogonalen Polynoms vom Grade j so zu berechnen, dass

$$\sum_i \xi_{ji}\xi_{ki} = 0, \qquad j,k = 0, \ldots, p, \qquad j \neq k. \tag{1}$$

Berechnet man aus der Strukturmatrix $\Xi = (\{\xi_{ji}\})$ die Matrix der Summen der Quadrate und Produkte $\Xi\Xi'$, so findet man eine *Diagonalmatrix* mit den Elementen

$$S_{jj} = \sum_i (\xi_{ji})^2, \qquad j = 0, \ldots, p. \tag{2}$$

Die Schätzwerte b_j für die j-te Potenz können einzeln nach

$$b_j = (\sum_i \xi_{ji} y_i)/S_{jj}, \qquad j = 1, \ldots, p \tag{3}$$

bestimmt werden.

Die Koeffizienten ξ_{ji} lassen sich auf verschiedene Weise normieren, etwa so, dass

$$S_{jj} = \sum_i (\xi_{ji})^2 = 1 \tag{4}$$

verlangt wird. Dabei werden die ξ_{ji} mit einem Faktor c_j multipliziert, was sich wohl auf den Schätzwert, nicht aber auf die Testgrössen auswirkt. Mit der Forderung (4) findet man wegen

$$V(b_j) = \sigma^2/S_{jj} = \sigma^2, \tag{5}$$

dass alle b_j gleich genau sind; bei gleichen Abständen der x_i ist es üblich so zu normieren, dass ganze Zahlen ξ_{ji} entstehen.

Die Werte ξ_{ji} können mit der folgenden *Rekursionsformel* aus $\xi_{j-1,i}$ und $\xi_{j-2,i}$ berechnet werden; mit M bezeichnen wir dabei die Zahl der Messstellen, an denen jeweils N_i Messungen ausgeführt werden.

$$\xi_{oi} = 1 \tag{6}$$
$$\zeta_{1i} = (x_i - \alpha_1) \tag{7}$$
$$\xi_{ji} = (x_i - \alpha_j)\, \xi_{j-1,i} - \gamma_j \xi_{j-2,i} \tag{8}$$

mit

$$\alpha_j = \left(\sum_{i=1}^{M} N_i x_i (\xi_{j-1,i})^2\right) \bigg/ \left(\sum_{j=1}^{M} N_i (\xi_{j-1,i})^2\right) \tag{9}$$

$$\gamma_j = \left(\sum_{i=1}^{M} N_i x_i \xi_{j-1,i} \xi_{j-2,i}\right) \bigg/ \left(\sum_{i=1}^{M} N_i (\xi_{j-2,i})^2\right). \tag{10}$$

An Stelle von N_i darf auch ein *Gewichtsfaktor* W_i stehen. Für weitere Einzelheiten sei auf *Seber* (1977) verwiesen; ein Programm nach den obigen Formeln beschreibt *Narula* (1978).

Sind die Abstände zwischen den x_i alle gleich gross und gilt $N_i = 1$, so lassen sich die obigen Formeln stark vereinfachen. Man findet für die drei ersten Potenzen mit $x_i = i$ und $N = \sum N_i = M$:

$$\left.\begin{aligned}
\xi_{oi} &= 1 \\[4pt]
\xi_{1i} &= i - \frac{1}{2}(N+1) \\[4pt]
\xi_{2i} &= \xi_{1i}^2 - \frac{1}{12}(N^2 - 1) \\[4pt]
\xi_{3i} &= \xi_{1i}^3 - \frac{1}{20}(3N^2 - 7)\xi_{1i}
\end{aligned}\right\} \tag{11}$$

Üblicherweise multipliziert man die ξ_{ji} mit Faktoren λ_j, die vom Umfang N abhängen, sodass $\lambda_j \xi_{ji}$ ganzzahlige Werte werden.

Orthogonale Polynome liegen auch den *orthogonalen Vergleichen* in der Varianzanalyse zugrunde. Da diese recht häufig verwendet werden, haben wir die $\lambda_j \xi_{ji}$ für $N = 3$ bis 15 jeweils bis maximal zur 5. Potenz in Tafel V zusammengestellt.

5.3 Varianzanalyse

In den ersten beiden Abschnitten gehen wir auf die Probleme ein, die sich daraus ergeben, dass die üblichen Modelle zu viele Parameter enthalten. Wie man diese Probleme lösen kann, zeigen wir im Kapitel 5.32 allgemein, in 5.34 bis 5.36

für die einfache und zweifache Varianzanalyse im ausgewogenen wie auch im nicht ausgewogenen Falle.

5.31 Schätzen von Parametern

Die Probleme des Schätzens von Parametern unterscheiden sich von jenen aus der Regressionsrechnung unter anderem dadurch, dass die Matrizen X und XX' nicht von vollem Range sind. Eine zu XX' inverse Matrix gibt es in diesem Falle nicht mehr; es existieren aber Lösungen der Aufgabe

$$(XX')\vec{\beta} = X\vec{y}. \tag{1}$$

Die Lösungsvektoren $\vec{b}$ sind – wie in der Theorie der linearen Gleichungssysteme gezeigt wird – nicht eindeutig. Welche Konsequenzen daraus für die Statistik folgen, zeigen wir an einem Zahlenbeispiel zur einfachen Varianzanalyse.

Verfahren 1: $y_1 = 5$, $y_2 = 6$, $y_3 = 10$, $N_1 = 3$;
Verfahren 2: $y_4 = 13$; $N_2 = 1$;
Verfahren 3: $y_5 = 14$, $y_6 = 18$; $N_3 = 2$.

Mit Vektoren und Matrizen schreiben wir das Modell in folgender Weise:

$$\vec{y} = \begin{pmatrix} 5 \\ 6 \\ 10 \\ 13 \\ 14 \\ 18 \end{pmatrix} = X'\vec{\beta} + \vec{\varepsilon} = \begin{pmatrix} 1 & 1 & 0 & 0 \\ 1 & 1 & 0 & 0 \\ 1 & 1 & 0 & 0 \\ 1 & 0 & 1 & 0 \\ 1 & 0 & 0 & 1 \\ 1 & 0 & 0 & 1 \end{pmatrix} \begin{pmatrix} \beta_0 \\ \beta_1 \\ \beta_2 \\ \beta_3 \end{pmatrix} + \begin{pmatrix} \varepsilon_1 \\ \varepsilon_2 \\ \vdots \\ \varepsilon_6 \end{pmatrix} \tag{2}$$

Die Parameter β_1 bis β_3 beschreiben den Einfluss des j-ten Verfahrens auf die abhängige Variable y. Der Rang der Matrix X ist hier 3; die drei letzten Spalten in der oben angeschriebenen Matrix X' ergeben die erste Spalte. Berechnen wir weiter XX' und $X\vec{y}$, so finden wir:

$$\begin{pmatrix} 6 & 3 & 1 & 2 \\ 3 & 3 & 0 & 0 \\ 1 & 0 & 1 & 0 \\ 2 & 0 & 0 & 2 \end{pmatrix} \begin{pmatrix} \beta_0 \\ \beta_1 \\ \beta_2 \\ \beta_3 \end{pmatrix} = \begin{pmatrix} 66 \\ 21 \\ 13 \\ 32 \end{pmatrix} \tag{3}$$

Man überzeugt sich durch Einsetzen, dass die folgenden 4 Vektoren Lösungen von (3) sind:

Parameter	$\vec{b}^{(1)}$	$\vec{b}^{(2)}$	$\vec{b}^{(3)}$	$\vec{b}^{(4)}$
β_0	12	11	7	-3625
β_1	-5	-4	0	3632
β_2	$+1$	$+2$	6	3638
β_3	$+4$	$+5$	9	3641

Der Wert $b^{(4)} = 3632$ ist offensichtlich *kein* vernünftiger Schätzwert für β_1. Betrachtet man die Lösungen genauer, so stellt man fest, dass gewisse Summen und Differenzen nicht von der speziellen Lösung abhängen.

Kombination mit	$\vec{b}^{(1)}$	$\vec{b}^{(2)}$	$\vec{b}^{(3)}$	$\vec{b}^{(4)}$
$\beta_2-\beta_1$	$1+5 = 6$	$2+4 = 6$	$6-0 = 6$	$3638-3632$ $=6$
$\beta_1+\beta_2-2\beta_3$	$-5+1-8$ $=-12$	$-4+2-10$ $=-12$	$0+6-18$ $=-12$	$7270-7282$ $=-12$
$\beta_0+\beta_1$	$12-5 = 7$	$11-4 = 7$	$7-0 = 7$	$-3625+3632$ $=7$

Alle drei Kombinationen sind leicht interpretierbar. $\beta_2-\beta_1$ ist die Differenz zwischen den Verfahren 1 und 2, $\beta_1 + \beta_2 - 2\beta_3$ die doppelte Differenz zwischen dem Durchschnitt aus 1 und 2 verglichen mit 3. $\beta_0 + \beta_1$ führt zum Durchschnitt des ersten Verfahrens.

Alle diese Vergleiche hängen nicht vom gewählten Nullpunkt ab. In $\vec{b}^{(1)}$ ist β_0 so gewählt, dass die 3 Parameter b_1 bis b_3 zusammen null ergeben. Bei $\vec{b}^{(2)}$ wird

$$\sum_{j=1}^{3} N_j b_j = 0$$

gesetzt; b_0 ist hier der Durchschnitt aller 6 Einzelwerte. Bei der dritten Lösung beginnt man beim Durchschnitt der ersten Gruppe $(5 + 6 + 10)/3 = 7$ zu messen; b_2 und b_3 geben die Veränderung bei den Verfahren 2 und 3 relativ zum ersten an.

In der Regressionsrechnung haben wir gesehen, dass $E(\vec{b}) = \vec{\beta}$, dass also der Schätzvektor ohne systematischen Fehler ist. Dies stimmt nach den obigen Ausführungen für die

b_j nicht mehr; es gilt aber wiederum für alle Kombinationen der b_j die eindeutig bestimmt sind. Bezeichnen wir mit

$$\hat{\varphi} = \sum c_j b_j = \vec{c}\,'\vec{b} \tag{4}$$

eine lineare Kombination der Parameter, so ist diese eine Schätzung ohne systematischen Fehler für $\varphi = \vec{c}\,'\vec{\beta}$, wenn

$$E(\hat{\varphi}) = \varphi. \tag{5}$$

In den vorherigen Ausführungen zur einfachen Varianzanalyse sind alle Lösungen als

$$b_0 - d, \qquad b_j + d, \qquad j = 1, \ldots, p,$$

anzugeben. Die Differenz $\hat{\varphi} = b_2 - b_1$

$$\hat{\varphi} = (0, -1, 1, 0) \begin{pmatrix} b_0 \\ b_1 \\ b_2 \\ b_3 \end{pmatrix} = b_2 + d - b_1 - d = b_2 - b_1 \tag{6}$$

wird unabhängig von d und es gilt $E(\hat{\varphi}) = \varphi = \beta_2 - \beta_1$. Diese ausgezeichneten, von der speziellen Lösung $\vec{b}$ nicht abhängigen Grössen, werden *schätzbare Funktionen* genannt.

Von besonderem Interesse sind jene Linearkombinationen, die die verschiedenen Verfahren miteinander vergleichen; hier spielt β_0 und damit b_0 keine Rolle. Sie haben alle die Form

$$\varphi = \sum_{j=1} c_j \beta_j \quad \text{mit } \sum c_j = 0 \tag{7}$$

und heissen *Kontraste*. Wir haben bereits die Kontraste $\beta_2 - \beta_1$ und $(\beta_1 + \beta_2) - 2\beta_3$ kennengelernt; diese beiden schöpfen alle Information über die Abstände zwischen den drei Verfahren aus. Jeder weitere Kontrast kann aus ihnen berechnet werden.

In den neueren Darstellungen zum linearen Modell wird eine sogenannte *verallgemeinerte inverse Matrix* $(XX')^-$ eingeführt. Sie ist nicht eindeutig bestimmt, aber jede solche Matrix gibt auf $X\vec{y}$ angewendet, eine spezielle Lösung des linearen Gleichungssystems $(XX')\,\vec{b} = X\vec{y}$; aus jeder beliebigen Lösung lassen sich aber die wichtigen Grössen, etwa die Unterschiede zwischen Verfahren, berechnen. In Formeln: Jede Matrix $(XX')^-$ ist eine verallgemeinerte Inverse wenn

$$\vec{b} = (XX')^- X\vec{y} \tag{8}$$

ein Lösungsvektor ist. Für Einzelheiten verweisen wir auf *Searle* (1971).

5.32 Nebenbedingungen

Nach den vorherigen Ausführungen kann jede beliebige Lösung $\vec{b}$ von $(XX')\vec{b} = X\vec{y}$ als Ausgangspunkt für das Bestimmen erwartungstreuer Schätzungen verwendet werden. Üblicherweise löst man das lineare Gleichungssystem so, dass gewisse b_j oder Beziehungen zwischen ihnen vorgegeben werden. In der Statistik sprechen wir von *Nebenbedingungen,* die an die Parameter gestellt werden.

In der einfachen Varianzanalyse wird man etwa $\sum_{j=1}^{p} \beta_j = 0$ verlangen; damit erhält man dann eine spezielle Lösung. Wir fragen: Welche Nebenbedingungen sind zulässig, sodass damit die schätzbaren Funktionen, die eindeutigen Lösungen, nicht verändert werden? Die Antwort findet man durch Untersuchen der allgemeinen Lösung von $(XX')\vec{b} = X\vec{y}$. Jede Nebenbedingung der Form

$$\vec{d}\,\vec{\beta} = K \tag{1}$$

ist zulässig, wenn sich der Vektor $\vec{d}$ *nicht* als Linearkombination der Spalten von X schreiben lässt; K ist eine beliebige Konstante, wobei im allgemeinen $K = 0$ gewählt wird.

Im Beispiel zur einfachen Varianzanalyse in 5.31 sind die Vektoren $\vec{b}^{(1)}$ bis $\vec{b}^{(3)}$ die Lösungen mit den Nebenbedingungen

$$\sum \beta_j = 0, \qquad \sum N_j \beta_j = 0, \qquad \beta_1 = 0. \tag{2}$$

Der Vektor $\vec{d}$ ist also

$$\vec{d} = \begin{pmatrix} 0 \\ 1 \\ 1 \\ 1 \end{pmatrix}, \quad \vec{d} = \begin{pmatrix} 0 \\ 3 \\ 1 \\ 2 \end{pmatrix}, \quad \vec{d} = \begin{pmatrix} 0 \\ 1 \\ 0 \\ 0 \end{pmatrix}. \tag{3}$$

Man überzeugt sich ohne Mühe, dass keiner der Vektoren aus den Spalten von X zu erzeugen ist.

In der Praxis geht man oft so vor, dass man die Nebenbedingung oder die Nebenbedingungen so wählt, dass sich $(XX') \vec{b} = X\vec{y}$ leicht auflösen lässt. Bei der einfachen Varianzanalyse gibt man deshalb der Form $\sum N_j \beta_j = 0$ den Vorzug. Die Nebenbedingungen können an verschiedenen Stellen des Rechenganges berücksichtigt werden. Mit ihrer Hilfe wird die Zahl der Zeilen der Strukturmatrix solange verkleinert, bis nur noch linear unabhängige Zeilen vorkommen; die reduzierte Matrix XX' wird dann regulär, lässt sich invertieren und man kann wie in der Regressionsrechnung vorgehen. Die Nebenbedingungen können aber auch erst beim Auflösen von $(XX')\vec{b} = X\vec{y}$ berücksichtigt werden; in dieser Weise gehen wir in 5.34 und 5.35 bei der einfachen und zweifachen Varianzanalyse vor. Einen eher «statistischen» als «mathematischen» Weg haben *Urquhart, Weeks* und *Henderson* (1973) angegeben; er eignet sich besonders für nicht ausgewogene Strukturen und wird in 5.36 beschrieben.

Beim automatischen Rechnen gelingt es auf einfache Weise die Matrix X zu $\tilde{X}$ zu ergänzen, sodass $\tilde{X}$ von vollem Range und damit $\tilde{X}\tilde{X}'$ invertierbar wird. Man hat dabei an X die Vektoren $\vec{d}$ als weitere Spalten anzuhängen; die Inverse $(\tilde{X}\tilde{X}')^{-1}$ ist eine zu (XX') verallgemeinerte inverse Matrix,

$$\vec{b} = (XX')^{-}X\vec{y} = (\tilde{X}\tilde{X}')^{-1}X\vec{y},$$

also eine spezielle Lösung des Gleichungssystems.

5.33 Schätzen von σ^2 und Testen von Hypothesen

Wir haben gesehen, dass jeder Wert

$$Y_i = b_o + \sum_{j=1}^{p} x_{ji} b_j \tag{1}$$

schätzbar und damit eindeutig bestimmt ist, unabhängig davon, von welcher speziellen Lösung $\vec{b}$ ausgegangen wird. Also sind auch die Residuen

$$r_i = y_i - Y_i \tag{2}$$

und damit die restliche Summe von Quadraten $SQ(\text{Rest}) = Q = \sum r_i^2$ eindeutig festgelegt.

Wie schon in der Regressionsrechnung folgt aus Q eine Schätzung für die Varianz σ^2. Beim Berechnen von $E(Q)$ ist zu beachten, dass die Matrix X zwar $(p + 1)$ Zeilen, aber einen Rang $r = \text{Rang}(X) < (p + 1)$ aufweist. Es sind deshalb nur r linear unabhängige Parameter bestimmbar; statt $E(Q) = (N - p - 1)\,\sigma^2$ findet man

$$E(Q) = [N - \text{Rang}(X)]\sigma^2 = (N - r)\sigma^2 \tag{3}$$

und damit als Schätzung s^2 für σ^2

$$s^2 = Q/(N - r). \tag{4}$$

Zum Testen von Hypothesen über die Parameter wendet man am zuverlässigsten die Methode der Modellreduktion an. Sie unterscheidet sich von der in 5.23 (Seite 248) beschriebenen Methode allein dadurch, dass an die Stelle der Zahl der Parameter der Rang der jeweils verwendeten Strukturmatrix tritt. Den gemeinsamen Einfluss der Parameter β_1 bis β_p findet man durch Übergang zu

$$y_i = \beta_o + \varepsilon_i \tag{5}$$

mit

$$SQ(\text{Rest}|\beta_o) = SQ(\text{Total}) = \sum_i (y_i - \bar{y})^2 = S_{yy} \tag{6}$$

als

$$SQ(\beta_1, \beta_2, \ldots, \beta_p) = S_{yy} - SQ(\text{Rest}); \tag{7}$$

die Zahl der Freiheitsgrade beträgt

$$(N - 1) - (N - r) = r - 1 = \text{Rang}(X) - 1. \tag{8}$$

Ein anderer Weg zum Testen von Hypothesen führt über die schätzbaren Funktionen; er verlangt aber gute Kenntnisse des linearen Modelles. In ausgewogenen Strukturen ergeben sich viele Vereinfachungen, wie wir in den folgenden Abschnitten zur einfachen und zweifachen Varianzanalyse zeigen werden.

5.34 Einfache Varianzanalyse

In der einfachen Varianzanalyse sind Durchschnitte von M Gruppen miteinander zu vergleichen.

$$y_{ji} = \mu + \tau_j + \varepsilon_{ji}, \quad j = 1, \ldots, M, \quad i = 1, \ldots, N_j \tag{1}$$

Die Strukturmatrix X besteht aus $(M + 1)$ Zeilen und hat den Rang $M;$ man hat also eine einzige Nebenbedingung zu wählen. Das Gleichungssystem $(XX')\vec{b} = X\vec{y}$ aus 5.31 enthält die folgende erste Zeile:

$$N\mu + N_1\tau_1 + \ldots + N_M\tau_M = y_{..} \tag{2}$$

Berücksichtigen wir an dieser Stelle die Nebenbedingung

$$\sum_{j=1}^{M} N_j\tau_j = 0 \tag{3}$$

so finden wir die Lösung $\hat{\mu} = m = \bar{y}_{..}$.

Die weiteren Gleichungen sind sodann jede für sich auflösbar; aus $N_j\hat{\mu} + N_j\tau_j = y_{j.}$ folgt

$$\hat{\tau}_j = \frac{1}{N_j}(y_{j.} - N_j\bar{y}_{..}) = \bar{y}_{j.} - \bar{y}_{..} \tag{4}$$

Berechnen wir damit die Summe der Quadrate zwischen den Gruppen als

$$\begin{aligned} SQ(\text{Zwischen Gruppen}) &= SQ(\text{Total}) - SQ(\text{Rest}) \\ &= S_{yy} - \sum_j \sum_i (y_{ji} - Y_{ji})^2 \\ &= S_{yy} - \sum_j \sum_i (y_{ji} - \bar{y}_{j.})^2 \end{aligned} \tag{5}$$

so erhalten wir die übliche Aufspaltung

$$\begin{aligned} S_{yy} &= \sum_j N_j(\bar{y}_{j.} - \bar{y}_{..})^2 + \sum_j \sum_i (y_{ji} - \bar{y}_{j.})^2 \\ &= SQ(\text{Zwischen Gruppen}) + SQ(\text{Innerhalb Gruppen}). \end{aligned} \tag{6}$$

SQ(Zwischen Gruppen) kann in $(M-1)$ orthogonale Vergleiche aufgespalten werden; wie man praktisch vorgeht, ist in 2.2 gezeigt worden.

5.35 Zweifache Varianzanalyse im ausgewogenen Fall

Die abhängige Grösse wird gleichzeitig von zwei Faktoren, etwa Sorten und Temperaturstufen, beeinflusst. Zu jeder Versuchsbedingung liege eine Messung vor.

$$y_{jk} = \mu + \alpha_j + \beta_k + \varepsilon_{jk}, \quad j = 1, \ldots, a, \quad k = 1, \ldots, b. \quad (1)$$

Die Matrix X mit $(a+b+1)$ Zeilen ist vom Rang $(a+b-1)$; sowohl die zu den α_j wie die zu β_k gehörenden Zeilen ergeben zusammen jeweils die erste Zeile.

$$X = \begin{pmatrix} 1\,1\,1\,1 & 1\,1\,1\,1 & 1\,1\,1\,1 \\ 1\,1\,1\,1 & 0\,0\,0\,0 & 0\,0\,0\,0 \\ 0\,0\,0\,0 & 1\,1\,1\,1 & 0\,0\,0\,0 \\ 0\,0\,0\,0 & 0\,0\,0\,0 & 1\,1\,1\,1 \\ 1\,0\,0\,0 & 1\,0\,0\,0 & 1\,0\,0\,0 \\ 0\,1\,0\,0 & 0\,1\,0\,0 & 0\,1\,0\,0 \\ 0\,0\,1\,0 & 0\,0\,1\,0 & 0\,0\,1\,0 \\ 0\,0\,0\,1 & 0\,0\,0\,1 & 0\,0\,0\,1 \end{pmatrix} \begin{matrix} \\ \left.\vphantom{\begin{matrix}1\\0\\0\end{matrix}}\right\}a \\ \\ \left.\vphantom{\begin{matrix}1\\0\\0\\0\end{matrix}}\right\}b \end{matrix} \qquad \begin{matrix} a = 3 \\ b = 4 \end{matrix} \quad (2)$$

$$\underbrace{}_{b} \quad \underbrace{}_{b} \quad \underbrace{}_{b}$$

Die üblichen Nebenbedingungen lauten

$$\sum_{j=1}^{a} \alpha_j = 0; \qquad \sum_{k=1}^{b} \beta_k = 0. \qquad (3)$$

Man überzeugt sich, dass sie beide zulässig sind.

Schätzbar sind alle Differenzen zwischen je zwei Verfahren, sowie alle Kontraste zu den α_j oder den β_k; zum Beispiel kann $\vec{c}$ im Vergleich

$$\alpha_1 - \alpha_2 = \vec{c}\,'\vec{\beta} \quad \text{mit} \quad \vec{c} = (0, 1, -1, 0, \ldots, 0)' \qquad (4)$$

als Differenz der 1. und 5. Spalte von (2) geschrieben werden; die Parametergruppe β_k ist dabei eliminiert.

Die einzelnen Gleichungen von $(XX')\vec{\beta} = X\vec{y}$ lassen sich zusammen mit den Nebenbedingungen (3) auf einfache Weise lösen.

$$ab\mu + b\sum_j \alpha_j + a\sum_k \beta_k = y_{..}$$

führt zu

$$\hat{\mu} = \bar{y}_{..}. \tag{5}$$

Damit findet man aus

$$b\mu + b\alpha_j = y_{j.}, \quad \hat{\alpha}_j = \bar{y}_{j.} - \bar{y}_{..}, \quad j = 1, \ldots, a, \tag{6}$$

und entsprechend

$$\beta_k = \bar{y}_{.k} - \bar{y}_{..}, \quad k = 1, \ldots, b. \tag{7}$$

Bei diesen sehr anschaulichen Lösungen entsprechen die $\hat{\alpha}_j$ und $\hat{\beta}_k$ den Abweichungen des betreffenden Verfahrens vom gesamten Durchschnitt $\mu = \bar{y}_{..}$.

Mit den Lösungen (5) bis (7) folgt für den Schätzwert

$$Y_{jk} = \hat{\mu} + \hat{\alpha}_j + \hat{\beta}_k = \bar{y}_{j.} + \bar{y}_{.k} - \bar{y}_{..}. \tag{8}$$

Die Summe der Quadrate für den Rest wird

$$Q = \sum_j \sum_k (y_{jk} - Y_{jk})^2 = \sum_j \sum_k (y_{jk} - \bar{y}_{j.} - \bar{y}_{.k} + \bar{y}_{..})^2. \tag{9}$$

Zum Testen von Hypothesen hat man vom vollen Modell zu den reduzierten Modellen

$$y_{jk} = \mu + \alpha_j + \varepsilon_{jk} \quad \text{und} \quad y_{jk} = \mu + \beta_k + \varepsilon_{jk} \tag{10}$$

überzugehen und jeweils SQ(Rest) zu bestimmen. Man findet $SQ(\alpha_1, \ldots, \alpha_a)$ und $SQ(\beta_1, \ldots, \beta_b)$ als

$$SQ(\alpha_1, \ldots, \alpha_a) = b\sum_j (\bar{y}_{j.} - \bar{y}_{..})^2 = b\sum_j \hat{\alpha}_j^2, \tag{11}$$

$$SQ(\beta_1, \ldots, \beta_b) = a\sum_k (\bar{y}_{.k} - \bar{y}_{..})^2 = a\sum_k \hat{\beta}_k^2, \tag{12}$$

wobei der letzte Teil von (11) und (12) nur unter den Nebenbedingungen (3) gültig ist.

Die gesamte Summe der Quadrate

$$S_{yy} = \sum_j \sum_k (y_{jk} - \bar{y}_{..})^2$$

wird so in die 3 Teile α-Effekte, β-Effekte und Rest nach folgendem Schema aufgespalten:

$$S_{yy} = b\sum_j (\bar{y}_{j.} - \bar{y}_{..})^2 + a\sum_k (\bar{y}_{.k} - \bar{y}_{..})^2$$
$$+ \sum_j \sum_k (y_{jk} - \bar{y}_{j.} - \bar{y}_{.k} + \bar{y}_{..})^2. \tag{13}$$

Dazu gehört die entsprechende Aufteilung der Freiheitsgrade:

$$(ab - 1) = (a - 1) + (b - 1) + (a - 1)(b - 1). \tag{14}$$

(13) und (14) stellen wir üblicherweise in der Tafel der Varianzanalyse dar.

Werden zu jeder Versuchsbedingung (j,k) c Einzelmessungen ausgeführt, so gilt für die y_{jki} die folgende Zerlegung in vier Teile:

$$\sum_j \sum_k \sum_i (y_{jki} - \bar{y}_{...})^2 = bc\sum_j (\bar{y}_{j..} - \bar{y}_{...})^2 + ac\sum_k (\bar{y}_{.k.} - \bar{y}_{...})^2$$
$$+ c\sum_j \sum_k (\bar{y}_{jk.} - \bar{y}_{j..} - \bar{y}_{.k.} + \bar{y}_{...})^2 + \sum_j \sum_k \sum_i (y_{jki} - \bar{y}_{jk.})^2$$
$$= SQ(\alpha_j) + SQ(\beta_k) + SQ(WW) + SQ(\text{Rest}). \tag{15}$$

Ist die Summe der Quadrate der Wechselwirkung $SQ(WW)$ zwischen den beiden Faktoren von Bedeutung, so reicht Gleichung (1) zum Beschreiben des Versuches, bzw. der Beobachtungen, nicht aus. In 2.212 und 2.213 wird gezeigt, wie in der Praxis vorzugehen ist.

5.36 *Zweifache Varianzanalyse im nicht ausgewogenen Fall*

Sind die Zellen in der zweifachen Varianzanalyse ungleich stark belegt, so bildet die Zerlegung von SQ(Total) in vier Teile gemäss Formel (15) aus 5.35 nicht mehr die Grundlage der Varianzanalyse. SQ(Rest) bleibt zwar weiterhin die richtige Summe der Quadrate für den Rest, $bc\sum (\bar{y}_{j..} - \bar{y}_{...})^2$ hingegen ist nicht mehr allein dem ersten Faktor zuzuordnen; diese Grösse enthält jetzt auch Teile des zweiten Faktors und der Wechselwirkung. Um die richtigen (bereinigten) Summen von Quadraten zu finden, hat man die Methode des Modellabbaues zu verwenden.

Ausgangspunkt dazu ist immer die Strukturmatrix X. Um Probleme mit Nebenbedingungen und Schätzbarkeit zu umgehen, haben *Urquhart, Weeks* und *Henderson* (1973) vorgeschlagen, statt vom üblichen 0/1-Schema auszugehen, direkt sinnvolle Vergleiche in X zu definieren. Dieses Vorgehen scheint uns bei nicht ausgewogenen Versuchen den andern Verfahren überlegen zu sein. Auf das Prüfen von Hypothesen im nicht ausgewogenen Fall gehen auch *Speed, Hocking* und *Hackney* (1978) ausführlich ein.

Wir betrachten eine Anordnung, bei der zwei Faktoren A und B auf a bzw. b Stufen wirken. Die Durchschnitte – nur diese sind hier wichtig – seien $\bar{y}_{jk.}$ und die Besetzungszahlen N_{jk}. Liegt keine Wechselwirkung vor, so benötigen wir neben dem Parameter μ für die mittlere Lage $(a-1)$ Grössen um die Beziehung zwischen den Stufen von A zu beschreiben; für B entsprechend $(b-1)$. Für $a=4$ geben wir die zu A gehörenden Teile zweier möglicher Strukturmatrizen X_1 und X_2 an.

Parameter	X_1					X_2				
	x_{j1}	x_{j2}	x_{j3}	x_{j4}	...	x_{j1}	x_{j2}	x_{j3}	x_{j4}	...
$j=1$: μ	1	1	1	1		1	1	1	1	
$j=2$: α_1	-1	1	0	0		-3	-1	1	3	
$j=3$: α_2	-1	0	1	0		1	-1	-1	1	
$j=4$: α_3	-1	0	0	1		-1	3	-3	1	
$j=5$: β_1	...									

Bei X_1 werden die Stufen 2 bis 4 von A jeweils mit Stufe 1 verglichen, bei X_2 messen die drei Parameter von A den linearen, quadratischen und kubischen Trend. Beide Matrizen führen zum selben Wert für $SQ(A)$; Nebenbedingungen haben wir keine gebraucht. Die Version X_2 ist nur sinnvoll interpretierbar, wenn sich die Stufen des Faktors A in eine natürliche Ordnung bringen lassen; dies ist in den Beispielen 2 und 3 mit der Lichtdauer und der Quecksilberkonzentration möglich gewesen. Will man also hier die Art und Weise der Veränderung untersuchen, so wird man zweckmässig die entsprechenden Vergleiche *vor* der Ausführung des Versuches festlegen, also X_2 wählen. Dies ist einfacher als im Nachhinein die entsprechenden Vergleiche durchzuführen. Ist keine Richtung oder Gruppenstruktur ausgezeichnet, so wird eine *Standardversion* verwendet; X_1 entspricht der Nebenbedingung $\sum \alpha_j = 0$.

Sind die α_j und β_k nicht ausreichend um die Zellenmittel zu beschreiben, so sind weitere Parameter $(\alpha\beta)_{jk}$ für die Wechselwirkung einzuführen. In diesem Falle hängen die Summen der Quadrate sowohl für A wie für B davon ab, in welcher Art die Strukturmatrix X aufgebaut ist; die Versionen X_1 und X_2 sind dann nicht mehr gleichwertig. *Urquhart, Weeks* und *Henderson* (1973) machen jedoch darauf aufmerksam, dass nicht alle Matrizen X gleich *sinnvoll* sind. Als «richtige» Lösung für X betrachten sie jene, die die von der Aufgabenstellung her verlangten Vergleiche enthält. Zu dieser Version werden sodann Schätzwerte gesucht und Tests ausgeführt.

Dieses Vorgehen bringt es mit sich, dass zwei Anwender verschiedene Lösungen finden, je nachdem welche Vergleiche sie in X als zweckmässig erachtet haben. Ebenso kann man verschiedene Lösungen finden, wenn mit verschiedenen Programmen gerechnet wird; häufig ist dabei nicht bekannt, welche Nebenbedingungen – und damit welche Matrizen X – verwendet worden sind. Die hier angegebene Methode zwingt den Anwender, die Ziele der Auswertung genau zu formulieren und in die Strukturmatrix zu übertragen.

Ist die Strukturmatrix X festgelegt, so wird für die Berechnungen ein Programm für das lineare Modell verwendet. Der Vektor $\vec{y}$ enthält die Durchschnitte $\bar{y}_{jk.}$ in den Zellen und die Diagonalmatrix W die Besetzungszahlen N_{jk} als Gewichte. Schätzwerte $\vec{b}$ für $\vec{\beta}$ folgen nach 5.14 (Seite 234) aus

$$(XWX')\vec{\beta} = XW\vec{y}$$

als

$$\vec{b} = (XWX')^{-1}\,XW\vec{y}.$$

Daran anschliessend ist eine Zerlegung der gesamten Summe der Quadrate in die Teile SQ(Parameter) und SQ(Rest) vorzunehmen. Einzelne Parameter und Parametergruppen prüft man mittels Modellabbau wie in der Regression 5.23 (Seite 248) gezeigt.

5.37 Erwartungswerte von Summen von Quadraten

In 5.33 haben wir gezeigt, dass der Erwartungswert von SQ(Rest) ein Vielfaches von σ^2 ist. Besonders in Modellen mit mehr als einem zufälligen Teil benötigt man auch die Erwartungswerte anderer SQ-Grössen. Wir verweisen auf die in 2.4 (Seite 100) beim Bestimmen von Varianzkomponenten betrachteten Modelle.

In der üblichen einfachen Varianzanalyse darf bei Zutreffen der Nullhypothese auch SQ(Zwischen Gruppen) als Grundlage zum Schätzen von σ^2 gebraucht werden. Wir berechnen jetzt den Erwartungswert ohne diese Annahme:

$$
\begin{aligned}
E[SQ(\text{Zwischen Gruppen})] &= E[\sum_{j=1}^{M} N_j(\bar{y}_{j.} - \bar{y}_{..})^2]\\
&= E[\sum_j N_j \bar{y}_{j.}^2] - NE(\bar{y}_{..}^2)\\
&= E[\sum_j N_j(\alpha_j + \bar{\varepsilon}_{j.})]^2 - NE(\bar{\alpha}_. + \bar{\varepsilon}_.)^2\\
&= \sum_j N_j \alpha_j^2 + M\sigma^2 - \sigma^2 = (M-1)\sigma^2 + \sum N_j \alpha_j^2. \quad (1)
\end{aligned}
$$

Dabei haben wir $E(\varepsilon_{ji}^2) = \sigma^2$ und $E(\alpha_j \varepsilon_{ji}) = 0$ verwendet. SQ(Zwischen Gruppen) misst also, wie behauptet, die Unterschiede zwischen den Gruppen.

In derselben Weise zeigt man in der zweifachen Varianzanalyse mit gleicher Besetzung der Zellen, dass gilt:

$$
\left.
\begin{aligned}
E[SQ(\alpha_j)] &= (a-1)\sigma^2 + bc\sum_j \alpha_j^2\\
E[SQ(\beta_k)] &= (b-1)\sigma^2 + ac\sum_k \beta_k^2\\
E[SQ\{(\alpha\beta)_{jk}\}] &= (a-1)(b-1)\sigma^2 + c\sum_j \sum_k (\alpha\beta)_{jk}
\end{aligned}
\right\} \quad (2)
$$

Sind die α_j, β_k und $(\alpha\beta)_{jk}$ in der zweifachen Varianzanalyse als *zufällige Grössen* (Varianzkomponenten) mit Erwartungswert null und Varianz σ_α^2, σ_β^2 und $\sigma_{\alpha\beta}^2$ anzusehen, so bestehen zwischen den Durchschnittsquadraten und den Varianzkomponenten die folgenden Beziehungen:

$$\left.\begin{aligned}
E[DQ(\alpha_j)] &= \sigma^2 + c\sigma_{\alpha\beta}^2 + bc\,\sigma_\alpha^2 \\
E[DQ(\beta_k)] &= \sigma^2 + c\sigma_{\alpha\beta}^2 + ac\,\sigma_\beta^2 \\
E[DQ\{(\alpha\beta)_{jk}\}] &= \sigma^2 + c\sigma_{\alpha\beta}^2 \\
E[DQ(\text{Rest})] &= \sigma^2
\end{aligned}\right\} \qquad (3)$$

Von grösserer Bedeutung sind die Erwartungswerte in *hierarchischen Modellen;* in der einfachen Varianzanalyse sind die α_j nun zufällige Grössen mit $E(\alpha_j) = 0$ und $V(\alpha_j) = E(\alpha_j^2) = \sigma_1^2$. $V(\varepsilon_{ji})$ sei hier σ_0^2.

$$\begin{aligned}
E[SQ(\text{zwischen Gruppen})] &= E[\sum_j N_j \bar{y}_{j.}^2] - NE(\bar{y}_{..}^2) \\
&= E[\sum_j N_j(\alpha_j + \bar\varepsilon_{j.})^2] - NE[(\frac{1}{N}\sum_j N_j\alpha_j + \bar\varepsilon_{..})^2] \\
&= N\sigma_1^2 + M\sigma_0^2 - \sum_j \frac{N_j^2}{N}\sigma_1^2 - \sigma_0^2 \\
&= (M-1)\sigma_0^2 + (N - \frac{1}{N}\sum_j N_j^2)\sigma_1^2. \qquad (4)
\end{aligned}$$

Setzt man die berechneten *SQ*-Werte den Erwartungswerten gleich, so folgt als Schätzung s_1^2

$$s_1^2 = \frac{M-1}{(N - \frac{1}{N}\sum_j N_j^2)}[DQ(\text{Zwischen Gruppen}) - DQ(\text{Rest})]. \quad (5)$$

Bei gleicher Besetzungszahl $c = N_j$, für alle j, lässt sich (4) stark vereinfachen.

$$s_1^2 = \frac{DQ(\text{Zwischen Gruppen}) - DQ(\text{Rest})}{c}. \qquad (6)$$

Im *zweistufigen hierarchischen* Modell

$$y_{jki} = \mu + \alpha_j + \beta_{jk} + \varepsilon_{jki}$$

mit $j = 1, \ldots, N_2,\quad k = 1, \ldots, N_1,\quad i = 1, \ldots, N_0$ und

$$E(\alpha_j) = 0, \qquad V(\alpha_j) = \sigma_2^2,$$
$$E(\beta_{jk}) = 0, \qquad V(\beta_{jk}) = \sigma_1^2,$$
$$E(\varepsilon_{jki}) = 0, \qquad V(\varepsilon_{jki}) = \sigma_0^2,$$

wobei alle zufälligen Grössen gegenseitig unabhängig sind, geht man wie bei (4) vor.

$$\left.\begin{aligned}
E[DQ(\alpha_j)] &= \sigma_0^2 + N_0\sigma_1^2 + N_1 N_0 \sigma_2^2 \\
E[DQ(\beta_{jk})] &= \sigma_0^2 + N_0\sigma_1^2 \\
E[DQ(\text{Rest})] &= \sigma_0^2.
\end{aligned}\right\} \qquad (7)$$

Setzen wir links in (7) die *DQ*-Grössen anstelle der Erwartungswerte ein, so wird aus (7) ein lineares Gleichungssystem für die drei Varianzen.

Nicht ausgewogene Strukturen oder solche mit festen und zufälligen Anteilen sind schwieriger zu behandeln. *Searle* (1971) geht ausführlich auf diese Fälle ein.

5.4 Kovarianzanalyse

5.41 Das Modell

Wird zum Modell der Varianzanalyse eine lineare Regression hinzugefügt, so spricht man von einer *Kovarianzanalyse*. Bei der einfachen Varianzanalyse führt dies zur Gleichung

$$y_{ji} = \mu + \alpha_j + \beta x_{ji} + \varepsilon_{ji}. \qquad (1)$$

Bei dieser Verbindung der beiden uns bekannten Verfahren sind wieder Schätz- und Testprobleme zu lösen.

Bei *Searle* (1971) wird gezeigt, dass das Hinzunehmen der Kovariablen an der Schätzbarkeit nichts ändert. Somit gilt das in 5.3 zu Strukturmatrix, schätzbaren Funktionen und Nebenbedingungen Gesagte weiterhin.

Bei der praktischen Anwendung der Kovarianzanalyse, etwa in dem nach Formel (1) erwähnten Falle, ist zu beachten, dass es auf dasselbe herauskommt, ob man zur Varianzanalyse die Regression hinzunimmt oder von Regressionsgeraden mit gleicher Steigung ausgeht und den Abstand prüft. Gelegentlich ist der Weg über die Regressionsgeraden, wie wir ihn in 4.1 beschritten haben, vorzuziehen; er ist wesentlich anschaulicher.

In Modell (1) nimmt man für alle M Gruppen dieselbe Abhängigkeit von der Kovariablen an; dies braucht nicht erfüllt zu sein. Veränderte Bedingungen in den Gruppen können sowohl das Niveau, also α_j, wie auch die Steigung beeinflussen. In einem solchen Falle sind M Regressionslinien mit unterschiedlicher Steigung β_j zu betrachten. Im Kapitel 4 haben wir gezeigt, wie vorzugehen ist, etwa um die Parallelität zu prüfen; in diesem Abschnitt gehen wir von einer einheitlichen Steigung β aus.

5.42 Einfache Varianzanalyse mit einer Kovariablen

Wir gehen vom Modell

$$
\begin{aligned}
y_{ji} &= \mu + \alpha_j + \beta x_{ji} + \varepsilon_{ji} \\
&= \mu + \alpha_j + \beta(x_{ji} - \bar{x}_{..}) + \varepsilon_{ji}, \quad j = 1, \ldots, M, \ i = 1, \ldots, N_j \quad (1)
\end{aligned}
$$

aus und berechnen die *Schätzwerte* für die Parameter nach der Methode der kleinsten Quadrate als Minimum von

$$
f = \sum_j \sum_i [y_{ji} - \mu - \alpha_j - \beta(x_{ji} - \bar{x}_{..})]^2. \quad (2)
$$

Wir leiten f ab und setzen die Ausdrücke gleich null.

$$
\frac{\partial f}{\partial \mu} = -2 \sum_j \sum_i [(y_{ji} - \mu - \alpha_j - \beta(x_{ji} - \bar{x}_{..})] = 0. \quad (3)
$$

Mit der üblichen und zulässigen Nebenbedingung $\sum_j N_j \alpha_j = 0$ findet man

$$
\hat{\mu} = \bar{y}_{..},
$$

dasselbe Ergebnis wie in der einfachen Varianzanalyse.

$$
\frac{\partial f}{\partial \alpha_j} = -2 \sum_i [y_{ji} - \bar{y}_{..} - \alpha_j - \beta(x_{ji} - \bar{x}_{..})] = 0;
$$

$$
\hat{\alpha}_j = \bar{y}_{j.} - \bar{y}_{..} - \beta(\bar{x}_{j.} - \bar{x}_{..}). \quad (4)
$$

Die bekannte Schätzung $\bar{y}_{j.} - \bar{y}_{..}$ ist um so stärker zu korrigieren, je weiter der Wert $\bar{x}_{j.}$ der Kovariablen vom Durchschnitt $\bar{x}_{..}$ weg liegt.

$$\frac{\partial f}{\partial \beta} = -2 \sum_j \sum_i [y_{ji} - \bar{y}_{j.} - \beta(x_{ji} - \bar{x}_{j.})](x_{ji} - \bar{x}_{..}) = 0. \qquad (5)$$

Bezeichnen wir die Summen von Quadraten und Produkten in der üblichen Art als S_{xx}^I, S_{xy}^I und S_{yy}^I, so wird die Steigung der Kovariablen als

$$b_I = S_{xy}^I / S_{xx}^I \qquad (6)$$

geschätzt.

Wir setzen alle Schätzwerte in (2) ein und finden folgende restliche Summe der Quadrate:

$$\begin{aligned} SQ(\text{Rest}) &= \sum_j \sum_i [(y_{ji} - \bar{y}_{j.}) - b_I(x_{ji} - \bar{x}_{j.})]^2 \\ &= \sum_j \sum_i (y_{ji} - \bar{y}_{..})^2 - b_I^2 S_{xx}^I \\ &= SQ(\text{Rest*}) - b_I^2 S_{xx}^I, \end{aligned} \qquad (7)$$

wobei wir mit * den Rest aus der Varianzanalyse ohne die Kovariable bezeichnen. Formel (7) zeigt, dass eine wichtige Kovariable mit grossem Wert von $b_I^2 S_{xx}^I$, die Schätzung für den Restfehler deutlich verkleinert.

Ausgehend von (6) rechnet man nach, dass für die Varianz von b_I die Formel

$$V(b_I) = \sigma^2 / S_{xx}^I$$

gilt, womit in

$$SQ(\beta) = b_I^2 S_{xx}^I = (S_{xy}^I)^2 / S_{xx}^I, \qquad FG = 1, \qquad (8)$$

die zur Kovariablen gehörende Summe der Quadrate folgt.

Es bleibt noch die Summe der Quadrate zu den M Gruppen zu berechnen. Dabei sind entweder die Kovarianzen zwischen den α_j in die Berechnungen einer quadratischen Form einzubeziehen oder wir gehen zum Modell ohne die α_j über; wir wählen hier diesen Weg und bestimmen die Summe der Quadrate für den Rest im Modell

$$y_{ji} = \mu + \beta(x_{ji} - \bar{x}_{..}) + \varepsilon_{ji}. \qquad (9)$$

Dies ist eine einfache lineare Regression, die auf die Aufteilung in Gruppen keine Rücksicht mehr nimmt. Nach den Formeln aus 3.2 folgt

$$SQ(\text{Rest}|\beta) = S_{yy}^T - (S_{xy}^T)^2/S_{xx}^T = S_{yy}^T - b_T^2 S_{xx}^T \qquad (10)$$

wobei

$$S_{xx}^T = \sum_j \sum_i (x_{ji} - \bar{x}_{..})^2 \quad \text{und } S_{xy}^T \text{ wie auch } S_{yy}^T$$

entsprechend definiert sind (T steht für Total).

Die Zunahme der restlichen Summe von Quadraten ist ein Mass für die Unterschiede zwischen den M Gruppen.

$$\begin{aligned}
SQ(\alpha_j) &= SQ(\text{Rest}|\beta) - SQ(\text{Rest}) \\
&= S_{yy}^T - (S_{xy}^T)^2/S_{xx}^T - SQ(\text{Rest}) \\
&= (S_{yy}^T - S_{yy}^I) + S_{yy}^I - \frac{(S_{xy}^I + S_{xy}^Z)^2}{(S_{xx}^I + S_{xx}^Z)} - SQ(\text{Rest}) \\
&= SQ(\alpha_j^*) + SQ(\text{Rest*}) - \frac{(S_{xy}^I + S_{xy}^{(\alpha)})^2}{(S_{xx}^I + S_{xx}^{(\alpha)})} - SQ(\text{Rest}). \quad (11)
\end{aligned}$$

Aus Formel (11) folgt auch, dass die zu α_j und β gemeinsam gehörende Summe von Quadraten $SQ(\alpha_j, \beta) = S_{yy}^T - SQ(\text{Rest})$ nicht gleich $SQ(\alpha_j)$ und $SQ(\beta)$ ist; die Aufspaltung ist nicht mehr orthogonal.

5.43 Zweifache Varianzanalyse mit einer Kovariablen

Wir gehen vom Modell

$$y_{jki} = \mu + \alpha_j + \gamma_k + (\alpha\gamma)_{jk} + \beta(x_{jki} - \bar{x}_{...}) + \varepsilon_{jki} \qquad (1)$$

aus und bestimmen die Schätzwerte der Parameter nach der Methode der kleinsten Quadrate, wobei wir die üblichen Nebenbedingungen

$$\sum_{j=1}^a \alpha_j = 0, \quad \sum_{k=1}^c \gamma_k = 0, \quad \sum_j (\alpha\gamma)_{jk} = \sum_k (\alpha\gamma)_{jk} = 0 \qquad (2)$$

verwenden. Man findet

$$\hat{\mu} = \bar{y}_{...} \qquad (3a)$$

$$\hat{\alpha}_j = \bar{y}_{j..} - \bar{y}_{...} - \beta(\bar{x}_{j..} - \bar{x}_{...}) \qquad (3b)$$

$$\hat{\gamma}_k = \bar{y}_{.k.} - \bar{y}_{...} - \beta(\bar{x}_{.k.} - \bar{x}_{...}) \qquad (3c)$$

$$(\hat{\alpha\gamma})_{jk} = \bar{y}_{jk.} - \bar{y}_{j..} - \bar{y}_{.k.} + \bar{y}_{...} - \beta(\bar{x}_{jk.} - \bar{x}_{j..} - \bar{x}_{.k.} + \bar{x}_{...}) \qquad (3d)$$

und

$$\beta = b_I = \frac{\sum(y_{jki} - \bar{y}_{jk.})(x_{jki} - \bar{x}_{jk.})}{\sum(x_{jki} - \bar{x}_{jk.})^2} = \frac{S_{xy}^R}{S_{xx}^R}. \qquad (3e)$$

R bezeichnet hier den Rest, denn die Ausdrücke S_{xy}^R und S_{xx}^R sind analog zu $S_{yy}^R = \sum(y_{jki} - \bar{y}_{jk.})^2 = SQ(\text{Rest})$ bei der zweifachen Varianzanalyse ohne Kovariable berechnet. Für die restliche Summe der Quadrate in der Kovarianzanalyse finden wir

$$\begin{aligned} Q = SQ(\text{Rest}) &= \sum_j \sum_k \sum_i [y_{jki} - \hat{\mu} - \hat{\alpha}_j - \hat{\gamma}_k - (\hat{\alpha\gamma})_{jk} \\ &\qquad\qquad\qquad - \beta(x_{jki} - \bar{x}_{...})]^2 \\ &= \sum_j \sum_k \sum_i [(y_{jki} - \bar{y}_{jk.}) - b_I(x_{jki} - \bar{x}_{jk.})]^2 \\ &= SQ(\text{Rest*}) - b_I^2 S_{xx}^R. \qquad (4) \end{aligned}$$

Um die Wechselwirkung zu prüfen, gehen wir zum Modell

$$y_{jki} = \mu + \alpha_j + \gamma_k + \beta(x_{jki} - \bar{x}_{...}) + \varepsilon_{jki} \qquad (5)$$

zurück und bestimmen wieder die Schätzwerte für die Parameter

$$\hat{\mu} = y_{...} \qquad (6a)$$

$$\hat{\alpha}_j = \bar{y}_{j..} - \bar{y}_{...} - \beta(\bar{x}_{j..} - \bar{x}_{...}) \qquad (6b)$$

$$\hat{\gamma}_k = \bar{y}_{.k.} - \bar{y}_{...} - \beta(\bar{x}_{.k.} - \bar{x}_{...}) \qquad (6c)$$

$$\beta = b_{R+WW}$$

$$= \frac{\sum(x_{jki} - \bar{x}_{j..} - \bar{x}_{.k.} + \bar{x}_{...})(y_{jki} - \bar{y}_{j..} - \bar{y}_{.k.} + \bar{y}_{...})}{\sum(x_{jki} - \bar{x}_{j..} - \bar{x}_{.k.} + \bar{x}_{...})^2}. \qquad (6d)$$

Führen wir $S_{xx}^{WW} = \sum n(\bar{x}_{jk.} - \bar{x}_{j..} - \bar{x}_{.k.} + \bar{x}_{...})^2$ und entsprechend S_{xy}^{WW} ein, so lässt sich (6d) auch schreiben als

$$b_{R+WW} = \frac{(S_{xy}^R + S_{xy}^{WW})}{(S_{xx}^R + S_{xx}^{WW})}. \qquad (7)$$

Für die restliche Summe der Quadrate für das Modell nach Gleichung (5) ergibt sich nach dem Einsetzen und Umformen:

$$SQ(\text{Rest}|\alpha, \gamma, \beta) = SQ(\text{Rest*}|\alpha, \gamma) - b^2_{R+WW}(S^R_{xx} + S^{WW}_{xx}). \quad (8)$$

Die Differenz zu (4) ist die Summe der Quadrate der Wechselwirkung unter Berücksichtigung der Kovariablen.

$$SQ(WW) = SQ(WW^*) + SQ(\text{Rest*})$$
$$- \frac{(S^R_{xy} + S^{WW}_{xy})^2}{(S^R_{xx} + S^{WW}_{xx})} - SQ(\text{Rest}). \quad (9)$$

Mit * haben wir wieder die Ausdrücke aus der zweifachen Varianzanalyse ohne Kovariable bezeichnet.

In derselben Weise berechnet man die Summe der Quadrate zu den α_j und den γ_k; für α_j geht man von

$$y_{jki} = \mu + \alpha_j + (\alpha\gamma)_{jk} + \beta(x_{jki} - \bar{x}_{...}) + \varepsilon_{jki} \quad (10)$$

aus, wobei die in (2) erwähnten Nebenbedingungen einzuhalten sind. Dies führt zu

$$\hat{\mu} = \bar{y}_{...} \quad (11a)$$
$$\hat{\alpha}_j = \bar{y}_{j..} - \bar{y}_{...} - \hat{\beta}(\bar{x}_{j..} - \bar{x}_{...}) \quad (11b)$$
$$(\hat{\alpha\gamma})_{jk} = \bar{y}_{jk.} - \bar{y}_{j..} - \bar{y}_{.k.} + \bar{y}_{...} - \hat{\beta}(\bar{x}_{jk.} - \bar{x}_{j..} - \bar{x}_{.k.} + \bar{x}_{...}). \quad (11c)$$

Wird $\sum_j (\alpha\gamma)_{jk} = 0$ nicht beachtet, so erhält man

$$(\hat{\alpha\gamma})_{jk} = \bar{y}_{jk.} - \bar{y}_{j..}$$ und dieselbe restliche Summe von Quadraten wie im vollen Modell. Setzen wir die Lösungen (11) in die Ableitung nach β ein, so finden wir Ausdrücke der Form

$$\sum_{jki} (x_{jki} - \bar{x}_{jk.} - \bar{x}_{.k.} + \bar{x}_{...})^2,$$

was sich als

$$S^R_{xx} + S^{(\gamma)}_{xx}$$

schreiben lässt; entsprechendes gilt für S_{yy} und S_{xy}.

Die restliche Summe der Quadrate wird damit

$$(S^R_{yy} + S^{(\gamma)}_{yy}) - b^2_{R+\gamma} \cdot (S^R_{xx} + S^{(\gamma)}_{xx}) \quad (12)$$

und für die bereinigte Summe der Quadrate von γ, bei der also die Wirkung der Kovariablen berücksichtigt worden ist, gilt eine zu (9) analoge Formel

$$SQ(\gamma) = SQ(\gamma^*) + SQ(\text{Rest}^*) - \frac{(S_{xy}^R + S_{xy}^{(\gamma)})^2}{(S_{xx}^R + S_{xx}^{(\gamma)})} - SQ(\text{Rest}). \quad (13)$$

Wir haben hier nicht den üblichen Modellabbau von $\{\mu, \alpha_j, \gamma_k, (\alpha\gamma)_{jk}, \beta\}$ über $\{\mu, \alpha_j, \gamma_k, \beta\}$ zu $\{\mu, \alpha_j, \beta\}$ vorgenommen, sondern sind vom vollen Modell zu (10) unter Einhaltung der Nebenbedingungen übergegangen. Das volle Modell entspricht $a \cdot c$ Regressionsgeraden mit gleicher Steigung b_I; von diesen Geraden ausgehend, fassen wir zusammen und vergleichen. Beim üblichen Modellabbau jedoch berechnen wir eine weitere Steigung unter der Annahme, dass die Wechselwirkung ohne Bedeutung ist. Beschreitet man diesen Weg, so sind in den Formeln die Grössen mit Rest oder R durch Rest + WW bzw. $R + WW$ zu ersetzen. Man könnte stattdessen auch den Weg über die Kovarianzmatrix der γ_k nehmen.

6 Tafeln

I Normale Verteilung

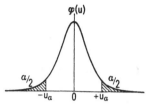

$\varphi(u)$

α	u_α	α	u_α	α	u_α
0.0001	3.8906	0.31	1.0152	0.66	0.4399
0.0005	3.4808	0.32	0.9945	0.67	0.4261
0.001	3.2905	0.33	0.9741	0.68	0.4125
0.002	3.0902	0.34	0.9542	0.69	0.3989
0.005	2.8070	0.35	0.9346	0.70	0.3853
0.01	2.5758	0.36	0.9154	0.71	0.3719
0.02	2.3263	0.37	0.8965	0.72	0.3585
0.03	2.1701	0.38	0.8779	0.73	0.3451
0.04	2.0537	0.39	0.8596	0.74	0.3319
0.05	1.9600	0.40	0.8416	0.75	0.3186
0.06	1.8808	0.41	0.8239	0.76	0.3055
0.07	1.8119	0.42	0.8064	0.77	0.2924
0.08	1.7507	0.43	0.7892	0.78	0.2793
0.09	1.6954	0.44	0.7722	0.79	0.2663
0.10	1.6449	0.45	0.7554	0.80	0.2533
0.11	1.5982	0.46	0.7388	0.81	0.2404
0.12	1.5548	0.47	0.7225	0.82	0.2275
0.13	1.5141	0.48	0.7063	0.83	0.2147
0.14	1.4758	0.49	0.6903	0.84	0.2019
0.15	1.4395	0.50	0.6745	0.85	0.1891
0.16	1.4051	0.51	0.6588	0.86	0.1764
0.17	1.3722	0.52	0.6433	0.87	0.1637
0.18	1.3408	0.53	0.6280	0.88	0.1510
0.19	1.3106	0.54	0.6128	0.89	0.1383
0.20	1.2816	0.55	0.5978	0.90	0.1257
0.21	1.2536	0.56	0.5828	0.91	0.1130
0.22	1.2265	0.57	0.5681	0.92	0.1004
0.23	1.2004	0.58	0.5534	0.93	0.0878
0.24	1.1750	0.59	0.5388	0.94	0.0753
0.25	1.1503	0.60	0.5244	0.95	0.0627
0.26	1.1264	0.61	0.5101	0.96	0.0502
0.27	1.1031	0.62	0.4959	0.97	0.0376
0.28	1.0803	0.63	0.4817	0.98	0.0251
0.29	1.0581	0.64	0.4677	0.99	0.0125
0.30	1.0364	0.65	0.4538	1.00	0

II Verteilung von χ^2

n	$\alpha = 0.99$	$\alpha = 0.95$	$\alpha = 0.90$	$\alpha = 0.10$	$\alpha = 0.05$	$\alpha = 0.01$	n
1	0.000157	0.00393	0.0158	2.706	3.841	6.635	1
2	0.0201	0.103	0.211	4.605	5.991	9.210	2
3	0.115	0.352	0.584	6.251	7.815	11.345	3
4	0.297	0.711	1.064	7.779	9.488	13.277	4
5	0.554	1.145	1.610	9.236	11.070	15.086	5
6	0.872	1.635	2.204	10.645	12.592	16.812	6
7	1.239	2.167	2.833	12.017	14.067	18.475	7
8	1.646	2.733	3.490	13.362	15.507	20.090	8
9	2.088	3.325	4.168	14.684	16.919	21.666	9
10	2.558	3.940	4.865	15.987	18.307	23.209	10
11	3.053	4.575	5.578	17.275	19.675	24.725	11
12	3.571	5.226	6.304	18.549	21.026	26.217	12
13	4.107	5.892	7.042	19.812	22.362	27.688	13
14	4.660	6.571	7.790	21.064	23.685	29.141	14
15	5.229	7.261	8.547	22.307	24.996	30.578	15
16	5.812	7.962	9.312	23.542	26.296	32.000	16
17	6.408	8.672	10.085	24.769	27.587	33.409	17
18	7.015	9.390	10.865	25.989	28.869	34.805	18
19	7.633	10.117	11.651	27.204	30.144	36.191	19
20	8.260	10.851	12.443	28.412	31.410	37.566	20
21	8.897	11.591	13.240	29.615	32.671	38.932	21
22	9.542	12.338	14.041	30.813	33.924	40.289	22
23	10.196	13.091	14.848	32.007	35.172	41.638	23
24	10.856	13.848	15.659	33.196	36.415	42.980	24
25	11.524	14.611	16.473	34.382	37.652	44.314	25
26	12.198	15.379	17.292	35.563	38.885	45.642	26
27	12.879	16.151	18.114	36.741	40.113	46.963	27
28	13.565	16.928	18.939	37.916	41.337	48.278	28
29	14.256	17.708	19.768	39.087	42.557	49.588	29
30	14.953	18.493	20.599	40.256	43.773	50.892	30
40	22.164	26.509	29.051	51.805	55.758	63.691	40
50	29.707	34.764	37.689	63.167	67.505	76.154	50
60	37.485	43.188	46.459	74.397	79.082	88.379	60
70	45.442	51.739	55.329	85.527	90.531	100.425	70
80	53.540	60.391	64.278	96.578	101.879	112.329	80

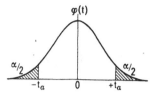

III Verteilung von t

n	$\alpha = 0.20$	$\alpha = 0.10$	$\alpha = 0.05$	$\alpha = 0.02$	$\alpha = 0.01$	n
1	3.078	6.314	12.706	31.821	63.657	1
2	1.886	2.920	4.303	6.965	9.925	2
3	1.638	2.353	3.182	4.541	5.841	3
4	1.533	2.132	2.776	3.747	4.604	4
5	1.476	2.015	2.571	3.365	4.032	5
6	1.440	1.943	2.447	3.143	3.707	6
7	1.415	1.895	2.365	2.998	3.499	7
8	1.397	1.860	2.306	2.897	3.355	8
9	1.383	1.833	2.262	2.821	3.250	9
10	1.372	1.812	2.228	2.764	3.169	10
11	1.363	1.796	2.201	2.718	3.106	11
12	1.356	1.782	2.179	2.681	3.055	12
13	1.350	1.771	2.160	2.650	3.012	13
14	1.345	1.761	2.145	2.625	2.977	14
15	1.341	1.753	2.131	2.603	2.947	15
16	1.337	1.746	2.120	2.584	2.921	16
17	1.333	1.740	2.110	2.567	2.898	17
18	1.330	1.734	2.101	2.552	2.878	18
19	1.328	1.729	2.093	2.540	2.861	19
20	1.325	1.725	2.086	2.528	2.845	20
21	1.323	1.721	2.080	2.518	2.831	21
22	1.321	1.717	2.074	2.508	2.819	22
23	1.319	1.714	2.069	2.500	2.807	23
24	1.318	1.711	2.064	2.492	2.797	24
25	1.316	1.708	2.060	2.485	2.787	25
26	1.315	1.706	2.056	2.479	2.779	26
27	1.314	1.703	2.052	2.473	2.771	27
28	1.313	1.701	2.048	2.467	2.763	28
29	1.311	1.699	2.045	2.462	2.756	29
30	1.310	1.697	2.042	2.457	2.750	30
40	1.303	1.684	2.021	2.423	2.704	40
60	1.296	1.671	2.000	2.390	2.660	60
80	1.292	1.664	1.990	2.374	2.639	80
120	1.289	1.658	1.980	2.358	2.617	120
∞	1.282	1.645	1.960	2.326	2.576	∞

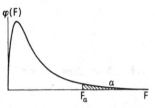

IV   Verteilung von F

$\alpha = 0.1$

n_2	$n_1 = 1$	$n_1 = 2$	$n_1 = 3$	$n_1 = 4$	$n_1 = 5$	n_2
1	39.86	49.50	53.59	55.83	57.24	1
2	8.53	9.00	9.16	9.24	9.29	2
3	5.54	5.46	5.39	5.34	5.31	3
4	4.54	4.32	4.19	4.11	4.05	4
5	4.06	3.78	3.62	3.52	3.45	5
6	3.78	3.46	3.29	3.18	3.11	6
7	3.59	3.26	3.07	2.96	2.88	7
8	3.46	3.11	2.92	2.81	2.73	8
9	3.36	3.01	2.81	2.69	2.61	9
10	3.28	2.92	2.73	2.61	2.52	10
11	3.23	2.86	2.66	2.54	2.45	11
12	3.18	2.81	2.61	2.48	2.39	12
13	3.14	2.76	2.56	2.43	2.35	13
14	3.10	2.73	2.52	2.39	2.31	14
15	3.07	2.70	2.49	2.36	2.27	15
16	3.05	2.67	2.46	2.33	2.24	16
17	3.03	2.64	2.44	2.31	2.22	17
18	3.01	2.62	2.42	2.29	2.20	18
19	2.99	2.61	2.40	2.27	2.18	19
20	2.97	2.59	2.38	2.25	2.16	20
21	2.96	2.57	2.36	2.23	2.14	21
22	2.95	2.56	2.35	2.22	2.13	22
23	2.94	2.55	2.34	2.21	2.11	23
24	2.93	2.54	2.33	2.19	2.10	24
25	2.92	2.53	2.32	2.18	2.09	25
26	2.91	2.52	2.31	2.17	2.08	26
27	2.90	2.51	2.30	2.17	2.07	27
28	2.89	2.50	2.29	2.16	2.06	28
29	2.89	2.50	2.28	2.15	2.06	29
30	2.88	2.49	2.28	2.14	2.05	30
40	2.84	2.44	2.23	2.09	2.00	40
60	2.79	2.39	2.18	2.04	1.95	60
120	2.75	2.35	2.13	1.99	1.90	120
∞	2.71	2.30	2.08	1.94	1.85	∞

IV   Verteilung von F

$\alpha = 0.1$ *(Fortsetzung)*

n_2	$n_1=6$	$n_1=8$	$n_1=12$	$n_1=24$	$n_1=\infty$	n_2
1	58.20	59.44	60.70	62.00	63.33	1
2	9.33	9.37	9.41	9.45	9.49	2
3	5.28	5.25	5.22	5.18	5.13	3
4	4.01	3.95	3.90	3.83	3.76	4
5	3.40	3.34	3.27	3.19	3.10	5
6	3.05	2.98	2.90	2.82	2.72	6
7	2.83	2.75	2.67	2.58	2.47	7
8	2.67	2.59	2.50	2.40	2.29	8
9	2.55	2.47	2.38	2.28	2.16	9
10	2.46	2.38	2.28	2.18	2.06	10
11	2.39	2.30	2.21	2.10	1.97	11
12	2.33	2.24	2.15	2.04	1.90	12
13	2.28	2.20	2.10	1.98	1.85	13
14	2.24	2.15	2.05	1.94	1.80	14
15	2.21	2.12	2.02	1.90	1.76	15
16	2.18	2.09	1.99	1.87	1.72	16
17	2.15	2.06	1.96	1.84	1.69	17
18	2.13	2.04	1.93	1.81	1.66	18
19	2.11	2.02	1.91	1.79	1.63	19
20	2.09	2.00	1.89	1.77	1.61	20
21	2.08	1.98	1.88	1.75	1.59	21
22	2.06	1.97	1.86	1.73	1.57	22
23	2.05	1.95	1.84	1.72	1.55	23
24	2.04	1.94	1.83	1.70	1.53	24
25	2.02	1.93	1.82	1.69	1.52	25
26	2.01	1.92	1.81	1.68	1.50	26
27	2.00	1.91	1.80	1.67	1.49	27
28	2.00	1.90	1.79	1.66	1.48	28
29	1.99	1.89	1.78	1.65	1.47	29
30	1.98	1.88	1.77	1.64	1.46	30
40	1.93	1.83	1.71	1.57	1.38	40
60	1.87	1.77	1.66	1.51	1.29	60
120	1.82	1.72	1.60	1.45	1.19	120
∞	1.77	1.67	1.55	1.38	1.00	∞

IV Verteilung von F

$\alpha = 0.05$

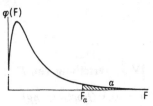

n_2	$n_1=1$	$n_1=2$	$n_1=3$	$n_1=4$	$n_1=5$	n_2
1	161.4	199.5	215.7	224.6	230.2	1
2	18.51	19.00	19.16	19.25	19.30	2
3	10.13	9.55	9.28	9.12	9.01	3
4	7.71	6.94	6.59	6.39	6.26	4
5	6.61	5.79	5.41	5.19	5.05	5
6	5.99	5.14	4.76	4.53	4.39	6
7	5.59	4.74	4.35	4.12	3.97	7
8	5.32	4.46	4.07	3.84	3.69	8
9	5.12	4.26	3.86	3.63	3.48	9
10	4.96	4.10	3.71	3.48	3.33	10
11	4.84	3.98	3.59	3.36	3.20	11
12	4.75	3.88	3.49	3.26	3.11	12
13	4.67	3.80	3.41	3.18	3.02	13
14	4.60	3.74	3.34	3.11	2.96	14
15	4.54	3.68	3.29	3.06	2.90	15
16	4.49	3.63	3.24	3.01	2.85	16
17	4.45	3.59	3.20	2.96	2.81	17
18	4.41	3.55	3.16	2.93	2.77	18
19	4.38	3.52	3.13	2.90	2.74	19
20	4.35	3.49	3.10	2.87	2.71	20
21	4.32	3.47	3.07	2.84	2.68	21
22	4.30	3.44	3.05	2.82	2.66	22
23	4.28	3.42	3.03	2.80	2.64	23
24	4.26	3.40	3.01	2.78	2.62	24
25	4.24	3.38	2.99	2.76	2.60	25
26	4.22	3.37	2.98	2.74	2.59	26
27	4.21	3.35	2.96	2.73	2.57	27
28	4.20	3.34	2.95	2.71	2.56	28
29	4.18	3.33	2.93	2.70	2.54	29
30	4.17	3.32	2.92	2.69	2.53	30
40	4.08	3.23	2.84	2.61	2.45	40
60	4.00	3.15	2.76	2.52	2.37	60
120	3.92	3.07	2.68	2.45	2.29	120
∞	3.84	2.99	2.60	2.37	2.21	∞

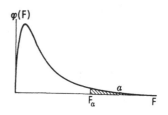

IV Verteilung von F

$\alpha = 0.05$ (Fortsetzung)

n_2	$n_1 = 6$	$n_1 = 8$	$n_1 = 12$	$n_1 = 24$	$n_1 = \infty$	n_2
1	234.0	238.9	243.9	249.0	254.3	1
2	19.33	19.37	19.41	19.45	19.50	2
3	8.94	8.84	8.74	8.64	8.53	3
4	6.16	6.04	5.91	5.77	5.63	4
5	4.95	4.82	4.68	4.53	4.36	5
6	4.28	4.15	4.00	3.84	3.67	6
7	3.87	3.73	3.57	3.41	3.23	7
8	3.58	3.44	3.28	3.12	2.93	8
9	3.37	3.23	3.07	2.90	2.71	9
10	3.22	3.07	2.91	2.74	2.54	10
11	3.09	2.95	2.79	2.61	2.40	11
12	3.00	2.85	2.69	2.50	2.30	12
13	2.92	2.77	2.60	2.42	2.21	13
14	2.85	2.70	2.53	2.35	2.13	14
15	2.79	2.64	2.48	2.29	2.07	15
16	2.74	2.59	2.42	2.24	2.01	16
17	2.70	2.55	2.38	2.19	1.96	17
18	2.66	2.51	2.34	2.15	1.92	18
19	2.63	2.48	2.31	2.11	1.88	19
20	2.60	2.45	2.28	2.08	1.84	20
21	2.57	2.42	2.25	2.05	1.81	21
22	2.55	2.40	2.23	2.03	1.78	22
23	2.53	2.38	2.20	2.00	1.76	23
24	2.51	2.36	2.18	1.98	1.73	24
25	2.49	2.34	2.16	1.96	1.71	25
26	2.47	2.32	2.15	1.95	1.69	26
27	2.46	2.30	2.13	1.93	1.67	27
28	2.44	2.29	2.12	1.91	1.65	28
29	2.43	2.28	2.10	1.90	1.64	29
30	2.42	2.27	2.09	1.89	1.62	30
40	2.34	2.18	2.00	1.79	1.51	40
60	2.25	2.10	1.92	1.70	1.39	60
120	2.17	2.02	1.83	1.61	1.25	120
∞	2.10	1.94	1.75	1.52	1.00	∞

$\varphi(F)$

IV   Verteilung von F

$\alpha = 0.01$

n_2	$n_1 = 1$	$n_1 = 2$	$n_1 = 3$	$n_1 = 4$	$n_1 = 5$	n_2
1	4052	4999	5403	5625	5764	1
2	98.50	99.00	99.17	99.25	99.30	2
3	34.12	30.82	29.46	28.71	28.24	3
4	21.20	18.00	16.69	15.98	15.52	4
5	16.26	13.27	12.06	11.39	10.97	5
6	13.74	10.92	9.78	9.15	8.75	6
7	12.25	9.55	8.45	7.85	7.46	7
8	11.26	8.65	7.59	7.01	6.63	8
9	10.56	8.02	6.99	6.42	6.06	9
10	10.04	7.56	6.55	5.99	5.64	10
11	9.65	7.20	6.22	5.67	5.32	11
12	9.33	6.93	5.95	5.41	5.06	12
13	9.07	6.70	5.74	5.20	4.86	13
14	8.86	6.51	5.56	5.03	4.69	14
15	8.68	6.36	5.42	4.89	4.56	15
16	8.53	6.23	5.29	4.77	4.44	16
17	8.40	6.11	5.18	4.67	4.34	17
18	8.28	6.01	5.09	4.58	4.25	18
19	8.18	5.93	5.01	4.50	4.17	19
20	8.10	5.85	4.94	4.43	4.10	20
21	8.02	5.78	4.87	4.37	4.04	21
22	7.94	5.72	4.82	4.31	3.99	22
23	7.88	5.66	4.76	4.26	3.94	23
24	7.82	5.61	4.72	4.22	3.90	24
25	7.77	5.57	4.68	4.18	3.86	25
26	7.72	5.53	4.64	4.14	3.82	26
27	7.68	5.49	4.60	4.11	3.78	27
28	7.64	5.45	4.57	4.07	3.75	28
29	7.60	5.42	4.54	4.04	3.73	29
30	7.56	5.39	4.51	4.02	3.70	30
40	7.31	5.18	4.31	3.83	3.51	40
60	7.08	4.98	4.13	3.65	3.34	60
120	6.85	4.79	3.95	3.48	3.17	120
∞	6.64	4.60	3.78	3.32	3.02	∞

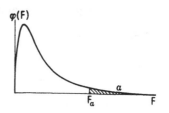

IV   Verteilung von F

$\alpha = 0.01$ *(Fortsetzung)*

n_2	$n_1 = 6$	$n_1 = 8$	$n_1 = 12$	$n_1 = 24$	$n_1 = \infty$	n_2
1	5859	5982	6106	6234	6366	1
2	99.33	99.37	99.42	99.46	99.50	2
3	27.91	27.49	27.05	26.60	26.12	3
4	15.21	14.80	14.37	13.93	13.46	4
5	10.67	10.29	9.89	9.47	9.02	5
6	8.47	8.10	7.72	7.31	6.88	6
7	7.19	6.84	6.47	6.07	5.65	7
8	6.37	6.03	5.67	5.28	4.86	8
9	5.80	5.47	5.11	4.73	4.31	9
10	5.39	5.06	4.71	4.33	3.91	10
11	5.07	4.74	4.40	4.02	3.60	11
12	4.82	4.50	4.16	3.78	3.36	12
13	4.62	4.30	3.96	3.59	3.16	13
14	4.46	4.14	3.80	3.43	3.00	14
15	4.32	4.00	3.67	3.29	2.87	15
16	4.20	3.89	3.55	3.18	2.75	16
17	4.10	3.79	3.45	3.08	2.65	17
18	4.01	3.71	3.37	3.00	2.57	18
19	3.94	3.63	3.30	2.92	2.49	19
20	3.87	3.56	3.23	2.86	2.42	20
21	3.81	3.51	3.17	2.80	2.36	21
22	3.76	3.45	3.12	2.75	2.31	22
23	3.71	3.41	3.07	2.70	2.26	23
24	3.67	3.36	3.03	2.66	2.21	24
25	3.63	3.32	2.99	2.62	2.17	25
26	3.59	3.29	2.96	2.58	2.13	26
27	3.56	3.26	2.93	2.55	2.10	27
28	3.53	3.23	2.90	2.52	2.06	28
29	3.50	3.20	2.87	2.49	2.03	29
30	3.47	3.17	2.84	2.47	2.01	30
40	3.29	2.99	2.66	2.29	1.80	40
60	3.12	2.82	2.50	2.12	1.60	60
120	2.96	2.66	2.34	1.95	1.38	120
∞	2.80	2.51	2.18	1.79	1.00	∞

V Orthogonale Polynome

$N=3$

$x_i=i$	ξ_{1i}	ξ_{2i}
1	-1	1
2	0	-2
3	1	1
$\sum_i (\xi_{ji})^2$	2	6

$N=4$

$x_i=i$	ξ_{1i}	ξ_{2i}	ξ_{3i}
1	-3	1	-1
2	-1	-1	3
3	1	-1	-3
4	3	1	1
$\sum_i (\xi_{ji})^2$	20	4	20

$N=5$

$x_i=i$	ξ_{1i}	ξ_{2i}	ξ_{3i}	ξ_{4i}
1	-2	2	-1	1
2	-1	-1	2	-4
3	0	-2	0	6
4	1	-1	-2	-4
5	2	2	1	1
$\sum_i (\xi_{ji})^2$	10	14	10	70

$N=6$

$x_i=i$	ξ_{1i}	ξ_{2i}	ξ_{3i}	ξ_{4i}	ξ_{5i}
1	-5	5	-5	1	-1
2	-3	-1	7	-3	5
3	-1	-4	4	2	-10
$\sum_i (\xi_{ji})^2$	70	84	180	28	252

$N=7$

$x_i=i$	ξ_{1i}	ξ_{2i}	ξ_{3i}	ξ_{4i}	ξ_{5i}
1	-3	5	-1	3	-1
2	-2	0	1	-7	4
3	-1	-3	1	1	-5
4	0	-4	0	6	0
$\sum_i (\xi_{ji})^2$	28	84	6	154	821

Für die nicht aufgeführten Werte x_i gilt $\xi_{ji} = (-1)^j \xi_{j,N-i+1}$.

$$N = 7; \quad j = 3: \xi_{37} = (-1)^3 \xi_{31} = -\xi_{31} = +1$$
$$j = 4: \xi_{47} = (-1)^4 \xi_{41} = \xi_{41} = +3$$

Weitere Hinweise sind in 3.42 zu finden.

V Orthogonale Polynome (Fortsetzung)

$N=8$	$x_i = i$	ζ_{1i}	ζ_{2i}	ζ_{3i}	ζ_{4i}	ζ_{5i}
	1	-7	7	-7	7	-7
	2	-5	1	5	-13	23
	3	-3	-3	7	-3	-17
	4	-1	-5	3	9	-15
	$\sum_i (\zeta_{ji})^2$	168	168	264	616	2184

$N=9$	$x_i = i$	ζ_{1i}	ζ_{2i}	ζ_{3i}	ζ_{4i}	ζ_{5i}
	1	-4	28	-14	14	-4
	2	-3	7	7	-21	11
	3	-2	-8	13	-11	-4
	4	-1	-17	9	9	-9
	5	0	-20	0	18	0
	$\sum_i (\zeta_{ji})^2$	60	2772	990	2002	468

$N=10$	$x_i = i$	ζ_{1i}	ζ_{2i}	ζ_{3i}	ζ_{4i}	ζ_{5i}
	1	-9	6	-42	18	-6
	2	-7	2	14	-22	14
	3	-5	-1	35	-17	-1
	4	-3	-3	31	3	-11
	5	-1	-4	12	18	-6
	$\sum_i (\zeta_{ji})^2$	330	132	8580	2860	780

$N=11$	$x_i = i$	ζ_{1i}	ζ_{2i}	ζ_{3i}	ζ_{4i}	ζ_{5i}
	1	-5	15	-30	6	-3
	2	-4	6	6	-6	6
	3	-3	-1	22	-6	1
	4	-2	-6	23	-1	-4
	5	-1	-9	14	4	-4
	6	0	-10	0	6	0
	$\sum_i (\zeta_{ji})^2$	110	858	4290	286	156

V   Orthogonale Polynome (Fortsetzung)

$N=12$	$x_i = i$	ζ_{1i}	ζ_{2i}	ζ_{3i}	ζ_{4i}	ζ_{5i}
	1	-11	55	-33	33	-33
	2	-9	25	3	-27	57
	3	-7	1	21	-33	21
	4	-5	-17	25	-13	-29
	5	-3	-29	19	12	-44
	6	-1	-35	7	28	-20
	$\sum_i (\zeta_{ji})^2$	572	12012	5148	8008	15912

$N=13$	$x_i = i$	ζ_{1i}	ζ_{2i}	ζ_{3i}	ζ_{4i}	ζ_{5i}
	1	-6	22	-11	99	-22
	2	-5	11	0	-66	33
	3	-4	2	6	-96	18
	4	-3	-5	8	-54	-11
	5	-2	-10	7	11	-26
	6	-1	-13	4	64	-20
	7	0	-14	0	84	0
	$\sum_i (\zeta_{ji})^2$	182	2002	572	68068	6188

$N=14$	$x_i = i$	ζ_{1i}	ζ_{2i}	ζ_{3i}	ζ_{4i}	ζ_{5i}
	1	-13	13	-143	143	-143
	2	-11	7	-11	-77	187
	3	-9	2	66	-132	132
	4	-7	-2	98	-92	-28
	5	-5	-5	95	-13	-139
	6	-3	-7	67	63	-145
	7	-1	-8	24	108	-60
	$\sum_i (\zeta_{ji})^2$	910	728	97240	136136	234144

$N=15$	$x_i = i$	ζ_{1i}	ζ_{2i}	ζ_{3i}	ζ_{4i}	ζ_{5i}
	1	-7	91	-91	1001	-1001
	2	-6	52	-13	-429	1144
	3	-5	19	35	-869	979
	4	-4	-8	58	-704	44
	5	-3	-29	61	-249	-751
	6	-2	-44	49	-251	-1000
	7	-1	-53	27	621	-675
	8	0	-56	0	756	0
	$\sum_i (\zeta_{ji})^2$	280	37128	39780	6466460	10581480

7 Verzeichnis der Beispiele

8 Literatur

Abt, K., Analyse de covariance et analyse par différences, Metrika *3*, 26 – 45 (1960).

Bailey, B.J.R., Accurate normalizing transformations of a Student's *t* variate, Appl. Statist. *29*, 304–306 (1980).

Barnett, V. and Lewis, T., Outliers in statistical data (Wiley, New York 1978).

Batschelet, E., Introduction to mathematics for life scientists (Springer-Verlag, Berlin 1973).

Bennett, C.A. and Franklin N.L., Statistical analysis in chemistry and the chemical industry (Wiley, New York 1954).

Berchtold, W., Lohnt sich eine gute Versuchsplanung, Schw. landw. Forschung *16*, 243–256 (1977).

Bliss, C.I., Statistics in Biology (McGraw-Hill, New York 1970).

Borth, R., Linder, A. and Riondel, A., Urinary excretion of 17-Hydroxycorticosteroids and 17-Ketosteroids in healthy subjects, in relation to sex, age, body weight and height, Acta Endocrinologica *25*, 33–44 (1957).

Box, G.E.P. and Cox, D.R., An analysis of tranformations, J. Roy. Stat. Soc. (B) *26*, 211–243 (1964).

Cochran, W.G., Analysis of Covariance: Its nature and uses, Biometrics *13*, 261–281 (1957).

Cochran, W.G., The use of covariance in observational studies, Appl. Statist. *18*, 270–275 (1969).

Crowden, M.J., On concurrent regression lines, Appl. Statist. *27*, 310–318 (1978).

Daniel, C., Applications of statistics to industrial experimentation (Wiley, New York 1976).

Dozinel, C.M., Application d'une électrode spécifique pour le dosage des protéines brutes dans le matériel végétal, Schw. landw. Forschung *12*, 307–322 (1973).

Fieller, E.C., A fundamental formula in the statistics of biological assay, and some applications, Quarterly J. Pharmacy and Pharmacology *17*, 117–123 (1944).

Finney, D.J., Stratification, balance and covariance, Biometrics *13*, 373–386 (1957).

Fisher, R.A., On the mathematical foundations of theoretical statistics, Philosophical Transactions of the Royal Society of London (A), *222*, 309–368 (1921).

Fisher, R.A., The fiducial argument in statistical inference, Annals of Eugenics *6*, 391–398 (1935).

Fisher, R.A. and Yates, F., Statistical tables for biological, agricultural and medical research, 6th ed. (1st ed. 1938) (Oliver and Boyd, Edinburgh 1963).

Graf, B., Der Einfluss unterschiedlicher Laufstallsysteme auf Verhaltensaktivitäten von Mastochsen, Diss. ETH, in Vorbereitung.

Grandjean, E. und Linder, A., Die Auswertung von physiologischen Ver-

287

suchsergebnissen durch die Streuungszerlegung, Helvetica Physiologica et Pharmacologica Acta *5*, 441–456 (1947).

Hamaker, H.C., Approximating the cumulative normal distribution and its inverse, Appl. Statist. *27*, 76–77 (1978).

Hawkins, D.M., Identification of outliers (Chapman and Hall, London 1980).

Hocking, R.R., The analysis and selection of variables in linear regression, Biometrics *32*, 1–49 (1976).

Hovorka, F. and Chapman, G.H., Antimony electrode. I. Normal electrode potential. II. The potential of the antimony electrode as a function of hydrogen ion concentration, J. Amer. Chem. Soc., *63*, 955–957 (1941).

Karschon, R., Untersuchungen über die physiologische Variabilität von Föhrenkeimlingen autochthoner Populationen, Mitteilungen der Schweiz. Anstalt für das forstliche Versuchswesen *26*, 205–244 (1949).

Lang, R., La comparaison et la simplification de fonctions discriminantes linéaires, Thèse, Université de Genève, 1960.

Larsen, W. and McCleary, S., The use of partial residual plots in regression analysis, Technometrics *14*, 781–790 (1972).

Linder, A., Vertrauensgrenzen eines Extremums, Stat. Vierteljahresschrift, Wien, *7*, 4–6 (1954).

Linder, A., Statistische Methoden, 4. Aufl., (Birkhäuser, Basel 1964).

Linder, A., Planen und Auswerten von Versuchen, 3. Aufl., (Birkhäuser, Basel 1969).

Linder, A. und Berchtold, W., Statistische Auswertung von Prozentzahlen (Birkhäuser, Basel 1976, UTB 522).

Linder, A. und Berchtold, W., Elementare statistische Methoden (Birkhäuser, Basel 1979, UTB 796). Als Band I zitiert.

Mallows, C.L., Some comments on C_p, Technometrics *15*, 661–675 (1973).

Mülly, K., Körperentwicklung von Volksschülern, Archiv der Julius-Klaus-Stiftung *8*, 379–478 (1933).

Narula, S.C., Orthogonal polynomial regression for unequal spacing and frequencies, Journal of Quality Technology *10*, 170–179 (1978).

Nelder, J.A. and Wedderburn, K.W.M., Generalized linear models, J. Roy. Stat. Soc. (A) *135*, 370–384 (1972).

Page, E., Approximations to the cumulative normal function and its inverse for use on a pocket calculator, Appl. Statist. *26*, 75–76 (1977).

Rao, C.R., Linear statistical inference and its applications (Wiley, New York 1965).

Searle, S.R., Linear models (Wiley, New York 1971).

Seber, G.A.F., Linear regression analysis (Wiley, New York 1977).

Smith, H.F., Interpretation of adjusted treatment means and regression in analysis of covariance, Biometrics *13*, 282–308 (1957).

Snedecor, G.W. and Cochran, W.G., Statistical methods, 6th ed. (Iowa State-Univ. Press, Ames, Iowa 1967).

Speed, F.M., Hocking R.R. and Hackney, O.P., Methods of analysis of linear models with unbalanced data, JASA *73*, 105–112 (1978).

Steinijans, V.W., A stochastic point-process model for the occurrence of major freezes in lake Constance, Appl. Statist., *25*, 58–61 (1976).

Stevens, W.L., Asymptotic regression, Biometrics *7*, 247–267 (1951).

Tsutakawa, R.K. and Hewett, J.E., Comparison of two regression lines over a finite interval, Biometrics *34*, 391–398 (1978).

Urquhart, N.S., Weeks, D.L. and Henderson, C.R., Estimation associated with linear models: A revisitation, Communications in statistics 1, 303–330 (1973).

Wagner, S., Qualitätsprüfungen an Winterweizen, Landwirtschaftliches Jahrbuch der Schweiz *55*, 739–772 (1941).

Yates, F., The principles of orthogonality and confounding in replicated experiments, J. of Agricultural Science *23*, 108–145 (1933) and Selected Papers (Griffin, London 1970).

Zehnder, J., Soom, E. und Auer, C., Untersuchungen über Holzhauerei im Gebirge, Mitteilungen der Schweizerischen Anstalt für das forstliche Versuchswesen *27*, 76–246 (1951).

9 Namenverzeichnis

10 Sachregister

UTB
FÜR WISSEN SCHAFT